微　分　法

1 微分可能と連続

・関数 $f(x)$ が $x=a$ で微分可能であるならば，$x=a$ で連続である。

・関数 $f(x)$ は $x=a$ で連続であっても，$x=a$ で微分可能とは限らない。

2 積と商の微分法

(1) $\{f(x)g(x)\}'=f'(x)g(x)+f(x)g'(x)$

(2) $\left\{\dfrac{f(x)}{g(x)}\right\}'=\dfrac{f'(x)g(x)-f(x)g'(x)}{\{g(x)\}^2}$

$\left\{\dfrac{1}{g(x)}\right\}'=-\dfrac{g'(x)}{\{g(x)\}^2}$

3 合成関数の微分法

$y=f(u)$，$u=g(x)$ がともに微分可能であるとき，合成関数 $y=f(g(x))$ の導関数は

$$\frac{dy}{dx}=\frac{dy}{du}\cdot\frac{du}{dx}$$

すなわち　$\{f(g(x))\}'=f'(g(x))g'(x)$

4 逆関数の微分法

$\dfrac{dx}{dy}\neq 0$ のとき　$\dfrac{dy}{dx}=\dfrac{1}{\dfrac{dx}{dy}}$

5 三角関数に関する公式

(1) $\sin\alpha\cos\beta=\dfrac{1}{2}\{\sin(\alpha+\beta)+\sin(\alpha-\beta)\}$

$\cos\alpha\sin\beta=\dfrac{1}{2}\{\sin(\alpha+\beta)-\sin(\alpha-\beta)\}$

$\cos\alpha\cos\beta=\dfrac{1}{2}\{\cos(\alpha+\beta)+\cos(\alpha-\beta)\}$

$\sin\alpha\sin\beta=-\dfrac{1}{2}\{\cos(\alpha+\beta)-\cos(\alpha-\beta)\}$

(2) $\sin A+\sin B=2\sin\dfrac{A+B}{2}\cos\dfrac{A-B}{2}$

$\sin A-\sin B=2\cos\dfrac{A+B}{2}\sin\dfrac{A-B}{2}$

$\cos A+\cos B=2\cos\dfrac{A+B}{2}\cos\dfrac{A-B}{2}$

$\cos A-\cos B=-2\sin\dfrac{A+B}{2}\sin\dfrac{A-B}{2}$

6 自然対数の底 e

$$e=\lim_{t\to 0}(1+t)^{\frac{1}{t}}=\lim_{x\to\pm\infty}\left(1+\frac{1}{x}\right)^x=2.71828\cdots$$

7 基本的な関数の導関数

(1) c は定数，α は実数のとき

$(c)'=0$，$(x^\alpha)'=\alpha x^{\alpha-1}$

(2) $(\sin x)'=\cos x$，$(\cos x)'=-\sin x$

$(\tan x)'=\dfrac{1}{\cos^2 x}$

(3) $a>0$，$a\neq 1$ のとき

$(\log x)'=\dfrac{1}{x}$，$(\log_a x)'=\dfrac{1}{x\log a}$

$(\log|x|)'=\dfrac{1}{x}$，$(\log_a|x|)'=\dfrac{1}{x\log a}$

$(e^x)'=e^x$，$(a^x)'=a^x\log a$

8 媒介変数で表された関数の微分

$x=f(t)$，$y=g(t)$ のとき

$$\frac{dy}{dx}=\frac{\dfrac{dy}{dt}}{\dfrac{dx}{dt}}=\frac{g'(t)}{f'(t)}$$

微分法の応用

1 接線・法線の方程式

曲線 $y=f(x)$ 上の点 $(a, f(a))$ における接線の方程式は

$y-f(a)=f'(a)(x-a)$

法線の方程式は，$f'(a)\neq 0$ のとき

$y-f(a)=-\dfrac{1}{f'(a)}(x-a)$

2 平均値の定理

関数 $f(x)$ が閉区間 $[a, b]$ で連続で，開区間 (a, b) で微分可能であるとき

$\dfrac{f(b)-f(a)}{b-a}=f'(c)$，$a<c<b$

を満たす実数 c が少なくとも1つ存在する。

3 関数の変化とグラフ

(1) $f'(x)>0$ となる区間で $f(x)$ は増加

$f'(x)<0$ となる区間で $f(x)$ は減少

(2) $f''(x)>0$ となる区間で $y=f(x)$ は下に凸

$f''(x)<0$ となる区間で $y=f(x)$ は上に凸

4 速度・加速度

(1) 数直線上を運動する点の

速度は　$v=\dfrac{dx}{dt}=f'(t)$

加速度は　$\alpha=\dfrac{dv}{dt}=\dfrac{d^2x}{dt^2}=f''(t)$

(2) 平面上を運動する点の

速度は　$\vec{v}=\left(\dfrac{dx}{dt}, \dfrac{dy}{dt}\right)$

加速度は　$\vec{\alpha}=\left(\dfrac{d^2x}{dt^2}, \dfrac{d^2y}{dt^2}\right)$

5 近似式

(1) h が0に近いとき

$f(a+h)\fallingdotseq f(a)+f'(a)h$

(2) x が0に近いとき

$f(x)\fallingdotseq f(0)+f'(0)x$

本書は，数学Ⅲの内容の理解と復習を目的に編修した問題集です。
各項目を見開き 2 ページで構成し，左側は**例題**と**類題**，右側は Exercise と JUMP としました。

本書の使い方

例題
各項目で必ずマスターしておきたい代表的な問題を解答とともに掲載しました。右にある基本事項と合わせて，解法を確認できます。

Exercise
類題と同レベルの問題に加え，少しだけ応用力が必要な問題を扱っています。易しい問題から順に配列してありますので，あきらめずに取り組んでみましょう。

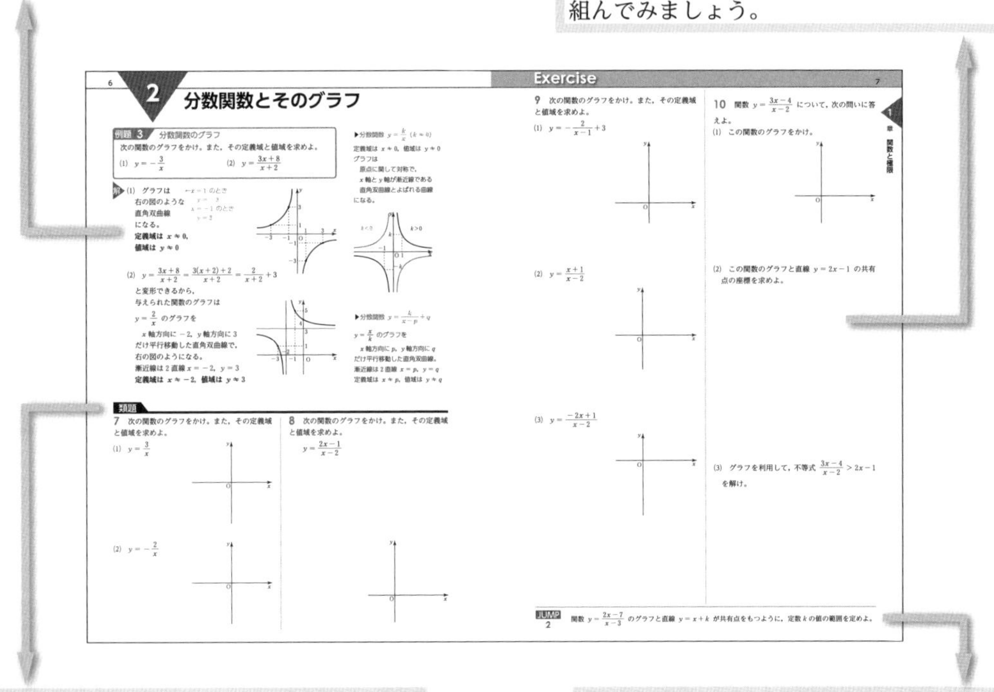

類題
例題と同レベルの問題です。解き方がわからないときは，例題を参考にしてみましょう。

JUMP
Exercise より応用力が必要な問題を扱っています。選択的に取り組んでみましょう。

まとめの問題
いくつかの項目を復習するために設けてあります。内容が身に付いたか確認するために取り組んでみましょう。

数学Ⅲ

問題数	第１章	第２章	第３章	第４章	合計
例題	22	20	15	30	87
類題	21	14	9	25	69
Exercise	42	21	25	43	131
JUMP	13	7	7	16	43
まとめの問題	16	10	7	19	52

1 分数式の復習

例題 1 分数式の約分と乗法・除法

次の分数式を計算せよ。

(1) $\dfrac{2x-4}{x^2-7x+10}$　　(2) $\dfrac{x+2}{x^2-9} \div \dfrac{x^2-4}{x^2-x-12}$

解 (1) $\dfrac{2x-4}{x^2-7x+10} = \dfrac{2(x-2)}{(x-5)(x-2)} = \dfrac{\mathbf{2}}{\mathbf{x-5}}$　←因数分解して，共通な因数を約分する。

(2) $\dfrac{x+2}{x^2-9} \div \dfrac{x^2-4}{x^2-x-12} = \dfrac{x+2}{x^2-9} \times \dfrac{x^2-x-12}{x^2-4}$　←割り算は，分母と分子を逆にしてから掛ける。

$$= \frac{x+2}{(x+3)(x-3)} \times \frac{(x+3)(x-4)}{(x+2)(x-2)}$$

$$= \frac{\mathbf{x-4}}{\mathbf{(x-3)(x-2)}}$$

例題 2 分数式の加法・減法

$\dfrac{8}{(x-1)(x+3)} - \dfrac{6}{(x-1)(x+2)}$ を計算せよ。

解

$$\frac{8}{(x-1)(x+3)} - \frac{6}{(x-1)(x+2)}$$

$$= \frac{8(x+2)}{(x-1)(x+3)(x+2)} - \frac{6(x+3)}{(x-1)(x+3)(x+2)}$$ ←分母をそろえる。

$$= \frac{8(x+2)-6(x+3)}{(x-1)(x+3)(x+2)} = \frac{2x-2}{(x-1)(x+3)(x+2)}$$

$$= \frac{2(x-1)}{(x-1)(x+3)(x+2)} = \frac{\mathbf{2}}{\mathbf{(x+3)(x+2)}}$$ ←共通な因数を約分する。

類題

1 次の式を計算せよ。

(1) $\dfrac{3x+6}{x^2+x-2}$

(2) $\dfrac{x^2-1}{x-2} \div \dfrac{x^2+3x+2}{x^2-4}$

2 次の計算をせよ。

$\dfrac{1}{x+2} + \dfrac{5}{x^2-x-6}$

3 次の計算をせよ。

(1) $\dfrac{x^2+2x-3}{x^2+x-6}\times\dfrac{x^2-4x+4}{x^2-3x+2}$

(2) $\dfrac{x}{x^2-1}\div\dfrac{x^2+8x+16}{x^2+3x-4}$

4 次の計算をせよ。

(1) $3+\dfrac{1-3x}{x+2}$

(2) $\dfrac{2}{x+3}-\dfrac{1}{x+2}$

(3) $\dfrac{3}{x^2-9}-\dfrac{1}{x^2-4x+3}$

5 次の計算をせよ。

(1) $\dfrac{x^2+2x}{x^2-2x-3}\times\dfrac{x^2-4x+3}{2x^2-2x}\times\dfrac{x^2-x-2}{x^2-4}$

(2) $\dfrac{4x^2-1}{x^2+x-12}\div\dfrac{2x^2-x-1}{x^2-16}$

6 次の計算をせよ。

(1) $x+2+\dfrac{2-x}{x-1}$

(2) $\dfrac{2}{x-4}-\dfrac{1}{x+3}-\dfrac{7}{x^2-x-12}$

JUMP 1 $\dfrac{x^2}{(x-y)(x-z)}+\dfrac{y^2}{(y-z)(y-x)}+\dfrac{z^2}{(z-x)(z-y)}$ を計算せよ。

2 分数関数とそのグラフ

例題 3 分数関数のグラフ

次の関数のグラフをかけ。また，その定義域と値域を求めよ。

(1) $y=-\dfrac{3}{x}$　　(2) $y=\dfrac{3x+8}{x+2}$

(1) グラフは右の図のような直角双曲線になる。

←$x=1$ のとき $y=-3$
$x=-1$ のとき $y=3$

定義域は $x \neq 0$,
値域は $y \neq 0$

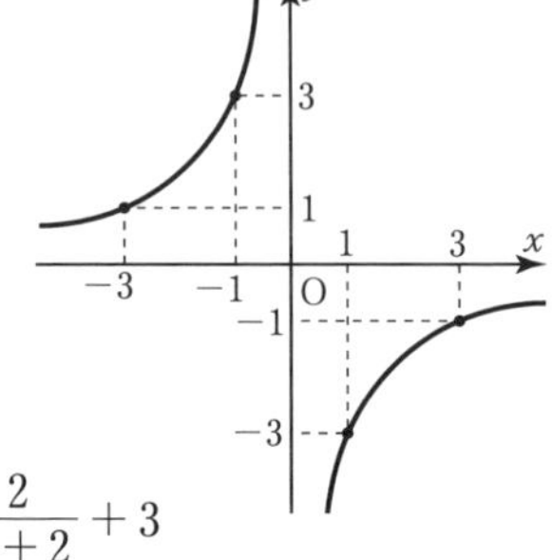

(2) $y=\dfrac{3x+8}{x+2}=\dfrac{3(x+2)+2}{x+2}=\dfrac{2}{x+2}+3$

と変形できるから，
与えられた関数のグラフは
$y=\dfrac{2}{x}$ のグラフを
x 軸方向に -2，y 軸方向に 3 だけ平行移動した直角双曲線で，右の図のようになる。
漸近線は 2 直線 $x=-2$，$y=3$
定義域は $x \neq -2$，値域は $y \neq 3$

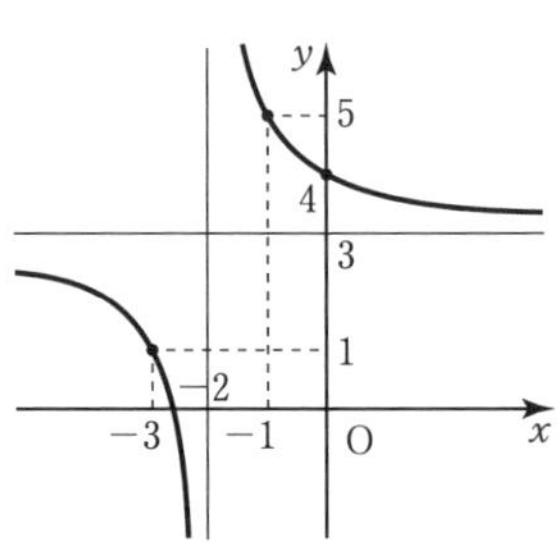

▶分数関数 $y=\dfrac{k}{x}$ $(k \neq 0)$

定義域は $x \neq 0$，値域は $y \neq 0$
グラフは
原点に関して対称で，
x 軸と y 軸が漸近線である
直角双曲線とよばれる曲線
になる。

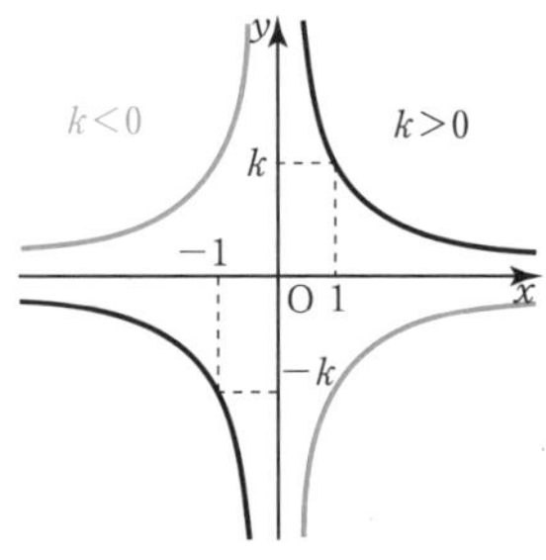

▶分数関数 $y=\dfrac{k}{x-p}+q$

$y=\dfrac{x}{k}$ のグラフを
x 軸方向に p，y 軸方向に q だけ平行移動した直角双曲線。
漸近線は 2 直線 $x=p$，$y=q$
定義域は $x \neq p$，値域は $y \neq q$

類題

7 次の関数のグラフをかけ。また，その定義域と値域を求めよ。

(1) $y=\dfrac{3}{x}$

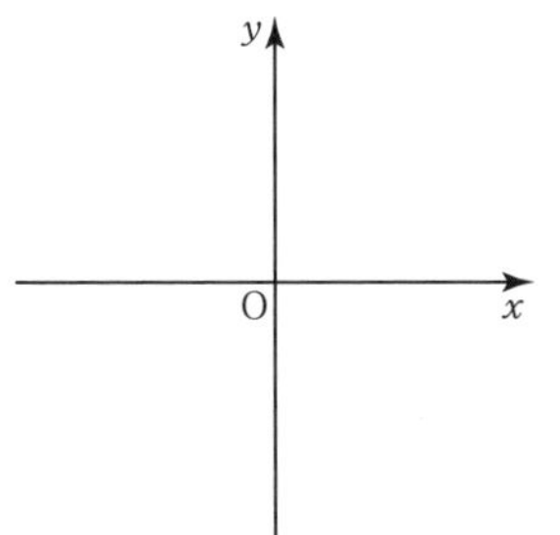

(2) $y=-\dfrac{2}{x}$

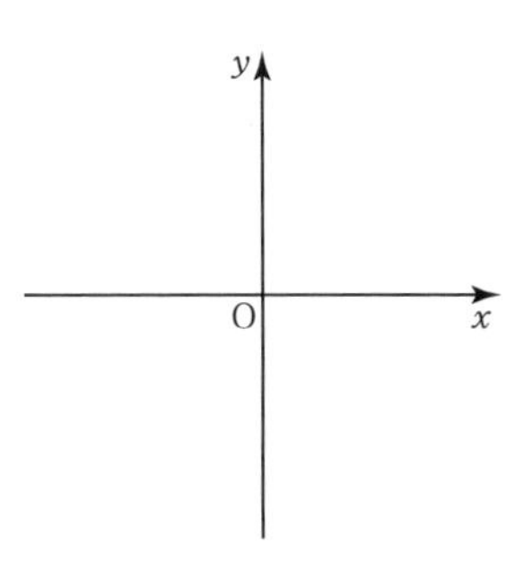

8 次の関数のグラフをかけ。また，その定義域と値域を求めよ。

$y=\dfrac{2x-1}{x-2}$

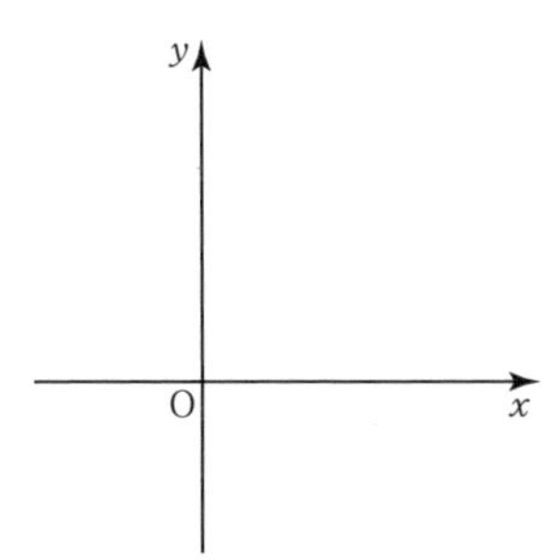

9 次の関数のグラフをかけ。また，その定義域と値域を求めよ。

(1) $y=-\dfrac{2}{x-1}+3$

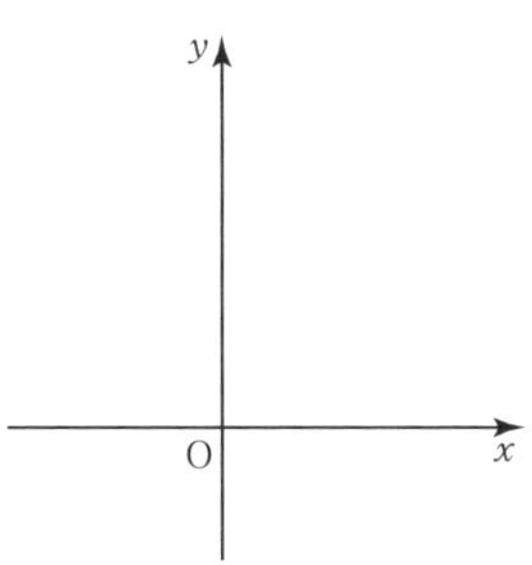

(2) $y=\dfrac{x+1}{x-2}$

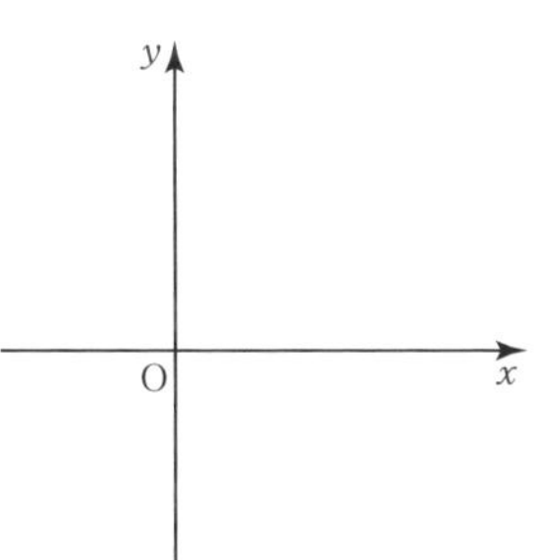

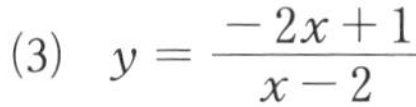

(3) $y=\dfrac{-2x+1}{x-2}$

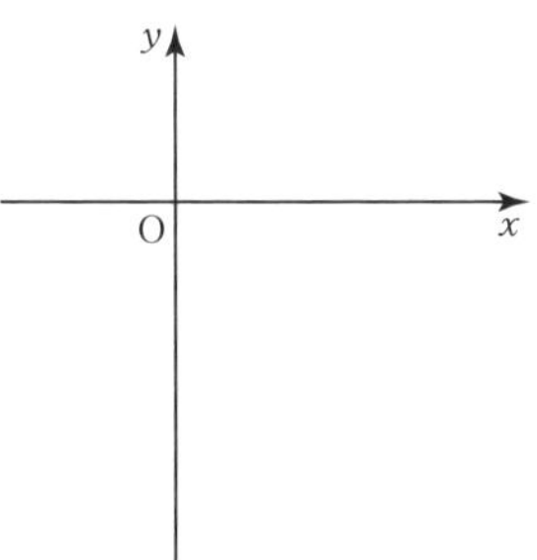

10 関数 $y=\dfrac{3x-4}{x-2}$ について，次の問いに答えよ。

(1) この関数のグラフをかけ。

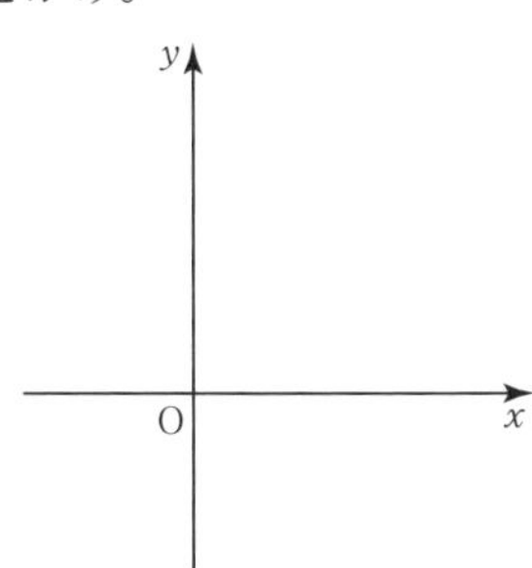

(2) この関数のグラフと直線 $y=2x-1$ の共有点の座標を求めよ。

(3) グラフを利用して，不等式 $\dfrac{3x-4}{x-2}>2x-1$ を解け。

JUMP 2 関数 $y=\dfrac{2x-7}{x-3}$ のグラフと直線 $y=x+k$ が共有点をもつように，定数 k の値の範囲を定めよ。

3 無理関数とそのグラフ

例題 4 無理関数のグラフ

次の関数のグラフをかけ。また，その定義域と値域を求めよ。

(1) $y=\sqrt{5x}$　　(2) $y=\sqrt{-3x+9}$

(1) グラフは右の図のようになる。

←$x=0$ のとき $y=0$
$x=1$ のとき $y=\sqrt{5}$

定義域は $x \geqq 0$，値域は $y \geqq 0$

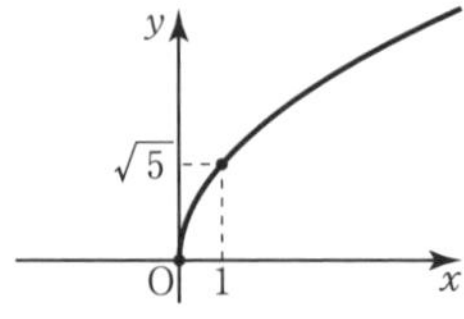

(2) $y=\sqrt{-3x+9}=\sqrt{-3(x-3)}$

と変形できるから，与えられた関数のグラフは $y=\sqrt{-3x}$ のグラフを

x 軸方向に 3

だけ平行移動したもので，右の図のようになる。

定義域は $x \leqq 3$，値域は $y \geqq 0$

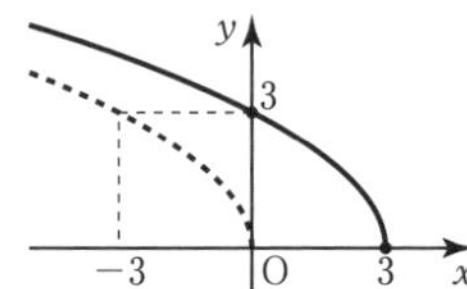

▶無理関数のグラフ

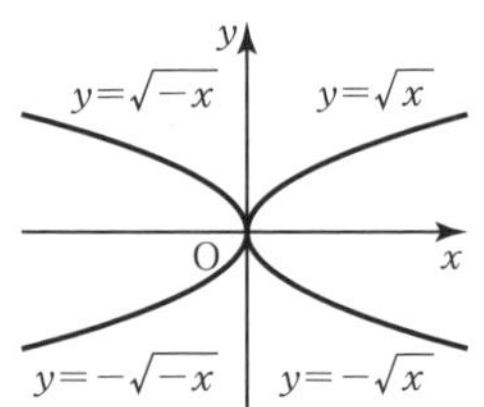

▶無理関数 $y=\sqrt{a(x-p)}$

$y=\sqrt{ax}$ のグラフを

x 軸方向に p

だけ平行移動したもの。

$a>0$ のとき

定義域は $x \geqq p$，値域は $y \geqq 0$

$a<0$ のとき

定義域は $x \leqq p$，値域は $y \geqq 0$

類題

11 次の関数のグラフをかけ。また，その定義域と値域を求めよ。

(1) $y=\sqrt{2x}$

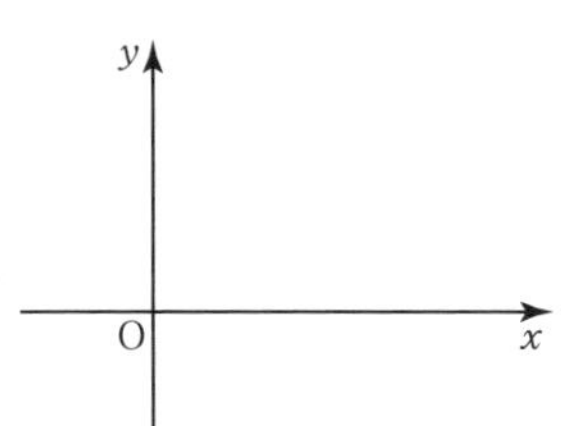

(2) $y=\sqrt{-2x}$

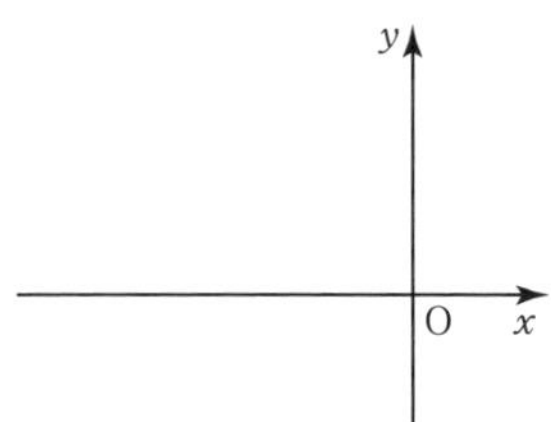

(3) $y=-\sqrt{2x}$

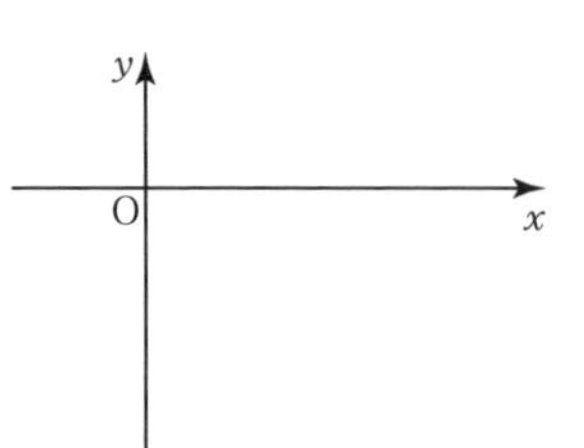

12 次の関数のグラフをかけ。また，その定義域と値域を求めよ。

(1) $y=\sqrt{x-1}$

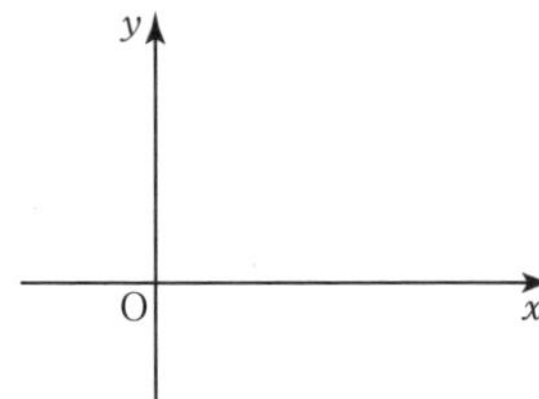

(2) $y=\sqrt{-3x-9}$

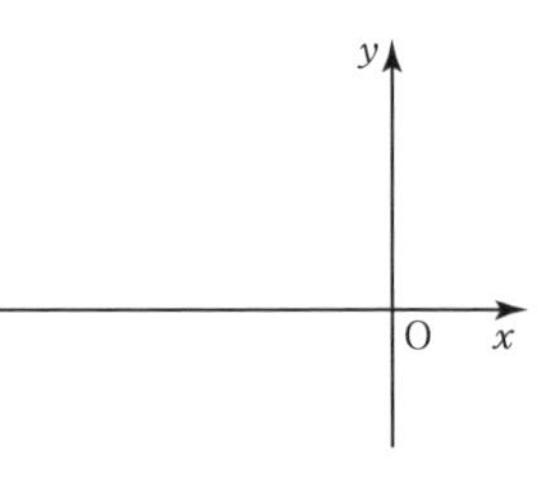

13 次の関数のグラフをかけ。また，その定義域と値域を求めよ。

(1) $y=-\sqrt{-2x}$

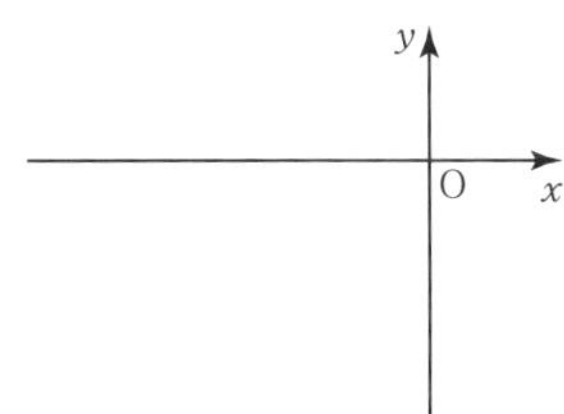

(2) $y=\sqrt{2(x-3)}$

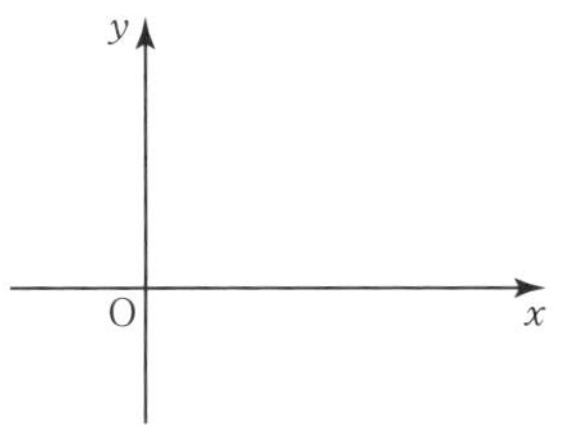

(3) $y=\sqrt{3x+6}$

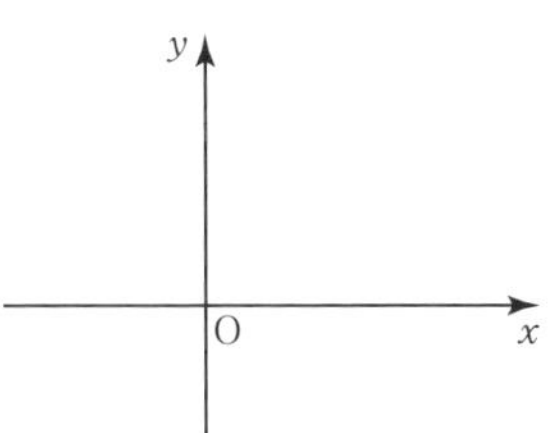

(4) $y=\sqrt{8-4x}$

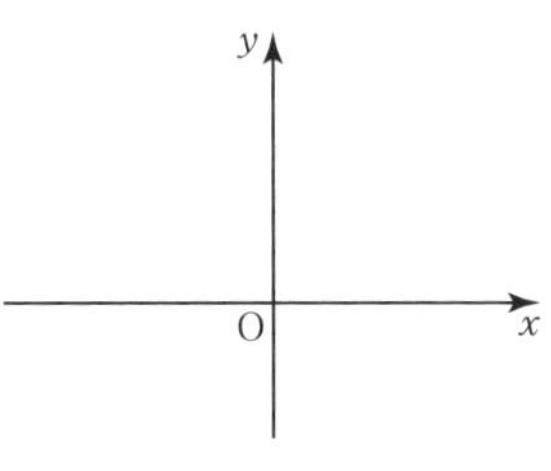

14 関数 $y=\sqrt{2x+4}$ について，次の問いに答えよ。

(1) この関数のグラフをかけ。

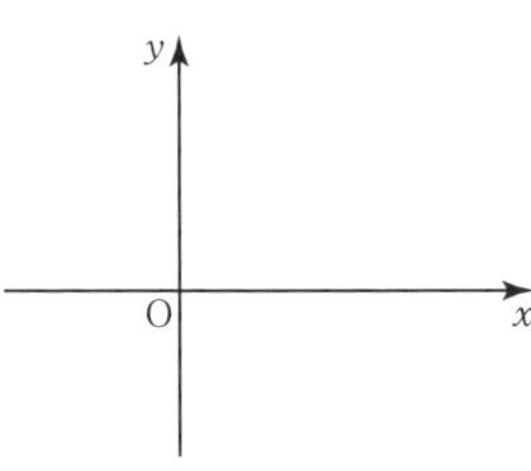

(2) この関数のグラフと直線 $y=x-2$ の共有点の座標を求めよ。

(3) グラフを利用して，
不等式 $\sqrt{2x+4}>x-2$ を解け。

JUMP 3 関数 $y=\sqrt{x+1}$ のグラフと直線 $y=x+k$ の共有点が1個であるとき，定数 k の値の範囲を求めよ。

4 逆関数と合成関数

例題 5 逆関数

関数 $y = x^2 + 1$ $(x \geqq 0)$ の逆関数を求め，そのグラフをかけ。また，その逆関数の定義域と値域を求めよ。

$y = x^2 + 1$ を変形すると

$x^2 = y - 1$

$x \geqq 0$ であるから　$x = \sqrt{y-1}$

x と y を入れかえて

$\boldsymbol{y = \sqrt{x-1}}$

また，逆関数の

定義域は $x \geqq 1$，値域は $y \geqq 0$

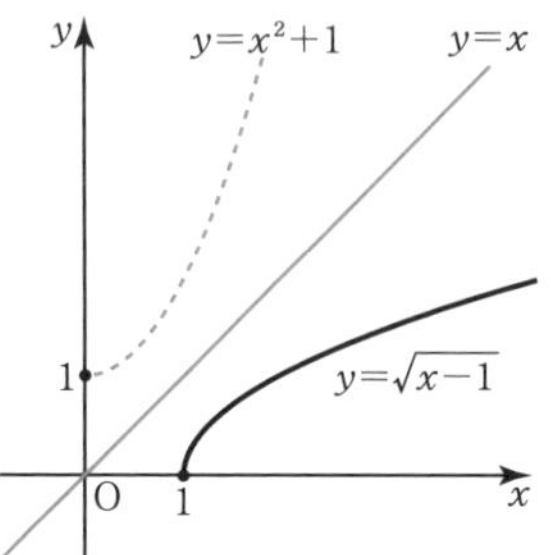

▶逆関数

関数 $y = f(x)$ を x について解くと $x = g(y)$ となるとき，x と y を入れかえた関数 $y = g(x)$ を逆関数といい，$y = f^{-1}(x)$ と表す。

▶逆関数の性質

① 逆関数のグラフはもとの関数のグラフと直線 $y = x$ に関して対称である。

② 逆関数ともとの関数では，定義域と値域が入れかわる。

例題 6 合成関数

$f(x) = -x + 5$，$g(x) = x^2 - 4$ について，合成関数 $(g \circ f)(x)$，$(f \circ g)(x)$ を求めよ。

$$
\begin{aligned}
(g \circ f)(x) &= g(f(x)) \\
&= g(-x+5) \\
&= (-x+5)^2 - 4 = \boldsymbol{x^2 - 10x + 21} \\
(f \circ g)(x) &= f(g(x)) \\
&= f(x^2 - 4) \\
&= -(x^2 - 4) + 5 = \boldsymbol{-x^2 + 9}
\end{aligned}
$$

▶合成関数 $(g \circ f)(x)$

2 つの関数 $f(x)$，$g(x)$ について，$f(x)$ の値域が $g(x)$ の定義域に含まれているとき，関数 $g(f(x))$ を $f(x)$ と $g(x)$ の合成関数といい，$(g \circ f)(x)$ で表す。

$z = (g \circ f)(x) = g(f(x))$

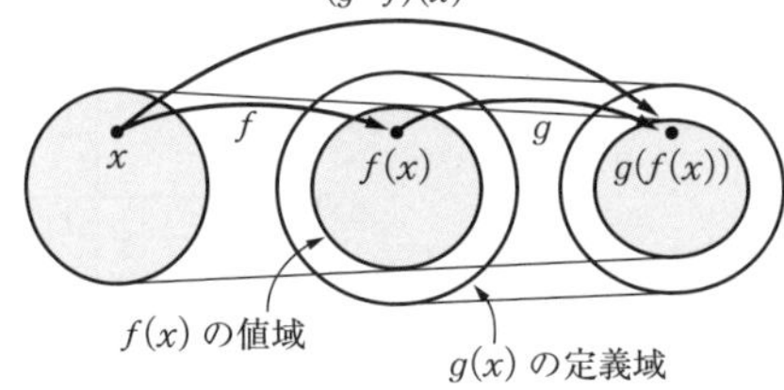

類題

15 次の関数の逆関数を求め，そのグラフをかけ。

(1) $y = -\dfrac{1}{3}x + 2$

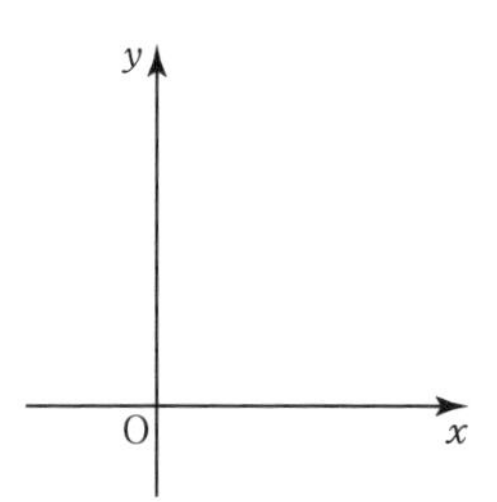

(2) $y = x^2 - 4$ $(x \geqq 0)$

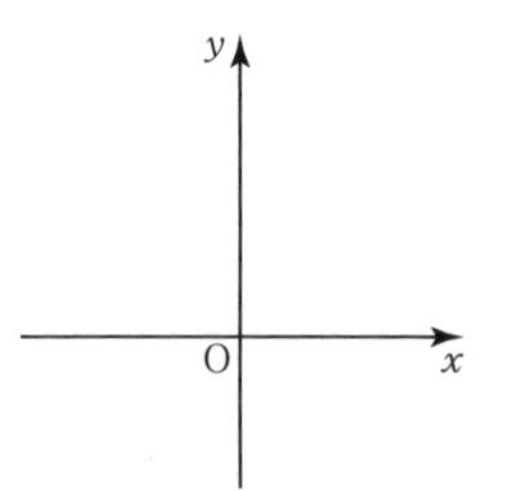

16 $f(x) = x + 2$，$g(x) = x^2 - 1$ について，次の合成関数を求めよ。

(1) $(g \circ f)(x)$

(2) $(f \circ g)(x)$

17 次の関数の逆関数を求め，そのグラフをかけ。

(1) $y=\dfrac{1}{x+1}$ $(x>-1)$

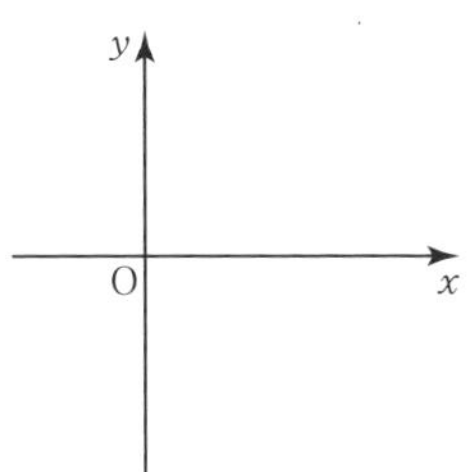

(2) $y=\sqrt{x-2}$

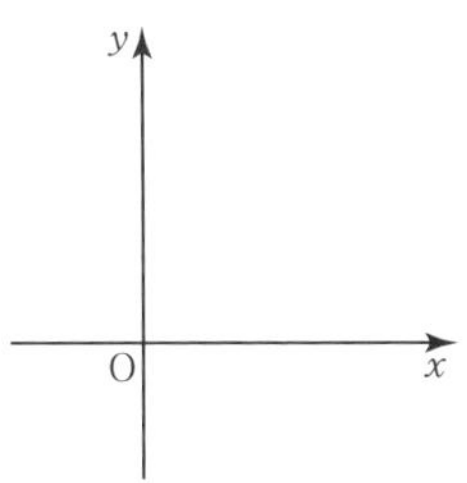

18 $f(x)=x-2$，$g(x)=\sin x$ について，次の合成関数を求めよ。

(1) $(g\circ f)(x)$

(2) $(f\circ g)(x)$

19 次の関数の逆関数を求め，そのグラフをかけ。また，その逆関数の定義域と値域を求めよ。

(1) $y=\left(\dfrac{1}{3}\right)^x$

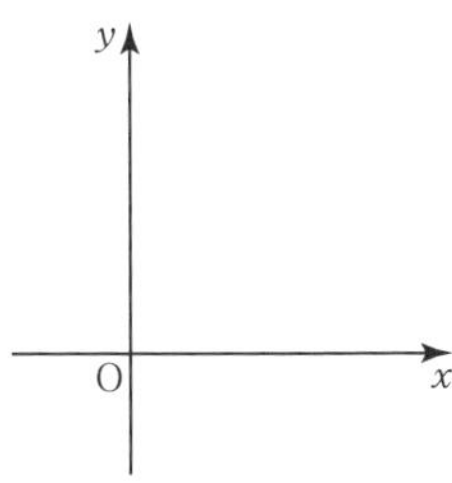

(2) $y=\log_2 x$

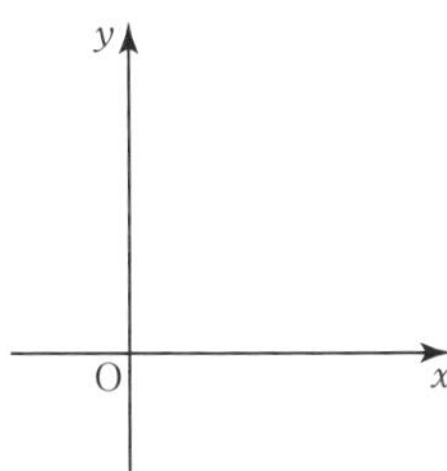

20 $f(x)=2x$，$g(x)=2^x$ のとき，次の合成関数を求めよ。

(1) $(g\circ f)(x)$

(2) $(f\circ g)(x)$

JUMP 4 関数 $f(x)=ax+b$ において，$f(2)=9$，$f^{-1}(-3)=6$ であるとき，定数 a，b の値を求めよ。

まとめの問題　関数と極限①

1　次の関数のグラフをかけ。また，その定義域と値域を求めよ。

(1)　$y=\dfrac{2}{x}$

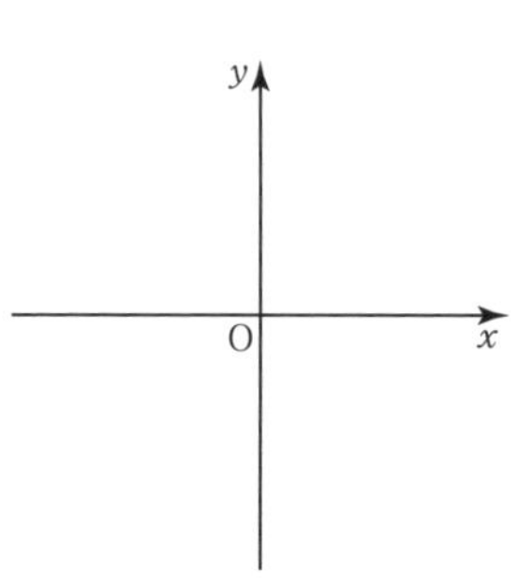

(2)　$y=-\dfrac{3}{x}+1$

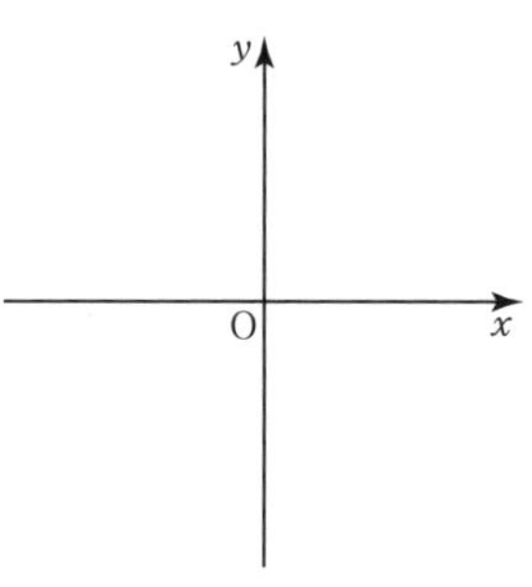

(3)　$y=\dfrac{-2x-1}{x-1}$

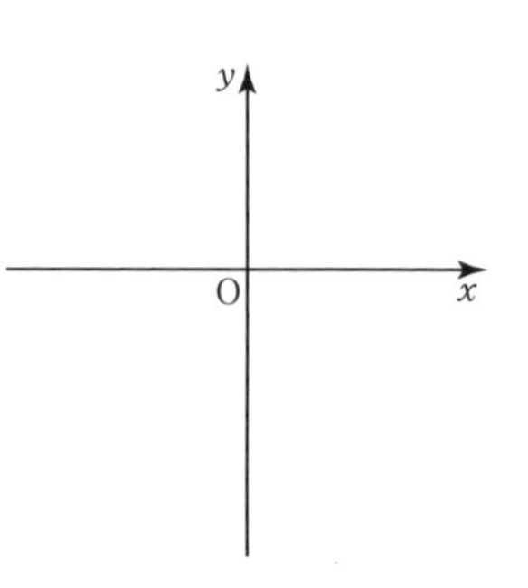

2　関数 $y=\dfrac{-3x+1}{x+1}$ について，次の問いに答えよ。

(1)　この関数のグラフをかけ。

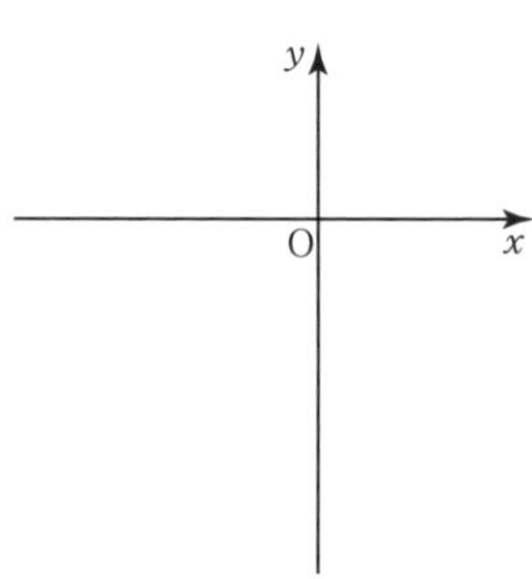

(2)　グラフを利用して，不等式 $\dfrac{-3x+1}{x+1}<x-2$ を解け。

3　次の関数のグラフをかけ。また，その定義域と値域を求めよ。

(1)　$y=\sqrt{-5x}$

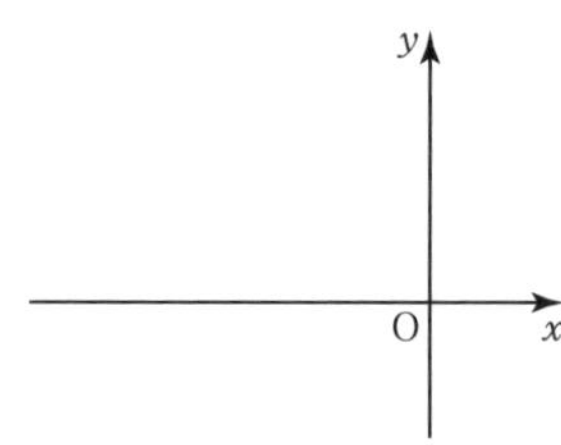

(2)　$y=\sqrt{2x+8}$

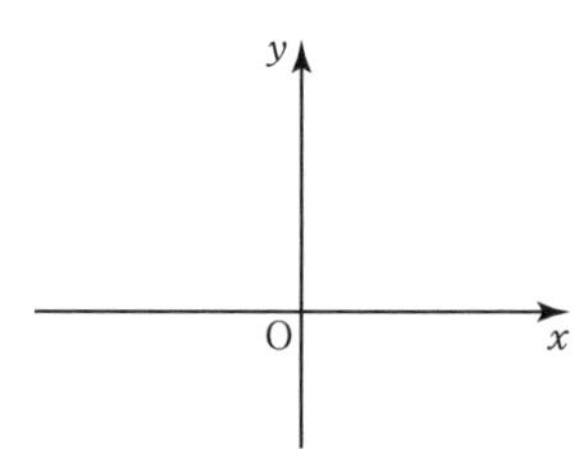

4 関数 $y=\sqrt{3x-6}$ について，次の問いに答えよ。

(1) この関数のグラフをかけ。

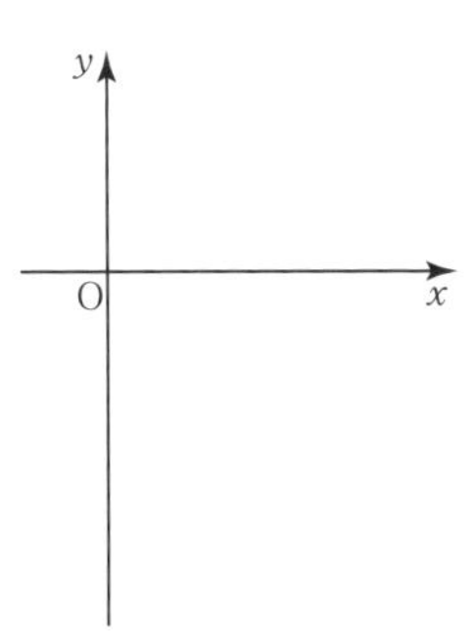

(2) グラフを利用して，不等式 $\sqrt{3x-6}<2x-7$ を解け。

5 次の関数の逆関数を求め，そのグラフをかけ。また，その逆関数の定義域と値域を求めよ。

(1) $y=x^2-9 \quad (x \geqq 0)$

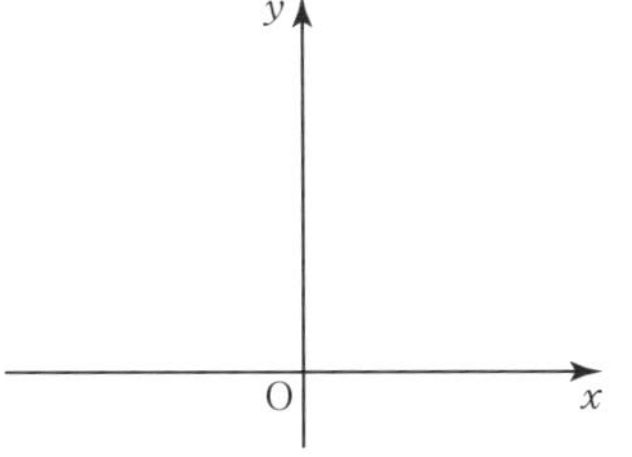

(2) $y=\log_4 x$

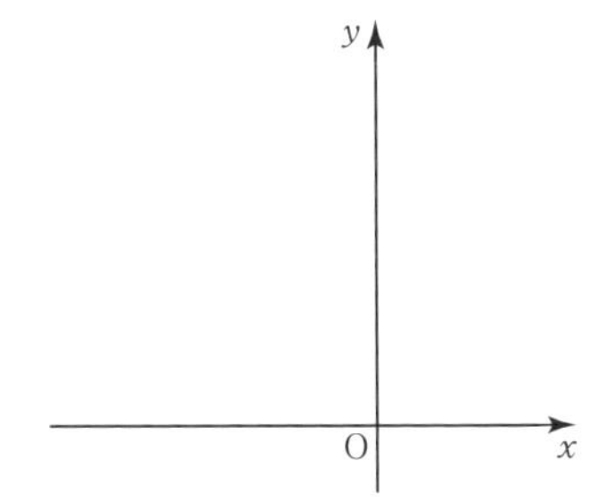

(3) $y=3^x \quad (1 \leqq x \leqq 2)$

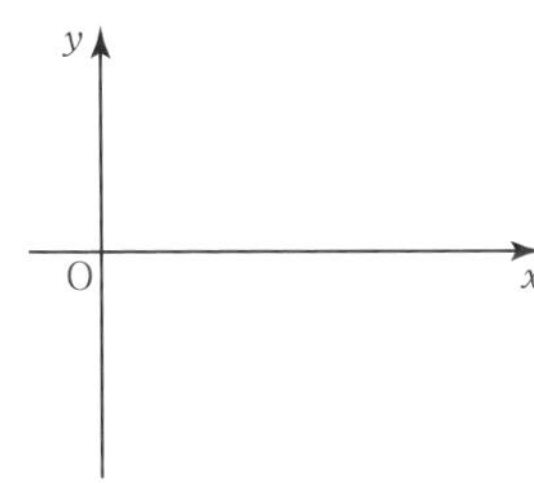

6 関数 $f(x)=2^x$, $g(x)=\log_2 x$ について，次の合成関数を求めよ。

(1) $(g\circ f)(x)$

(2) $(f\circ g)(x)$

5 数列の極限

例題 7 数列の極限

第 n 項が次の式で与えられる数列 $\{a_n\}$ の極限を調べよ。

(1) $a_n=\dfrac{n-1}{n}$　(2) $a_n=-n+2$　(3) $a_n=(-2)^n$

(1) $a_n=1-\dfrac{1}{n}$ であり，

$n\to\infty$ のとき $\dfrac{1}{n}\to 0$

であるから $a_n\to 1$

すなわち $\displaystyle\lim_{n\to\infty}a_n=\mathbf{1}$

(2) $n\to\infty$ のとき $-n\to-\infty$

であるから $a_n\to-\infty$

すなわち $\displaystyle\lim_{n\to\infty}a_n=-\infty$

(3) 数列の各項をかき並べると

$-2,\ 4,\ -8,\ 16,\ -32,\ 64,\ -128,\ \cdots\cdots$

となる。

これは，右の図のように

振動する（極限はない）。

↑

一定の値に収束せず，
正の無限大にも
負の無限大にも
発散しない。

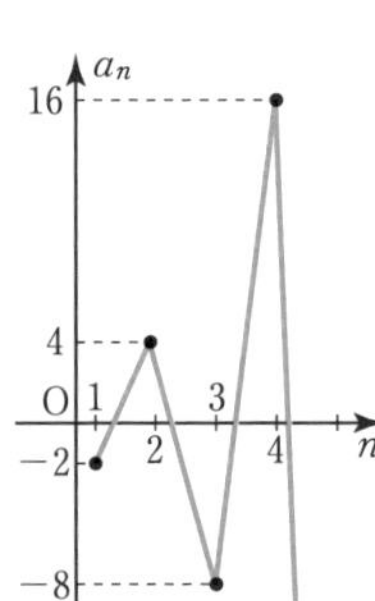

▶数列の収束

数列 $\{a_n\}$ において，n を限りなく大きくするとき，第 n 項 a_n が限りなく一定の値 α に近づくならば，$\{a_n\}$ は α に収束するという。このことを

$\displaystyle\lim_{n\to\infty}a_n=\alpha$

または

$n\to\infty$ のとき $a_n\to\alpha$

と表し，α を $\{a_n\}$ の極限値という。

▶数列 $\{a_n\}$ の極限

収束……$\displaystyle\lim_{n\to\infty}a_n=\alpha$

発散
- $\displaystyle\lim_{n\to\infty}a_n=\infty$（正の無限大に発散）
- $\displaystyle\lim_{n\to\infty}a_n=-\infty$（負の無限大に発散）
- 振動する（極限はない）

類題

21 次の数列の極限値を求めよ。

(1) $4,\ 3+\dfrac{1}{2},\ 3+\dfrac{1}{3},\ 3+\dfrac{1}{4},\ \cdots\cdots,\ 3+\dfrac{1}{n},\ \cdots\cdots$

(2) $\dfrac{3}{1},\ \dfrac{6}{4},\ \dfrac{11}{9},\ \cdots\cdots,\ \dfrac{n^2+2}{n^2},\ \cdots\cdots$

22 第 n 項が $a_n=(-1)^n$ で表される数列の値の変化を例題 7(3)のように図示し，その極限を調べよ。

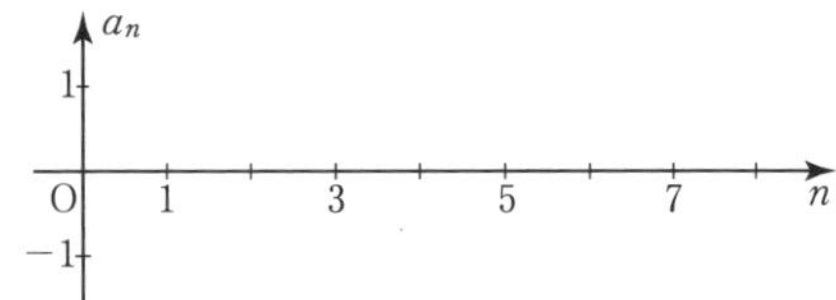

23 第 n 項が次の式で与えられる数列 $\{a_n\}$ の極限を調べよ。

(1) $a_n = -2n+1$

(2) $a_n = -2+\dfrac{1}{n}$

(3) $a_n = \dfrac{5n-1}{n}$

(4) $a_n = \dfrac{7-3n}{n}$

(5) $a_n = \left(-\dfrac{1}{4}\right)^n$

(6) $a_n = -2^n$

24 第 n 項が次の式で与えられる数列 $\{a_n\}$ の極限を調べよ。

(1) $a_n = \left(-\dfrac{1}{3}\right)^n$

(2) $a_n = 1-(-1)^n$

(3) $a_n = n^2-5$

(4) $a_n = (-5)^n$

(5) $a_n = \dfrac{1}{\sqrt{n}}$

JUMP 5 数列 $\{n^2-(-1)^n\}$ の極限を調べよ。

6 数列の極限の性質

例題 8 不定形の極限値

次の極限値を求めよ。

(1) $\displaystyle\lim_{n\to\infty}\frac{n}{n^2+1}$　　(2) $\displaystyle\lim_{n\to\infty}(\sqrt{n+2}-\sqrt{n})$

解 (1) $\displaystyle\lim_{n\to\infty}\frac{n}{n^2+1}=\lim_{n\to\infty}\frac{\frac{1}{n}}{1+\frac{1}{n^2}}=\frac{0}{1}=\mathbf{0}$

←$\frac{\infty}{\infty}$ の形を解消するために分母の最高次の項 n^2 で割る。

(2) $\displaystyle\lim_{n\to\infty}(\sqrt{n+2}-\sqrt{n})$

$\displaystyle=\lim_{n\to\infty}\frac{(\sqrt{n+2}-\sqrt{n})(\sqrt{n+2}+\sqrt{n})}{(\sqrt{n+2}+\sqrt{n})}$

←$\infty-\infty$ の形を解消するために分子を有理化する。

$\displaystyle=\lim_{n\to\infty}\frac{n+2-n}{\sqrt{n+2}+\sqrt{n}}=\lim_{n\to\infty}\frac{2}{\sqrt{n+2}+\sqrt{n}}=\mathbf{0}$

▶数列の極限の性質

数列 $\{a_n\}$, $\{b_n\}$ が収束して，

$\displaystyle\lim_{n\to\infty}a_n=\alpha$, $\displaystyle\lim_{n\to\infty}b_n=\beta$ のとき

① $\displaystyle\lim_{n\to\infty}ka_n=k\alpha$

（ただし，k は定数）

② $\displaystyle\lim_{n\to\infty}(a_n+b_n)=\alpha+\beta$

$\displaystyle\lim_{n\to\infty}(a_n-b_n)=\alpha-\beta$

③ $\displaystyle\lim_{n\to\infty}a_nb_n=\alpha\beta$

④ $\displaystyle\lim_{n\to\infty}\frac{a_n}{b_n}=\frac{\alpha}{\beta}$　$(\beta\neq 0)$

例題 9 極限値の大小関係

極限値 $\displaystyle\lim_{n\to\infty}\frac{\sin n\theta}{2n}$ を求めよ。

解 $-1\leqq\sin n\theta\leqq 1$ より　$\displaystyle -\frac{1}{2n}\leqq\frac{\sin n\theta}{2n}\leqq\frac{1}{2n}$

ここで，$\displaystyle\lim_{n\to\infty}\left(-\frac{1}{2n}\right)=0$，$\displaystyle\lim_{n\to\infty}\frac{1}{2n}=0$ であるから

$\displaystyle\lim_{n\to\infty}\frac{\sin n\theta}{2n}=\mathbf{0}$

▶極限値の大小関係

$\displaystyle\lim_{n\to\infty}a_n=\alpha$, $\displaystyle\lim_{n\to\infty}b_n=\beta$ のとき

① すべての n について $a_n\leqq b_n$ ならば，$\alpha\leqq\beta$

② すべての n について $a_n\leqq c_n\leqq b_n$ で，かつ $\alpha=\beta$ ならば，$\displaystyle\lim_{n\to\infty}c_n=\alpha$

（はさみうちの原理）

類題

25 次の極限値を求めよ。

(1) $\displaystyle\lim_{n\to\infty}\frac{2n-1}{n+1}$

(2) $\displaystyle\lim_{n\to\infty}\frac{3n}{2n^2+1}$

(3) $\displaystyle\lim_{n\to\infty}(\sqrt{n^2+2}-n)$

26 $\lim_{n\to\infty} a_n = 2$，$\lim_{n\to\infty} b_n = -7$ のとき，次の極限値を求めよ。

(1) $\lim_{n\to\infty}(3a_n + b_n)$

(2) $\lim_{n\to\infty}\dfrac{b_n}{5a_n - 3}$

27 次の極限を求めよ。

(1) $\lim_{n\to\infty}\dfrac{3-n}{2n+5}$

(2) $\lim_{n\to\infty}\dfrac{(n+2)(n-2)}{n^2+5n+2}$

(3) $\lim_{n\to\infty}\dfrac{n^2-6n+4}{n+5}$

(4) $\lim_{n\to\infty}(\sqrt{n+4} - \sqrt{n})$

28 次の極限を求めよ。

(1) $\lim_{n\to\infty}(n^2 - n)$

(2) $\lim_{n\to\infty}\dfrac{n-2n^2}{3n^2+1}$

(3) $\lim_{n\to\infty}(\sqrt{n^2-3n} - n)$

29 次の極限値を求めよ。

(1) $\lim_{n\to\infty}\dfrac{1+\sin n\theta}{n}$

(2) $\lim_{n\to\infty}\dfrac{(-1)^{n+1}}{n}$

JUMP 6 極限値 $\lim_{n\to\infty}\dfrac{1^2+2^2+\cdots\cdots+n^2}{n^3}$ を求めよ。

7 無限等比数列の極限

例題 10 無限等比数列の極限(1)

第 n 項が次の式で表される無限等比数列の極限を調べよ。

(1) $\left(-\frac{1}{3}\right)^n$　(2) $\left(\frac{4}{3}\right)^n$　(3) $(-\sqrt{3})^n$

(1) $\left|-\frac{1}{3}\right|<1$ より $\lim_{n\to\infty}\left(-\frac{1}{3}\right)^n=\mathbf{0}$

(2) $\frac{4}{3}>1$ より $\lim_{n\to\infty}\left(\frac{4}{3}\right)^n=\infty$

(3) $-\sqrt{3}<-1$ より，
数列 $\{(-\sqrt{3})^n\}$ は**振動**する（極限はない）。

▶無限等比数列 $\{r^n\}$ の極限

① $r>1$ のとき，$\lim_{n\to\infty}r^n=\infty$

② $r=1$ のとき，$\lim_{n\to\infty}r^n=1$

③ $-1<r<1$ のとき，$\lim_{n\to\infty}r^n=0$

④ $r\leqq-1$ のとき，振動する。（極限はない）

数列 $\{r^n\}$ が収束する条件は $-1<r\leqq1$

例題 11 無限等比数列の極限(2)

次の極限を求めよ。

(1) $\lim_{n\to\infty}\frac{3^n-2^n}{5^n}$　(2) $\lim_{n\to\infty}\frac{4^{n+1}}{4^n+(-3)^n}$

(1) $\lim_{n\to\infty}\frac{3^n-2^n}{5^n}=\lim_{n\to\infty}\left\{\left(\frac{3}{5}\right)^n-\left(\frac{2}{5}\right)^n\right\}=\mathbf{0}$

(2) $\lim_{n\to\infty}\frac{4\cdot4^n}{4^n+(-3)^n}=\lim_{n\to\infty}\frac{4}{1+\left(-\frac{3}{4}\right)^n}=\frac{4}{1+0}=\mathbf{4}$

←公比の絶対値が 1 より小さくなるように分母，分子を 4^n で割る。

類題

30 第 n 項が次の式で表される無限等比数列の極限を調べよ。

(1) $\left(-\frac{1}{2}\right)^n$

(2) 1.1^n

(3) $(-2)^n$

31 次の極限を求めよ。

(1) $\lim_{n\to\infty}\frac{1+3^n}{4^n}$

(2) $\lim_{n\to\infty}\frac{3^{n+1}}{3^n+2^n}$

32 次の無限等比数列の極限を調べよ。

(1) 1, 2, 4, 8, ……

(2) $1,\ -\dfrac{1}{3},\ \dfrac{1}{9},\ -\dfrac{1}{27},\ \cdots\cdots$

33 第 n 項が次の式で表される無限等比数列の極限を調べよ。

(1) $\left(\dfrac{1}{\sqrt{2}}\right)^n$

(2) $\dfrac{(-4)^n}{9^n}$

34 次の極限を求めよ。

(1) $\displaystyle\lim_{n\to\infty}\frac{5^n+2^n}{5^n-3^n}$

(2) $\displaystyle\lim_{n\to\infty}\frac{4^n+(-2)^n}{4^n+2^n}$

35 次の極限を求めよ。

(1) $\displaystyle\lim_{n\to\infty}\frac{3^{n+1}-2}{3^n+2^n}$

(2) $\displaystyle\lim_{n\to\infty}\frac{(-3)^n+5^{n+1}}{3^{n-1}-5^n}$

(3) $\displaystyle\lim_{n\to\infty}\frac{3^{n+1}+5^n}{2^n+3^n}$

36 数列 $\left\{\dfrac{r^{n+1}}{r^n+1}\right\}$ の極限を，次の各場合について求めよ。

(1) $|r|<1$

(2) $r=1$

(3) $|r|>1$

JUMP 7 数列 $\{a_n\}$ が次のように定義されているとき，この数列の一般項を求め，その極限を求めよ。

$a_1=3,\ a_{n+1}=\dfrac{1}{2}a_n+3$

8 無限級数・無限等比級数

例題 12 無限級数

無限級数 $\displaystyle\sum_{k=1}^{\infty}\frac{1}{(k+1)(k+2)}$ の和を求めよ。

解 与えられた無限級数の部分和 S_n は

$$S_n=\sum_{k=1}^{n}\frac{1}{(k+1)(k+2)}=\sum_{k=1}^{n}\left(\frac{1}{k+1}-\frac{1}{k+2}\right)$$ ←部分分数に分ける。

$$=\left(\frac{1}{2}-\frac{1}{3}\right)+\left(\frac{1}{3}-\frac{1}{4}\right)+\cdots\cdots+\left(\frac{1}{n+1}-\frac{1}{n+2}\right)$$

$$=\frac{1}{2}-\frac{1}{n+2}$$

よって $\displaystyle\lim_{n\to\infty}S_n=\lim_{n\to\infty}\left(\frac{1}{2}-\frac{1}{n+2}\right)=\frac{1}{2}$

ゆえに $\displaystyle\sum_{k=1}^{\infty}\frac{1}{(k+1)(k+2)}=\boldsymbol{\frac{1}{2}}$

▶無限級数

$\displaystyle\sum_{k=1}^{\infty}a_k=a_1+a_2+\cdots+a_n+\cdots$

ここで，初項から第 n 項までの和

$\displaystyle S_n=\sum_{k=1}^{n}a_k=a_1+a_2+\cdots+a_n$

を部分和という。

$\displaystyle\lim_{n\to\infty}S_n=\lim_{n\to\infty}\sum_{k=1}^{n}a_k=S$ のとき，

無限級数 $\displaystyle\sum_{k=1}^{\infty}a_k$ は S に収束するといい，S を無限級数の和という。

例題 13 無限等比級数

次の無限等比級数の収束・発散を調べ，収束するときはその和を求めよ。

(1) $0.9+0.09+0.009+\cdots\cdots$　　(2) $1-2+4-8+\cdots\cdots$

解 (1) 初項 0.9，公比 0.1 の無限等比級数であり，

$|0.1|<1$ であるから**収束**し，その和 S は　$S=\dfrac{0.9}{1-0.1}=\mathbf{1}$

(2) 初項 1，公比 -2 の無限等比級数であり，

$|-2|\geqq 1$ であるから**発散**する。

▶無限等比級数の収束・発散

$a\neq 0$ のとき，初項 a，公比 r の無限等比級数 $\displaystyle\sum_{k=1}^{\infty}ar^{k-1}$ は

$|r|<1$ のとき収束し，その和は $\dfrac{a}{1-r}$

$|r|\geqq 1$ のとき，発散する。

類題

37 無限級数 $\displaystyle\sum_{k=1}^{\infty}\frac{1}{(k+2)(k+3)}$ の和を求めよ。

38 無限等比級数

$$1+\frac{2}{3}+\frac{4}{9}+\frac{8}{27}+\frac{16}{81}+\cdots\cdots$$

の収束・発散を調べ，収束するときはその和を求めよ。

39 無限級数 $\displaystyle\sum_{k=1}^{\infty}\frac{3}{(3k-2)(3k+1)}$ の和を求めよ。

40 次の無限等比級数の収束・発散を調べ，収束するときはその和を求めよ。

(1) $0.6+0.06+0.006+0.0006+\cdots\cdots$

(2) $1+3+9+27+\cdots\cdots$

(3) $3-\sqrt{3}+1-\dfrac{1}{\sqrt{3}}+\cdots\cdots$

41 $\dfrac{1}{\sqrt{k+3}+\sqrt{k+2}}=\sqrt{k+3}-\sqrt{k+2}$ であることを用いて，無限級数

$$\frac{1}{2+\sqrt{3}}+\frac{1}{\sqrt{5}+2}+\cdots$$
$$\cdots+\frac{1}{\sqrt{k+3}+\sqrt{k+2}}+\cdots\cdots$$

の収束・発散を調べよ。

42 次の無限級数が収束するような実数 x の値の範囲を求めよ。また，そのときの和を求めよ。

$$3+3(1-x)+3(1-x)^2+\cdots$$
$$\cdots+3(1-x)^{n-1}+\cdots\cdots$$

JUMP 8 右の図において，直角三角形 ABC に正方形を内接させていくとき，これらの正方形の面積 S_1，S_2，S_3，……の総和を求めよ。

9 無限級数の性質

例題 14 無限級数の性質

無限級数 $\displaystyle\sum_{n=1}^{\infty}\left(\frac{1}{3^n}+\frac{3}{4^n}\right)$ の和を求めよ。

解 $\displaystyle\sum_{n=1}^{\infty}\frac{1}{3^n}$ は初項 $\dfrac{1}{3}$，公比 $\dfrac{1}{3}$ の無限等比級数で，$\left|\dfrac{1}{3}\right|<1$ より

収束し，その和は $\displaystyle\sum_{n=1}^{\infty}\frac{1}{3^n}=\frac{\frac{1}{3}}{1-\frac{1}{3}}=\frac{1}{2}$

$\displaystyle\sum_{n=1}^{\infty}\frac{3}{4^n}$ は初項 $\dfrac{3}{4}$，公比 $\dfrac{1}{4}$ の無限等比級数で，$\left|\dfrac{1}{4}\right|<1$ より

収束し，その和は $\displaystyle\sum_{n=1}^{\infty}\frac{3}{4^n}=\frac{\frac{3}{4}}{1-\frac{1}{4}}=1$

よって $\displaystyle\sum_{n=1}^{\infty}\left(\frac{1}{3^n}+\frac{3}{4^n}\right)=\sum_{n=1}^{\infty}\frac{1}{3^n}+\sum_{n=1}^{\infty}\frac{3}{4^n}=\frac{1}{2}+1=\boldsymbol{\frac{3}{2}}$

▶無限級数の性質

無限級数 $\displaystyle\sum_{n=1}^{\infty}a_n$，$\displaystyle\sum_{n=1}^{\infty}b_n$ がともに収束するとき

① $\displaystyle\sum_{n=1}^{\infty}ka_n=k\sum_{n=1}^{\infty}a_n$ （k は定数）

② $\displaystyle\sum_{n=1}^{\infty}(a_n+b_n)=\sum_{n=1}^{\infty}a_n+\sum_{n=1}^{\infty}b_n$

$\displaystyle\sum_{n=1}^{\infty}(a_n-b_n)=\sum_{n=1}^{\infty}a_n-\sum_{n=1}^{\infty}b_n$

例題 15 無限級数の収束と発散

次の無限級数が発散することを示せ。

$$\frac{3}{2}+\frac{5}{3}+\frac{7}{4}+\cdots\cdots+\frac{2n+1}{n+1}+\cdots\cdots$$

$$\lim_{n\to\infty}\frac{2n+1}{n+1}=\lim_{n\to\infty}\frac{2+\frac{1}{n}}{1+\frac{1}{n}}=2$$

より，数列 $\left\{\dfrac{2n+1}{n+1}\right\}$ は 0 に収束しない。

よって，この無限級数は**発散**する。

▶無限級数の収束と発散

① 無限級数 $\displaystyle\sum_{n=1}^{\infty}a_n$ が収束するならば，

$\displaystyle\lim_{n\to\infty}a_n=0$

② 数列 $\{a_n\}$ が 0 に収束しないすなわち $\displaystyle\lim_{n\to\infty}a_n\neq0$ ならば，

無限級数 $\displaystyle\sum_{n=1}^{\infty}a_n$ は発散する。

（②は①の対偶である）

類題

43 無限級数 $\displaystyle\sum_{n=1}^{\infty}\left\{\frac{1}{3^n}+\left(-\frac{1}{2}\right)^n\right\}$ の和を求めよ。

44 次の無限級数が発散することを示せ。

$$1+\frac{2}{4}+\frac{3}{7}+\cdots\cdots+\frac{n}{3n-2}+\cdots\cdots$$

45 次の無限級数の和を求めよ。

(1) $\displaystyle\sum_{n=1}^{\infty}\left(\frac{3}{2^n}+\frac{1}{4^n}\right)$

(2) $\displaystyle\sum_{n=1}^{\infty}\left\{4\left(\frac{2}{3}\right)^n-\left(-\frac{2}{3}\right)^n\right\}$

46 次の無限級数が発散することを示せ。

$\dfrac{5}{2}+\dfrac{8}{4}+\dfrac{11}{6}+\cdots\cdots+\dfrac{3n+2}{2n}+\cdots\cdots$

47 次の無限級数の和を求めよ。

(1) $\displaystyle\sum_{n=1}^{\infty}\left\{\frac{1}{2^{n+1}}+\frac{1}{(-3)^n}\right\}$

(2) $\left(1-\dfrac{2}{3}\right)+\left(\dfrac{1}{4}-\dfrac{2}{9}\right)+\left(\dfrac{1}{16}-\dfrac{2}{27}\right)+\cdots\cdots$

9 $a_n=\sqrt{n+1}-\sqrt{n}$ $(n=1,\ 2,\ \cdots\cdots)$ とし，無限級数 $\displaystyle\sum_{n=1}^{\infty}a_n$ の部分和を S_n とする。

(1) $\displaystyle\lim_{n\to\infty}a_n$ を求めよ。　(2) S_n を求めよ。　(3) $\displaystyle\sum_{n=1}^{\infty}a_n$ の収束・発散を求めよ。

まとめの問題　関数と極限②

1　一般項が次の式で与えられる数列 $\{a_n\}$ の極限を調べよ。

(1)　$a_n = 3\left(-\dfrac{1}{2}\right)^n$

(2)　$a_n = n + (-1)^n n$

2　次の極限を求めよ。

(1)　$\displaystyle\lim_{n\to\infty}\frac{2n-1}{n+1}$

(2)　$\displaystyle\lim_{n\to\infty}\frac{4n+1}{n^2-2n+5}$

(3)　$\displaystyle\lim_{n\to\infty}\frac{n^3}{3n^2+2n+1}$

(4)　$\displaystyle\lim_{n\to\infty}(\sqrt{4n^2+n}-2n)$

(5)　$\displaystyle\lim_{n\to\infty}\frac{1-\cos n\theta}{n^2}$

(6)　$\displaystyle\lim_{n\to\infty}\frac{4^n-2^n}{3^n}$

(7)　$\displaystyle\lim_{n\to\infty}\frac{4^{n-1}+(-3)^n}{4^n-3^n}$

3 次の無限級数の和を求めよ。

(1) $\displaystyle\sum_{k=1}^{\infty}\frac{1}{(k+3)(k+4)}$

(2) $\displaystyle\sum_{k=1}^{\infty}\frac{2}{(2k+1)(2k+3)}$

4 次の無限等比級数の収束・発散を調べ，収束するときはその和を求めよ。

(1) $\dfrac{1}{2}+\dfrac{1}{4}+\dfrac{1}{8}+\dfrac{1}{16}+\cdots\cdots$

(2) $1-\sqrt{2}+2-2\sqrt{2}+\cdots\cdots$

5 次の無限級数の和を求めよ。

(1) $\displaystyle\sum_{n=1}^{\infty}\left(\frac{2}{3^n}-\frac{1}{4^n}\right)$

(2) $\displaystyle\sum_{n=1}^{\infty}\left\{\left(\frac{1}{2}\right)^{n+1}+\left(-\frac{3}{4}\right)^{n+1}\right\}$

10 関数の極限(1)

例題 16 関数の極限(1)

次の極限値を求めよ。

(1) $\lim_{x \to 3}(x+1)(x^2-x-3)$

(2) $\lim_{x \to 3}\frac{5x-15}{x^2-9}$

(3) $\lim_{x \to 1}\frac{\sqrt{x}-1}{x-1}$

解 (1) $\lim_{x \to 3}(x+1)(x^2-x-3) = (3+1)(3^2-3-3)$

$= 4 \times 3 = \mathbf{12}$

(2) $\lim_{x \to 3}\frac{5x-15}{x^2-9} = \lim_{x \to 3}\frac{5(x-3)}{(x+3)(x-3)}$

$= \lim_{x \to 3}\frac{5}{x+3} = \mathbf{\frac{5}{6}}$

(3) $\lim_{x \to 1}\frac{\sqrt{x}-1}{x-1} = \lim_{x \to 1}\frac{(\sqrt{x}-1)(\sqrt{x}+1)}{(x-1)(\sqrt{x}+1)}$ ←$\frac{0}{0}$ を解消するために分子を有理化する。

$= \lim_{x \to 1}\frac{x-1}{(x-1)(\sqrt{x}+1)}$

$= \lim_{x \to 1}\frac{1}{\sqrt{x}+1} = \mathbf{\frac{1}{2}}$

▶関数の極限値の性質

$\lim_{x \to a}f(x) = \alpha$, $\lim_{x \to a}g(x) = \beta$

のとき

① $\lim_{x \to a}kf(x) = k\alpha$

(ただし，k は定数)

② $\lim_{x \to a}\{f(x)+g(x)\} = \alpha+\beta$

$\lim_{x \to a}\{f(x)-g(x)\} = \alpha-\beta$

③ $\lim_{x \to a}\{f(x)g(x)\} = \alpha\beta$

④ $\lim_{x \to a}\frac{f(x)}{g(x)} = \frac{\alpha}{\beta}$

(ただし，$\beta \neq 0$)

類題

48 次の極限値を求めよ。

(1) $\lim_{x \to 4}\sqrt{2x+1}$

(2) $\lim_{x \to 2}\frac{x-4}{x^2+4x+3}$

(3) $\lim_{x \to 3}\frac{x^2+x-12}{x-3}$

(4) $\lim_{x \to 2}\frac{\sqrt{x+7}-3}{x-2}$

49 次の極限値を求めよ。

(1) $\displaystyle\lim_{x \to 8} \log_2 x$

(2) $\displaystyle\lim_{x \to -1} \frac{x-1}{x^2+4}$

(3) $\displaystyle\lim_{x \to -2} \frac{x^2+5x+6}{x+2}$

(4) $\displaystyle\lim_{x \to 0} \frac{\sqrt{x+1}-1}{x}$

50 次の極限値を求めよ。

(1) 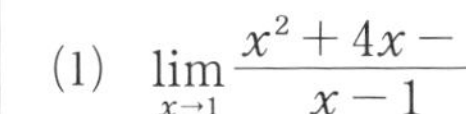

$\displaystyle\lim_{x \to 1} \frac{x^2+4x-5}{x-1}$

(2) $\displaystyle\lim_{x \to -2} \frac{x^2-2x-8}{x^3+8}$

(3) $\displaystyle\lim_{x \to 9} \frac{x-9}{\sqrt{x}-3}$

(4) $\displaystyle\lim_{x \to -2} \frac{x+3-\sqrt{x+3}}{x+2}$

JUMP 10 次の等式が成り立つように，定数 a，b の値を定めよ。

$$\lim_{x \to 1} \frac{x^2+ax+b}{x-1} = 3$$

11 関数の極限(2)

例題 17 関数の極限(2)

次の極限を求めよ。

(1) $\displaystyle\lim_{x\to2}\frac{1}{(x-2)^2}$　(2) $\displaystyle\lim_{x\to2-0}\frac{1}{x-2}$　(3) $\displaystyle\lim_{x\to\infty}\frac{1}{x-2}$

(4) $\displaystyle\lim_{x\to-\infty}\frac{x^2-2}{x+1}$　(5) $\displaystyle\lim_{x\to\infty}(x^3-x+1)$

(1) $\displaystyle\lim_{x\to2}\frac{1}{(x-2)^2}=\infty$　←$x>2$, $x<2$ のいずれの場合も，$(x-2)^2>0$ である。

(2) $\displaystyle\lim_{x\to2-0}\frac{1}{x-2}=-\infty$　←$x<2$ の場合，$x-2<0$ である。

(3) $\displaystyle\lim_{x\to\infty}\frac{1}{x-2}=\mathbf{0}$　←$\frac{1}{\infty}$ の形なので，極限は 0

(4) $\displaystyle\lim_{x\to-\infty}\frac{x^2-2}{x+1}=\lim_{x\to-\infty}\frac{x-\frac{2}{x}}{1+\frac{1}{x}}$　←$\displaystyle\lim_{x\to-\infty}\frac{1}{x}=0$　$\displaystyle\lim_{x\to-\infty}x=-\infty$

$=-\infty$

(5) $\displaystyle\lim_{x\to\infty}(x^3-x+1)$

$\displaystyle=\lim_{x\to\infty}x^3\left(1-\frac{1}{x^2}+\frac{1}{x^3}\right)$　←$\displaystyle\lim_{x\to\infty}x^3=\infty$

$=\infty$　　$\displaystyle\lim_{x\to\infty}\left(1-\frac{1}{x^2}+\frac{1}{x^3}\right)=1$

▶右側，左側からの極限

$x>a$ の範囲で x が a に限りなく近づくことを $x\to a+0$ と表し，また，$x<a$ の範囲で x が a に限りなく近づくことを $x\to a-0$ と表す。

それぞれの場合の $f(x)$ の極限を

$\displaystyle\lim_{x\to a+0}f(x)$，$\displaystyle\lim_{x\to a-0}f(x)$

と表す。

(注)　$a=0$ のときは

$\displaystyle\lim_{x\to+0}f(x)$，$\displaystyle\lim_{x\to-0}f(x)$ と表す。

▶$x\to\infty$，$x\to-\infty$ のときの極限

x の値が限りなく大きくなることを $x\to\infty$ と表し，x の値が負で絶対値が限りなく大きくなることを $x\to-\infty$ と表す。

それぞれの場合の $f(x)$ の極限を

$\displaystyle\lim_{x\to\infty}f(x)$，$\displaystyle\lim_{x\to-\infty}f(x)$

と表す。

類題

51 次の極限を求めよ。

(1) $\displaystyle\lim_{x\to-1}\frac{2}{(x+1)^2}$

(2) $\displaystyle\lim_{x\to3+0}\frac{3}{x-3}$

(3) $\displaystyle\lim_{x\to\infty}\frac{1}{(x-2)^2}$

(4) $\displaystyle\lim_{x\to\infty}\frac{3x^2+4x+5}{x^2+3x+1}$

52 次の極限を求めよ。

(1) $\displaystyle\lim_{x \to -0} \frac{2}{x}$

(2) $\displaystyle\lim_{x \to \infty} \frac{1}{x^2 - 3}$

(3) $\displaystyle\lim_{x \to -\infty} \frac{-2x^2 + 1}{4x^2 + 3x + 2}$

(4) $\displaystyle\lim_{x \to \infty} (x^2 - 4x)$

(5) $\displaystyle\lim_{x \to -\infty} (x^5 + x^4 + 1)$

53 次の極限を求めよ。

(1) $\displaystyle\lim_{x \to \infty} \frac{-3x^2}{2x + 1}$

(2) $\displaystyle\lim_{x \to -\infty} \frac{5x}{x^2 + 1}$

54 次の極限を求めよ。

$\displaystyle\lim_{x \to \infty} (\sqrt{x^2 + 3x} - x)$

JUMP 11 次の極限を求めよ。 $\displaystyle\lim_{x \to -\infty} (\sqrt{9x^2 + 4x + 2} + 3x)$

12 指数関数・対数関数・三角関数の極限

例題 18 指数・対数関数，三角関数の極限（1）

次の極限を調べよ。

(1) $\lim_{x\to\infty} 5^{-x}$　　(2) $\lim_{x\to\infty} \log_{\frac{1}{5}} x$　　(3) $\lim_{x\to\infty} \sin\dfrac{1}{x^2}$

(1) $\lim_{x\to\infty} 5^{-x} = \lim_{x\to\infty}\left(\dfrac{1}{5}\right)^x = \mathbf{0}$

(2) $\lim_{x\to\infty} \log_{\frac{1}{5}} x = -\infty$

(3) $\lim_{x\to\infty} \sin\dfrac{1}{x^2} = \sin 0 = \mathbf{0}$

例題 19 三角関数の極限（2）

次の極限値を求めよ。

(1) $\lim_{x\to 0} \dfrac{\sin 2x}{x}$　　(2) $\lim_{x\to 0} \dfrac{\sin 4x}{\sin 3x}$

(1) $\lim_{x\to 0} \dfrac{\sin 2x}{x} = \lim_{x\to 0}\left(2\times\dfrac{\sin 2x}{2x}\right)$

$= 2\times 1 = \mathbf{2}$

(2) $\lim_{x\to 0} \dfrac{\sin 4x}{\sin 3x} = \lim_{x\to 0} \dfrac{4\times\dfrac{\sin 4x}{4x}}{3\times\dfrac{\sin 3x}{3x}}$

$= \dfrac{4\times 1}{3\times 1} = \dfrac{\mathbf{4}}{\mathbf{3}}$

▶指数関数の極限

① $a>1$ のとき

$\lim_{x\to\infty} a^x = \infty$，$\lim_{x\to-\infty} a^x = 0$

② $0<a<1$ のとき

$\lim_{x\to\infty} a^x = 0$，$\lim_{x\to-\infty} a^x = \infty$

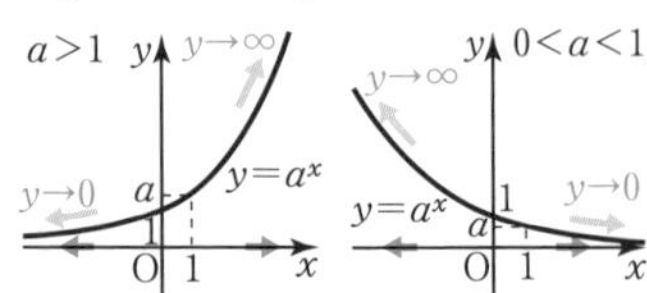

▶対数関数の極限

① $a>1$ のとき

$\lim_{x\to\infty} \log_a x = \infty$

$\lim_{x\to+0} \log_a x = -\infty$

② $0<a<1$ のとき

$\lim_{x\to\infty} \log_a x = -\infty$

$\lim_{x\to+0} \log_a x = \infty$

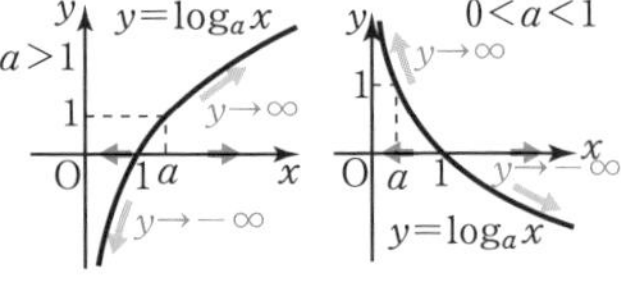

▶三角関数の極限

$\lim_{\theta\to 0} \dfrac{\sin\theta}{\theta} = 1$

類題

55 次の極限を調べよ。

(1) $\lim_{x\to\infty}\left(\dfrac{1}{8}\right)^x$

(2) $\lim_{x\to+0} \log_{\frac{1}{2}} x$

(3) $\lim_{x\to-\infty} \tan\dfrac{1}{x^2}$

56 次の極限値を求めよ。

(1) $\lim_{x\to 0} \dfrac{\sin 3x}{x}$

(2) $\lim_{x\to 0} \dfrac{\sin 5x}{\sin 2x}$

57 次の極限を調べよ。

(1) $\lim_{x\to\infty}\frac{3^x+2^x}{2^x}$

(2) $\lim_{x\to\infty}\log_2\frac{1}{x}$

(3) $\lim_{x\to\infty}\cos\frac{1}{x^3}$

58 次の極限値を求めよ。

(1) $\lim_{x\to0}\frac{\sin3x-\sin x}{2x}$

(2) $\lim_{x\to0}\frac{\tan4x}{x}$

59 次の極限値を求めよ。

$\lim_{x\to\infty}\{\log_3(9x+1)-\log_3(3x+5)\}$

60 次の極限値を求めよ。

(1) $\lim_{x\to0}\frac{\sin^2 2x}{8x^2}$

(2) $\lim_{x\to0}\frac{x^2}{1-\cos x}$

JUMP 12 次の極限値を求めよ。

(1) $\lim_{x\to\infty}x\sin\frac{1}{x}$

(2) $\lim_{x\to-\infty}\frac{1}{x}\cos x$

13 関数の連続性

例題 20 関数の連続

次の関数 $f(x)$ は $x=0$ で連続であるかどうか調べよ。

(1) $f(x)=x^3+3x$　　(2) $f(x)=[x]$

(1) 関数 $f(x)=x^3+3x$ において

$$\lim_{x\to 0}(x^3+3x)=0$$

また　$f(0)=0$

よって　$\lim_{x\to 0}f(x)=f(0)$

ゆえに，関数 $f(x)=x^3+3x$ は

$x=0$ で連続である。

(2) 関数 $f(x)=[x]$ において

$$\lim_{x\to +0}[x]=0,\quad \lim_{x\to -0}[x]=-1$$

であるから，$\lim_{x\to 0}[x]$ は存在しない。

すなわち，関数 $f(x)=[x]$ は

$x=0$ で連続でない。

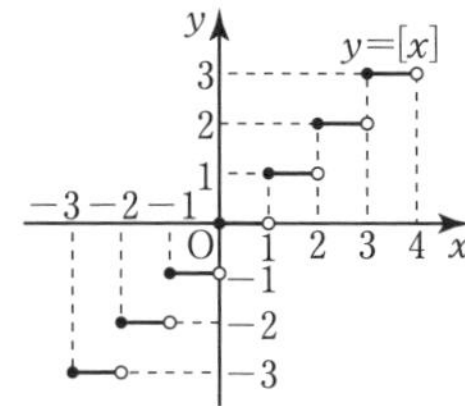

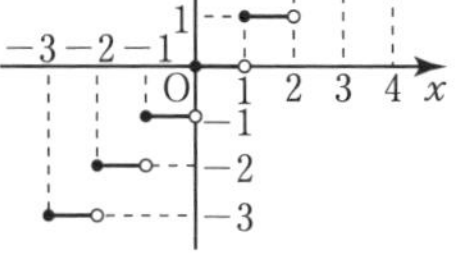

▶**関数の連続**
関数 $f(x)$ において，その定義域内の x の値 a に対して
$\lim_{x\to a}f(x)=f(a)$
が成り立つとき
$f(x)$ は $x=a$ で連続であるという。

▶**ガウス記号**
実数 x に対して，x を超えない最大の整数を $[x]$ で表す。記号 $[\ \ ]$ をガウス記号という。たとえば
$1\leqq x<2$ のとき　$[x]=1$

例題 21 区間における連続

関数 $f(x)=\dfrac{1}{x-2}$ が連続である区間をいえ。

関数 $f(x)=\dfrac{1}{x-2}$ は，

$x=2$ で定義されないが，

$x=2$ を除いた区間

$(-\infty,\ 2)$，$(2,\ \infty)$

で連続である。

▶**区間における連続**
関数 $f(x)$ が，ある区間 I のすべての x の値において連続であるとき，$f(x)$ は区間 I で連続であるという。

例題 22 中間値の定理

方程式 $x-\cos x=0$ は，$0<x<\dfrac{\pi}{2}$ の範囲に少なくとも 1 つの実数解をもつことを証明せよ。

(証明)　$f(x)=x-\cos x$ とおくと，

関数 $f(x)$ は区間 $\left[0,\ \dfrac{\pi}{2}\right]$ で連続で

$$f(0)=0-\cos 0=-1<0$$

$$f\left(\frac{\pi}{2}\right)=\frac{\pi}{2}-\cos\frac{\pi}{2}=\frac{\pi}{2}>0$$

であるから，$f(0)$ と $f\left(\dfrac{\pi}{2}\right)$ は異符号である。

よって，方程式 $f(x)=0$ すなわち $x-\cos x=0$ は，

$0<x<\dfrac{\pi}{2}$ の範囲に少なくとも 1 つの実数解をもつ。(終)

▶**中間値の定理**
関数 $f(x)$ が区間 $[a,\ b]$ で連続で，$f(a)\neq f(b)$ ならば，$f(a)$ と $f(b)$ の間の任意の値 k に対して
$f(c)=k,\ a<c<b$
となる実数 c が少なくとも 1 つ存在する。

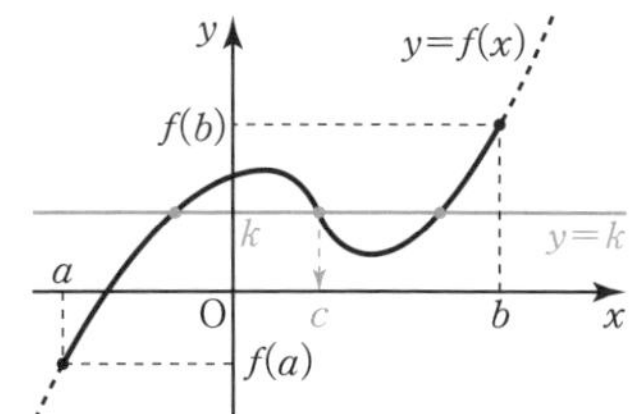

中間値の定理から，関数 $f(x)$ が区間 $[a,\ b]$ で連続で，$f(a)$ と $f(b)$ が異符号ならば，方程式 $f(x)=0$ は $a<x<b$ の範囲に少なくとも 1 つの実数解をもつことがわかる。

61 次の関数 $f(x)$ について，与えられた x の値で連続であるかどうか調べよ。

(1) $f(x)=\dfrac{x+4}{x+1}$ $(x=1)$

(2) $f(x)=[2x]$ $(x=0)$

(3) $f(x)=[\cos x]$ $(x=0)$

62 次の関数が連続である区間をいえ。

(1) $f(x)=\dfrac{x+5}{x^2-x+1}$

(2) $f(x)=\log_2 x$

63 次の方程式が，与えられた x の範囲に少なくとも1つの実数解をもつことを証明せよ。

(1) $3^x-4x=0$ $(1<x<2)$

(2) $\log_5 x-\dfrac{x}{10}=0$ $(5<x<25)$

JUMP 13 関数 $f(x)$ が連続で，$f(0)=-1$，$f(1)=2$，$f(2)=3$，$f(3)=10$ のとき，方程式 $f(x)-x^2=0$ は $0<x<3$ の範囲に少なくとも3個の実数解をもつことを証明せよ。

まとめの問題　関数と極限③

1 次の極限値を求めよ。

(1) $\lim_{x \to 6} \sqrt[3]{4x+3}$

(2) $\lim_{x \to 1} \frac{x^2+2x-3}{x^2+x-2}$

(3) $\lim_{x \to -1} \frac{x^3+1}{x+1}$

(4) $\lim_{x \to -2} \frac{\sqrt{x+6}-2}{x+2}$

(5) $\lim_{x \to 2} \frac{3x-6}{\sqrt{x+2}-2}$

2 次の極限を求めよ。

(1) $\lim_{x \to -1+0} \frac{1}{x+1}$

(2) $\lim_{x \to \infty} \frac{3}{x^3+2}$

(3) $\lim_{x \to \infty} \frac{5x^2-6x+1}{x^2+2x+3}$

(4) $\lim_{x \to -\infty} (x^2-3x-1)$

(5) $\lim_{x \to \infty} (\sqrt{x^2+1}-x)$

3 次の極限を求めよ。

(1) $\lim_{x \to -\infty} 4^x$

(2) $\lim_{x \to +0} \log_{\frac{1}{3}} x$

(3) $\lim_{x \to 0} \frac{\sin 2x}{3x}$

(4) $\lim_{x \to \infty} \log_5 \frac{5x-8}{x}$

(5) $\lim_{x \to 0} \frac{1-\cos x}{x \sin x}$

4 次の関数 $f(x)$ について，与えられた x の値で連続であるかどうか調べよ。

(1) $f(x) = \frac{|x|}{x}$ $(x = -1)$

(2) $f(x) = [\sin x]$ $\left(x = \frac{\pi}{2}\right)$

5 方程式 $x - \left(\frac{1}{5}\right)^x = 0$ は，$0 < x < 1$ の範囲に少なくとも1つの実数解をもつことを証明せよ。

14 微分法の復習

例題 23 平均変化率

関数 $f(x)=x^2-1$ について，次の平均変化率を求めよ。

(1) $x=1$ から $x=3$ まで変化するとき

(2) $x=1$ から $x=1+h$ まで変化するとき

解 (1) $f(1)=1^2-1=0$，$f(3)=3^2-1=8$　より

$$\frac{f(3)-f(1)}{3-1}=\frac{8}{2}=\mathbf{4}$$

(2) $f(1)=0$，$f(1+h)=(1+h)^2-1=h^2+2h$　より

$$\frac{f(1+h)-f(1)}{(1+h)-1}=\frac{h^2+2h}{h}=\frac{h(h+2)}{h}=\boldsymbol{h+2}$$

▶平均変化率

関数 $y=f(x)$ において，x の値が a から b まで変化するときの $f(x)$ の平均変化率は

$$\frac{f(b)-f(a)}{b-a}$$

x の値が a から $a+h$ まで変化するときの $f(x)$ の平均変化率は

$$\frac{f(a+h)-f(a)}{h}$$

例題 24 導関数の定義

関数 $f(x)=x^2$ の導関数を，定義にしたがって求めよ。

解

$$f'(x)=\lim_{h\to 0}\frac{f(x+h)-f(x)}{h}$$

$$=\lim_{h\to 0}\frac{(x+h)^2-x^2}{h}=\lim_{h\to 0}\frac{2hx+h^2}{h}$$

$$=\lim_{h\to 0}(2x+h)=\boldsymbol{2x}$$

▶導関数の定義

関数 $y=f(x)$ の導関数 $f'(x)$ は

$$f'(x)=\lim_{h\to 0}\frac{f(x+h)-f(x)}{h}$$

類題

64 関数 $f(x)=x^2-1$ について，次の平均変化率を求めよ。

(1) $x=a$ から $x=b$ まで変化するとき

(2) $x=2$ から $x=2+h$ まで変化するとき

65 関数 $f(x)=x^2+2$ の導関数を，定義にしたがって求めよ。

例題 25 導関数の計算

次の関数を微分せよ。

(1) $y=-3x^2$　　(2) $y=3x^3+2x^2+x$

(1) $y'=(-3x^2)'=-3(x^2)'$ ←$\{kf(x)\}'=kf'(x)$

$=-3\times 2x=\mathbf{-6x}$

(2) $y'=(3x^3+2x^2+x)'$

$=(3x^3)'+(2x^2)'+(x)'$ ←$\{f(x)\pm g(x)\}'=f'(x)\pm g'(x)$

$=3(x^3)'+2(x^2)'+(x)'$

$=3\times 3x^2+2\times 2x+1$

$=\mathbf{9x^2+4x+1}$

▶導関数の公式

$n=1, 2, 3, \cdots\cdots$ のとき

$(x^n)'=nx^{n-1}$

c を定数とするとき

$(c)'=0$

▶導関数の計算

k を定数とするとき

$\{kf(x)\}'=kf'(x)$

$\{f(x)\pm g(x)\}'=f'(x)\pm g'(x)$

(複号同順)

例題 26 導関数と微分係数

関数 $f(x)=3x^2+2x-1$ について，次の微分係数を求めよ。

(1) $f'(3)$　　(2) $f'(-2)$

$f'(x)=(3x^2+2x-1)'=3(x^2)'+2(x)'-(1)'$

$=3\times 2x+2\times 1-0$

$=6x+2$

(1) $x=3$ を代入して ←$f'(x)$ を求めてから数値を代入する。

$f'(3)=6\times 3+2=\mathbf{20}$

(2) $x=-2$ を代入して

$f'(-2)=6\times(-2)+2=\mathbf{-10}$

▶導関数と微分係数

微分係数を求めるには，まず導関数 $f'(x)$ を求めてから，x に値を代入するとよい。

類題

66 次の関数を微分せよ。

(1) $y=x^3+5x$

(2) $y=\dfrac{1}{3}x^3+\dfrac{1}{2}x^2+x+1$

67 関数 $f(x)=x^3+2x^2-5$ について，次の微分係数を求めよ。

(1) $f'(1)$

(2) $f'(-2)$

15 微分係数と導関数

例題 27 微分係数

関数 $f(x)=\sqrt{x}$ について，微分係数 $f'(2)$ を求めよ。

▶微分係数

$f'(a)=\lim_{h\to 0}\frac{f(a+h)-f(a)}{h}$

解 $f(2+h)-f(2)=\sqrt{2+h}-\sqrt{2}$

$$=\frac{(\sqrt{2+h}-\sqrt{2})(\sqrt{2+h}+\sqrt{2})}{\sqrt{2+h}+\sqrt{2}}$$

←分子の有理化
分母，分子に $\sqrt{2+h}+\sqrt{2}$ を掛ける。

$$=\frac{(2+h)-2}{\sqrt{2+h}+\sqrt{2}}=\frac{h}{\sqrt{2+h}+\sqrt{2}}$$

よって　$f'(2)=\lim_{h\to 0}\frac{f(2+h)-f(2)}{h}$

$$=\lim_{h\to 0}\frac{h}{\sqrt{2+h}+\sqrt{2}}\cdot\frac{1}{h}$$

$$=\lim_{h\to 0}\frac{1}{\sqrt{2+h}+\sqrt{2}}=\boldsymbol{\frac{1}{2\sqrt{2}}}$$

←$\frac{\sqrt{2}}{4}$ と解答してもよい。

例題 28 導関数

関数 $f(x)=\frac{1}{x}$ の導関数を，定義にしたがって求めよ。

▶導関数

$f'(x)=\lim_{h\to 0}\frac{f(x+h)-f(x)}{h}$

解 $f(x+h)-f(x)=\frac{1}{x+h}-\frac{1}{x}=\frac{x-(x+h)}{x(x+h)}=\frac{-h}{x(x+h)}$

よって　$f'(x)=\lim_{h\to 0}\frac{f(x+h)-f(x)}{h}$

$$=\lim_{h\to 0}\frac{-h}{x(x+h)}\cdot\frac{1}{h}=\lim_{h\to 0}\frac{-1}{x(x+h)}=\boldsymbol{-\frac{1}{x^2}}$$

類題

68 関数 $f(x)=\sqrt{x+2}$ について，微分係数 $f'(1)$ を求めよ。

69 関数 $f(x)=\frac{1}{2x^2}$ の導関数を，定義にしたがって求めよ。

70 次の微分係数を求めよ。

(1) $f(x)=\sqrt{x+2}$ について $f'(0)$

(2) $f(x)=\dfrac{1}{x+2}$ について $f'(1)$

71 関数 $f(x)=2\sqrt{x}$ について，次の問いに答えよ。

(1) 導関数 $f'(x)$ を定義にしたがって求めよ。

(2) 微分係数 $f'(3)$ を求めよ。

JUMP 15 関数 $f(x)=|x-3|$ が $x=3$ において微分可能でないことを示せ。

16 積・商の微分法

例題 29 積・商の微分法

次の関数を微分せよ。

(1) $y=(x^2+2)(2x+3)$　　(2) $y=\dfrac{x^2-3}{x+1}$

解 (1) $y'=\{(x^2+2)(2x+3)\}'$

$=(x^2+2)'(2x+3)+(x^2+2)(2x+3)'$

$=2x\cdot(2x+3)+(x^2+2)\cdot 2$

$=4x^2+6x+2x^2+4=\boldsymbol{6x^2+6x+4}$

(2) $y'=\left(\dfrac{x^2-3}{x+1}\right)'$

$=\dfrac{(x^2-3)'(x+1)-(x^2-3)(x+1)'}{(x+1)^2}$

$=\dfrac{2x\cdot(x+1)-(x^2-3)\cdot 1}{(x+1)^2}=\boldsymbol{\dfrac{x^2+2x+3}{(x+1)^2}}$

▶関数の積の微分法

$\{f(x)g(x)\}'$

$=f'(x)g(x)+f(x)g'(x)$

▶関数の商の微分法

$\left\{\dfrac{f(x)}{g(x)}\right\}'$

$=\dfrac{f'(x)g(x)-f(x)g'(x)}{\{g(x)\}^2}$

とくに $\left\{\dfrac{1}{g(x)}\right\}'=-\dfrac{g'(x)}{\{g(x)\}^2}$

例題 30 x^n の導関数

関数 $y=-\dfrac{1}{3x^2}$ を微分せよ。

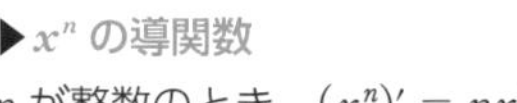

▶x^n の導関数

n が整数のとき $(x^n)'=nx^{n-1}$

解 $y'=\left(-\dfrac{1}{3}x^{-2}\right)'=-\dfrac{1}{3}\cdot(-2)x^{-2-1}=\dfrac{2}{3}x^{-3}=\dfrac{2}{3x^3}$

類題

72 次の関数を微分せよ。

(1) $y=(x^2+1)(3x-1)$

(2) $y=\dfrac{1}{x+2}$

(3) $y=\dfrac{x^2+3}{x-1}$

73 関数 $y=\dfrac{2}{x^3}$ を微分せよ。

74 次の関数を微分せよ。

(1) $y=(x-5)(x^2+3)$

(2) $y=\dfrac{x}{3x+2}$

(3) $y=\dfrac{1}{x^2+x+1}$

75 次の関数を微分せよ。

(1) $y=-\dfrac{1}{2x^4}$

(2) $y=2x-\dfrac{3}{x}+\dfrac{4}{x^2}$

76 次の関数を微分せよ。

(1) $y=\dfrac{3x^2-2x-4}{x^2+1}$

(2) $y=\dfrac{4x^3-x^2+3x-5}{x}$

(3) $y=\dfrac{5x^2+7x-8}{6x^3}$

(4) $y=(x+1)\left(1-\dfrac{1}{x}\right)$

JUMP 16 関数 $y=\left(1-\dfrac{1}{x}\right)\left(1+\dfrac{1}{x}+\dfrac{1}{x^2}+\dfrac{1}{x^3}\right)$ を微分せよ。

17 合成関数・逆関数の微分法

例題 31 合成関数の微分法

関数 $y=(2x^2+3)^3$ を微分せよ。

解 $y'=\{(2x^2+3)^3\}'$
$=3(2x^2+3)^2\cdot(2x^2+3)'$
$=3(2x^2+3)^2\cdot 4x$
$=\mathbf{12x(2x^2+3)^2}$

▶合成関数の微分法

$y=f(u)$, $u=g(x)$ のとき

$$\frac{dy}{dx}=\frac{dy}{du}\cdot\frac{du}{dx}$$

$$\{f(g(x))\}'=f'(g(x))g'(x)$$

別解 $u=2x^2+3$ とおくと，

$y=u^3$ であるから

$$\frac{dy}{du}=3u^2,\quad \frac{du}{dx}=4x$$

よって

$$\frac{dy}{dx}=\frac{dy}{du}\cdot\frac{du}{dx}=3u^2\cdot 4x$$
$$=3(2x^2+3)^2\cdot 4x$$
$$=\mathbf{12x(2x^2+3)^2}$$

例題 32 逆関数の微分法

関数 $y=\sqrt[5]{x}$ を，逆関数の微分法を用いて微分せよ。

解 $y=\sqrt[5]{x}$ を x について解くと　$x=y^5$

であるから　$\dfrac{dx}{dy}=5y^4$　←x を y で微分

よって　$\dfrac{dy}{dx}=\dfrac{1}{\dfrac{dx}{dy}}=\dfrac{1}{5y^4}=\dfrac{\mathbf{1}}{\mathbf{5\sqrt[5]{x^4}}}$　←$(\sqrt[5]{x})^4=\sqrt[5]{x^4}$

▶逆関数の微分法

$$\frac{dy}{dx}=\frac{1}{\dfrac{dx}{dy}}$$

例題 33 x^r の微分法

次の関数を微分せよ。

(1) $y=\sqrt[3]{x^2}$　　(2) $y=\sqrt{2x+1}$

解 (1) $\sqrt[3]{x^2}=x^{\frac{2}{3}}$ であるから　←$\sqrt[n]{x^m}=x^{\frac{m}{n}}$

$y'=(x^{\frac{2}{3}})'=\dfrac{2}{3}x^{-\frac{1}{3}}=\dfrac{2}{3x^{\frac{1}{3}}}=\dfrac{\mathbf{2}}{\mathbf{3\sqrt[3]{x}}}$　←$x^{-\frac{m}{n}}=\dfrac{1}{\sqrt[n]{x^m}}$

(2) $\sqrt{2x+1}=(2x+1)^{\frac{1}{2}}$ であるから

$y'=\{(2x+1)^{\frac{1}{2}}\}'$
$=\dfrac{1}{2}(2x+1)^{-\frac{1}{2}}\cdot(2x+1)'$　←$u=2x+1$ とおくと　$y=u^{\frac{1}{2}}$
$=\dfrac{1}{2\sqrt{2x+1}}\cdot 2=\dfrac{\mathbf{1}}{\mathbf{\sqrt{2x+1}}}$

▶x^r の微分法

r が有理数のとき　$(x^r)'=rx^{r-1}$

類題

77 次の関数を微分せよ。

(1) $y=(2x^3-3)^5$

(2) $y=\dfrac{2}{\sqrt{x^3}}$

78 次の関数を微分せよ。

(1) $y=(2x+1)^3$

(2) $y=(4-3x^2)^3$

(3) $y=\dfrac{1}{(4x+3)^2}$

(4) $y=\left(\dfrac{x^2+2}{2x}\right)^3$

79 関数 $y=\sqrt[6]{x}$ を逆関数の微分法を用いて微分せよ。

80 次の関数を微分せよ。

(1) $y=\sqrt[10]{x}$

(2) $y=\dfrac{1}{\sqrt[3]{x^2}}$

(3) $y=\sqrt[3]{(3x+1)^2}$

JUMP 17 関数 $y=\sqrt[5]{\dfrac{1}{(3x^2+2)^3}}$ を微分せよ。

まとめの問題 微分法①

1 次の関数を微分せよ。

(1) $y=(x+2)(2x^2-3x+4)$

(2) $y=\dfrac{1}{2x+3}$

(3) $y=\dfrac{3x^3-5x^2-2}{4x^2}$

(4) $y=\dfrac{2x^4-5x^2+1}{x^2-3}$

2 次の関数を微分せよ。

(1) $y=(3x^2-1)^4$

(2) $y=\sqrt{5-2x}$

(3) $y=\dfrac{2}{(x^2+1)^2}$

(4) $y=\sqrt[3]{(x^2+2x+3)^2}$

(5) $y=(x+4)\sqrt{x+4}$

3 次の関数を微分せよ。

(1) $y=(2x+1)^2(3x+2)^3$

(2) $y=x^2\sqrt{x+3}$

(3) $y=\sqrt[7]{x}$

(4) $y=\dfrac{\sqrt{3-x}}{2x-1}$

(5) $y=\dfrac{1}{\sqrt{4-x^2}}$

4 関数 $f(x)=\dfrac{1}{x-2}$ について，次の問いに答えよ。

(1) 導関数 $f'(x)$ を定義にしたがって求めよ。

(2) 微分係数 $f'(5)$ を求めよ。

18 三角関数の導関数

例題 34 三角関数の導関数(1)

次の関数を微分せよ。

(1) $y = \sin(2x+3)$　　(2) $y = \cos^2 x$

▶三角関数の導関数

$(\sin x)' = \cos x$

$(\cos x)' = -\sin x$

$(\tan x)' = \dfrac{1}{\cos^2 x}$

解 (1) $y' = \{\sin(2x+3)\}'$

$= \cos(2x+3)\cdot(2x+3)'$ $\leftarrow \{f(g(x))\}' = f'(g(x))g'(x)$

$= \mathbf{2\cos(2x+3)}$

(2) $y' = (\cos^2 x)'$

$= (2\cos x)\cdot(\cos x)'$ $\leftarrow \{f(g(x))\}' = f'(g(x))g'(x)$

$= \mathbf{-2\sin x\cos x}$

例題 35 三角関数の導関数(2)

次の関数を微分せよ。

(1) $y = x\sin x$　　(2) $y = \dfrac{x}{\cos x}$

解 (1) $y' = (x)'\cdot\sin x + x\cdot(\sin x)'$ $\leftarrow \{f(x)g(x)\}' = f'(x)g(x) + f(x)g'(x)$

$= \mathbf{\sin x + x\cos x}$

(2) $y' = \dfrac{(x)'\cdot\cos x - x\cdot(\cos x)'}{\cos^2 x}$ $\leftarrow \left\{\dfrac{f(x)}{g(x)}\right\}' = \dfrac{f'(x)g(x) - f(x)g'(x)}{\{g(x)\}^2}$

$= \mathbf{\dfrac{\cos x + x\sin x}{\cos^2 x}}$

類題

81 次の関数を微分せよ。

(1) $y = \sin 5x$

(2) $y = \tan 3x$

(3) $y = \sin^4 x$

82 次の関数を微分せよ。

(1) $y = x\cos x$

(2) $y = \dfrac{1}{\cos x}$

83 次の関数を微分せよ。

(1) $y=2\sin x+3\cos x$

(2) $y=\sin\left(2x-\dfrac{\pi}{3}\right)$

(3) $y=\tan^3 x$

84 次の関数を微分せよ。

(1) $y=x^2\cos x$

(2) $y=\dfrac{\sin x}{x}$

85 次の関数を微分せよ。

(1) $y=2\cos^2 3x$

(2) $y=\sqrt{\sin 2x}$

(3) $y=\sin x\cos x$

(4) $y=\sin^2 x\cos^3 x$

(5) $y=\dfrac{\cos x}{\sin^2 x}$

JUMP 18 関数 $y=\sin^2 3x\cos^3 2x$ を微分せよ。

19 対数関数の導関数，対数微分法

例題 36 対数関数の導関数

次の関数を微分せよ。

(1) $y=\log 4x$　(2) $y=(\log x)^5$　(3) $y=\log_2(5x+3)$

▶自然対数の底 e

e を底とする対数 $\log_e x$ を自然対数という。自然対数 $\log_e x$ は底 e を省略して $\log x$ とかく。

▶対数関数の導関数

$$(\log x)'=\frac{1}{x}$$

$$(\log_a x)'=\frac{1}{x\log a}$$

解 (1) $y'=(\log 4x)'$　←$\{f(g(x))\}'=f'(g(x))g'(x)$

$$=\frac{1}{4x}\cdot(4x)'=\frac{1}{4x}\cdot 4=\boldsymbol{\frac{1}{x}}$$

(2) $y'=\{(\log x)^5\}'$　←$\{f(g(x))\}'=f'(g(x))g'(x)$

$$=5(\log x)^4\cdot(\log x)'=\boldsymbol{\frac{5(\log x)^4}{x}}$$

(3) $y'=\{\log_2(5x+3)\}'$　←$\{f(g(x))\}'=f'(g(x))g'(x)$

$$=\frac{1}{(5x+3)\log 2}\cdot(5x+3)'=\boldsymbol{\frac{5}{(5x+3)\log 2}}$$

例題 37 絶対値を含む対数関数の導関数

次の関数を微分せよ。

(1) $y=\log|2x-1|$　(2) $y=\log|\sin x|$

▶絶対値を含む対数関数の導関数

$$(\log|x|)'=\frac{1}{x}$$

$$(\log_a|x|)'=\frac{1}{x\log a}$$

$$\{\log|f(x)|\}'=\frac{f'(x)}{f(x)}$$

解 (1) $y'=(\log|2x-1|)'$　←$\{f(g(x))\}'=f'(g(x))g'(x)$

$$=\frac{1}{2x-1}\cdot(2x-1)'=\boldsymbol{\frac{2}{2x-1}}$$

(2) $y'=(\log|\sin x|)'$　←$\{f(g(x))\}'=f'(g(x))g'(x)$

$$=\frac{1}{\sin x}\cdot(\sin x)'=\boldsymbol{\frac{\cos x}{\sin x}}$$

例題 38 対数微分法

対数微分法を利用して，関数 $y=\dfrac{x^2(x+1)}{x-1}$ を微分せよ。

▶対数微分法

両辺の自然対数をとってから微分することにより，導関数を求める方法を，対数微分法という。

解 両辺の絶対値の自然対数をとると

$$\log|y|=\log\left|\frac{x^2(x+1)}{x-1}\right|=\log\frac{|x|^2|x+1|}{|x-1|}$$

$$=2\log|x|+\log|x+1|-\log|x-1|$$

両辺をそれぞれ x で微分すると

$$\frac{y'}{y}=\frac{2}{x}+\frac{1}{x+1}-\frac{1}{x-1}$$　←$(\log|y|)'=\dfrac{y'}{y}$

$$=\frac{2(x+1)(x-1)+x(x-1)-x(x+1)}{x(x+1)(x-1)}$$

$$=\frac{2(x^2-x-1)}{x(x+1)(x-1)}$$

よって　$y'=\dfrac{2(x^2-x-1)}{x(x+1)(x-1)}\cdot y$

$$=\frac{2(x^2-x-1)}{x(x+1)(x-1)}\cdot\frac{x^2(x+1)}{x-1}$$

$$=\boldsymbol{\frac{2x(x^2-x-1)}{(x-1)^2}}$$

86 次の関数を微分せよ。

(1) $y = \log(2x+1)$

(2) $y = (\log x)^4$

(3) $y = \log_2(x^2+1)$

87 次の関数を微分せよ。

(1) $y = \log|2-x|$

(2) $y = \log_3|2x+3|$

88 次の関数を微分せよ。

(1) $y = x^3 \log x$

(2) $y = \log|\tan 2x|$

89 対数微分法を利用して，関数 $y = \dfrac{x^3}{(x-1)^2}$ を微分せよ。

JUMP 19 関数 $y = x^{\sin x}$ $(x > 0)$ を微分せよ。

20 指数関数の導関数, x と y の方程式と導関数

例題 39 指数関数の導関数

次の関数を微分せよ。

(1) $y=e^{3x}$　(2) $y=5^x$　(3) $y=x^2e^x$　(4) $y=\dfrac{2^x}{x}$

▶指数関数の導関数
$(e^x)'=e^x$
$(a^x)'=a^x\log a$

解 (1) $y'=(e^{3x})'$　←$\{f(g(x))\}'=f'(g(x))g'(x)$

$=e^{3x}\cdot(3x)'=\mathbf{3e^{3x}}$

(2) $y'=(5^x)'=\mathbf{5^x\log 5}$

(3) $y'=(x^2e^x)'$

$=(x^2)'\cdot e^x+x^2\cdot(e^x)'$　←$\{f(x)g(x)\}'=f'(x)g(x)+f(x)g'(x)$

$=2xe^x+x^2e^x=\boldsymbol{x(x+2)e^x}$

(4) $y'=\left(\dfrac{2^x}{x}\right)'$

$=\dfrac{(2^x)'\cdot x-2^x\cdot(x)'}{x^2}$　←$\left\{\dfrac{f(x)}{g(x)}\right\}'=\dfrac{f'(x)g(x)-f(x)g'(x)}{\{g(x)\}^2}$

$=\dfrac{2^x\log 2\cdot x-2^x\cdot 1}{x^2}=\boldsymbol{\dfrac{2^x(x\log 2-1)}{x^2}}$

例題 40 x と y の方程式と導関数

曲線 $3x^2+y^2=6$ について，両辺を x で微分することにより，$\dfrac{dy}{dx}$ を求めよ。

解 $3x^2+y^2=6$ の両辺を x で微分すると　$\dfrac{d}{dx}3x^2+\dfrac{d}{dx}y^2=0$

ここで　$\dfrac{d}{dx}3x^2=6x$

$\dfrac{d}{dx}y^2=\dfrac{d}{dy}y^2\cdot\dfrac{dy}{dx}=2y\dfrac{dy}{dx}$　←合成関数の微分法

であるから　$6x+2y\dfrac{dy}{dx}=0$

よって，**$y\neq 0$ のとき　$\boldsymbol{\dfrac{dy}{dx}=-\dfrac{3x}{y}}$**

類題

90 次の関数を微分せよ。

(1) $y=e^{2x+3}$

(2) $y=7^x$

(3) $y=xe^{2x}$

91 次の関数を微分せよ。

(1) $y=e^{3x^2+2x+1}$

(2) $y=3^{2x+1}$

(3) $y=x^3e^{-2x}$

(4) $x\cdot 5^x$

(5) $y=\dfrac{e^x}{x^2}$

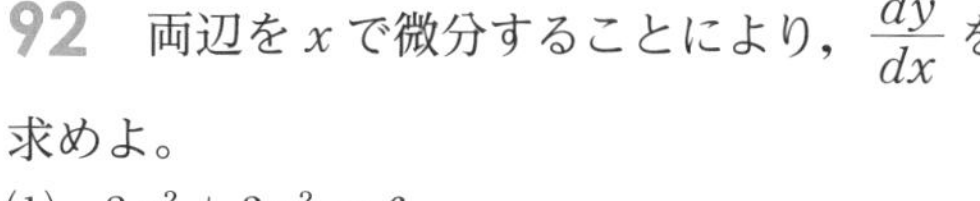

92 両辺を x で微分することにより，$\dfrac{dy}{dx}$ を求めよ。

(1) $2x^2+3y^2=6$

(2) $\dfrac{x^2}{4}-\dfrac{y^2}{9}=1$

JUMP 20 次の関数を微分せよ。

(1) $y=e^{\sin x}$ (2) $y=e^{-2x}\sin 3x$ (3) $y=e^x\log x$

21 媒介変数で表された関数の導関数，高次導関数

例題 41 媒介変数で表された関数の導関数

媒介変数で表された関数 $\begin{cases} x = t^2 - 1 \\ y = t^3 + 2t^2 \end{cases}$ について，$\dfrac{dy}{dx}$ を t で表せ。

▶媒介変数で表された関数の導関数

$\begin{cases} x = f(t) \\ y = g(t) \end{cases}$ のとき

$$\frac{dy}{dx} = \frac{\frac{dy}{dt}}{\frac{dx}{dt}} = \frac{g'(t)}{f'(t)}$$

解 $\dfrac{dx}{dt} = 2t$，$\dfrac{dy}{dt} = 3t^2 + 4t = t(3t+4)$ であるから

$$\frac{dy}{dx} = \frac{\frac{dy}{dt}}{\frac{dx}{dt}} = \frac{t(3t+4)}{2t} = \boldsymbol{\frac{3t+4}{2}}$$

例題 42 高次導関数

次の関数の第 2 次導関数を求めよ。

(1) $y = x^3$　　(2) $y = x\log x$

▶高次導関数

関数 $f(x)$ について

第 2 次導関数　$f''(x)$

第 3 次導関数　$f'''(x)$

⋮

第 n 次導関数　$f^{(n)}(x)$

(1) $y' = 3x^2$ より　$y'' = (3x^2)' = \boldsymbol{6x}$

(2) $y' = (x)'\cdot\log x + x\cdot(\log x)'$

$= 1\cdot\log x + x\cdot\dfrac{1}{x} = \log x + 1$

より　$y'' = (\log x + 1)' = \boldsymbol{\dfrac{1}{x}}$

類題

93 媒介変数で表された関数

$\begin{cases} x = t^2 + 3 \\ y = -2t^3 + 4t^2 \end{cases}$

について，$\dfrac{dy}{dx}$ を t で表せ。

94 次の関数の第 2 次導関数を求めよ。

(1) $y = -3x^2$

(2) $y = x^2e^x$

95 媒介変数で表された関数

$$\begin{cases} x = 3\cos\theta \\ y = \sin\theta \end{cases}$$

について，$\dfrac{dy}{dx}$ を θ で表せ。

96 次の関数の第 2 次導関数を求めよ。

(1) $y = e^{x+1}$

(2) $y = \sin 2x$

(3) $y = xe^{2x}$

97 媒介変数で表された関数

$$\begin{cases} x = \cos^3\theta \\ y = 2\sin^3\theta \end{cases}$$

について，$\dfrac{dy}{dx}$ を θ で表せ。また，$\theta = \dfrac{\pi}{3}$ のときの $\dfrac{dy}{dx}$ の値を求めよ。

98 次の関数の第 n 次導関数を求めよ。

(1) $y = e^{5x}$

(2) $y = 2^{3x}$

JUMP 21 関数 $y = \log(\sqrt{x^2+1} - x)$ の第 2 次導関数を求めよ。

まとめの問題 微分法②

1 次の関数を微分せよ。

(1) $y=2\sin x+\sin 2x$

(2) $y=\sin^2 x-2\sin x+3$

(3) $y=x\cos x-\sin x$

(4) $y=\dfrac{1}{\sin 3x}$

(5) $y=\tan^2 x$

2 次の関数を微分せよ。

(1) $y=\log(2x+3)$

(2) $y=x\log 2x$

(3) $y=\log_3(5x+3)$

(4) $y=\log|3-2x|$

(5) $y=\log_{10}|x^2-3|$

3 次の関数を微分せよ。

(1) $y = e^{3x+5}$

(2) $y = x^3 e^{2x}$

(3) $y = x \cdot 3^x$

4 曲線 $\dfrac{x^2}{2} - \dfrac{y^2}{3} = -1$ について，両辺を x で微分することにより，$\dfrac{dy}{dx}$ を求めよ。

5 媒介変数で表された関数

$$\begin{cases} x = 2\cos t \\ y = \sin 2t \end{cases}$$

について，$\dfrac{dy}{dx}$ を t を用いて表せ。

6 次の関数の第 2 次導関数を求めよ。

(1) $y = e^x \sin x$

(2) $y = x^2 \log x$

22 接線・関数の増減の復習

例題 43 接線の方程式

関数 $y=x^2-2x$ のグラフ上の点 $(3,\ 3)$ における接線の方程式を求めよ。

▶接線の方程式
関数 $y=f(x)$ のグラフ上の点 $(a,\ f(a))$ における接線の方程式は
$y-f(a)=f'(a)(x-a)$

解 $f(x)=x^2-2x$ とおくと
$f'(x)=2x-2$
であるから，
$x=3$ における接線の傾きは
$f'(3)=2\times3-2=4$
よって，求める接線の方程式は
$y-3=4(x-3)$
すなわち　$\boldsymbol{y=4x-9}$

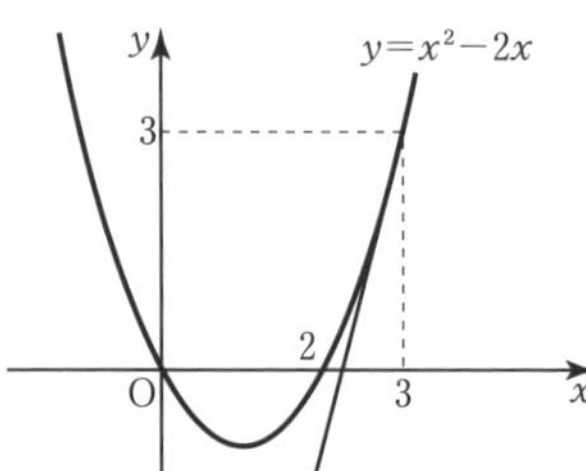

例題 44 関数の極大・極小

関数 $y=x^3-3x+4$ の極値を求めよ。

解 $y'=3x^2-3=3(x^2-1)=3(x+1)(x-1)$
よって，$y'=0$ を解くと　$x=-1,\ 1$

x	$\cdots$	-1	$\cdots$	1	$\cdots$
y'	$+$	0	$-$	0	$+$
y	↗	6	↘	2	↗

ゆえに，y は
$x=-1$ で**極大値 6**
$x=1$ で**極小値 2**　をとる。

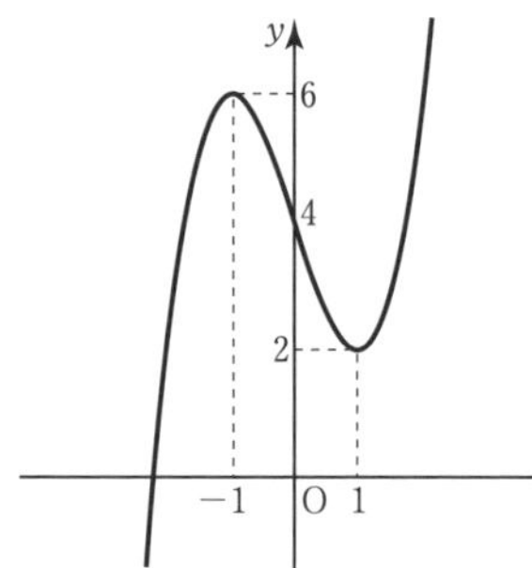

←$x=-1,\ 1$ をそれぞれ
$y=x^3-3x+4$ に代入
$x=-1$ のとき
$y=(-1)^3-3\times(-1)+4$
$=6$
$x=1$ のとき
$y=1^3-3\times1+4=2$

類題

99 関数 $y=x^2-4x$ のグラフ上の点 $(1,\ -3)$ における接線の方程式を求めよ。

100 関数 $y=x^3-3x^2+4$ の極値を求めよ。

例題 45 関数の最大・最小

3 次関数 $y = 2x^3 + 3x^2 - 12x$ について，区間 $-3 \leqq x \leqq 3$ における最大値と最小値を求めよ。

$y' = 6x^2 + 6x - 12 = 6(x^2 + x - 2) = 6(x+2)(x-1)$

よって，$y' = 0$ を解くと $x = -2,\ 1$ で，区間内にある。

$x = -3$ のとき　$y = 2 \times (-3)^3 + 3 \times (-3)^2 - 12 \times (-3) = 9$

$x = -2$ のとき　$y = 2 \times (-2)^3 + 3 \times (-2)^2 - 12 \times (-2) = 20$

$x = 1$ のとき　$y = 2 \times 1^3 + 3 \times 1^2 - 12 \times 1 = -7$

$x = 3$ のとき　$y = 2 \times 3^3 + 3 \times 3^2 - 12 \times 3 = 45$

ゆえに，y の増減表は次のようになる。

x	-3	$\cdots$	-2	$\cdots$	1	$\cdots$	3
y'		$+$	0	$-$	0	$+$	
y	9	↗	20	↘	-7	↗	45

したがって，区間 $-3 \leqq x \leqq 3$ において，y は

$x = 3$ のとき，**最大値 45**

$x = 1$ のとき，**最小値 -7**　をとる。

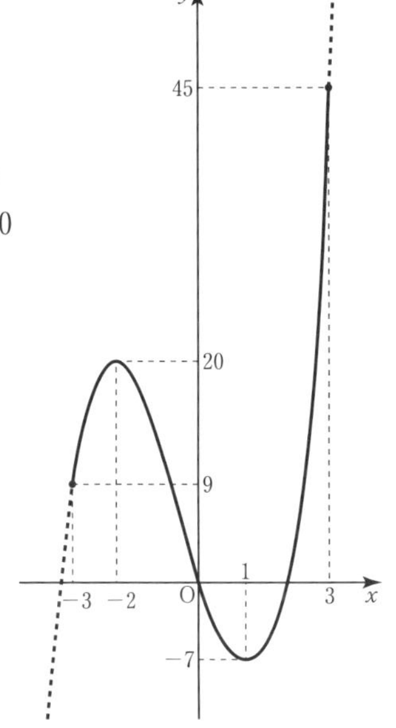

類題

101　3 次関数 $y = x^3 - 3x + 3$ について，区間 $-2 \leqq x \leqq 3$ における最大値と最小値を求めよ。

23 接線・法線の方程式

例題 46 接線の方程式

曲線 $y=2\sin x$ 上の点 $\mathrm{A}\left(\dfrac{\pi}{3},\ \sqrt{3}\right)$ における接線の方程式を求めよ。

▶接線の方程式
曲線 $y=f(x)$ 上の点 $(a,\ f(a))$ における接線の方程式は
$y-f(a)=f'(a)(x-a)$

▶法線の方程式
曲線 $y=f(x)$ 上の点 $(a,\ f(a))$ における法線の方程式は
$y-f(a)=-\dfrac{1}{f'(a)}(x-a)$
$(f'(a)\neq 0)$

解 $f(x)=2\sin x$ とおくと
$f'(x)=2\cos x$ であるから，
$x=\dfrac{\pi}{3}$ における接線の傾きは
$f'\left(\dfrac{\pi}{3}\right)=2\cos\dfrac{\pi}{3}=1$
よって，点 A における接線の方程式は
$y-\sqrt{3}=1\cdot\left(x-\dfrac{\pi}{3}\right)$
すなわち $\boldsymbol{y=x-\dfrac{\pi}{3}+\sqrt{3}}$

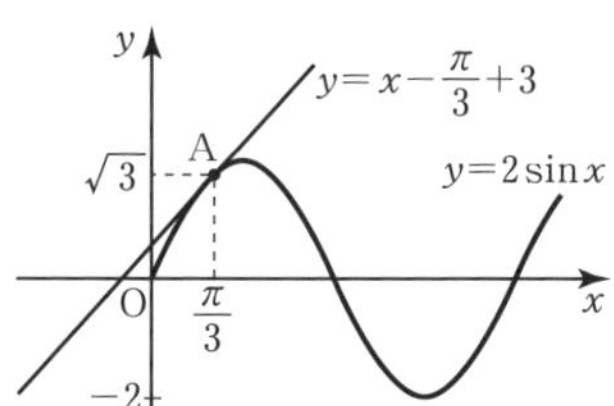

例題 47 曲線外の点からの接線

点 $(0,\ 1)$ から曲線 $y=\log x$ に引いた接線の方程式を求めよ。

解 $y=\log x$ より $y'=\dfrac{1}{x}$
曲線上の接点を $(a,\ \log a)$ とすると，接線の方程式は
$y-\log a=\dfrac{1}{a}(x-a)$ ……①
接線①が $(0,\ 1)$ を通るから
$1-\log a=-1$
すなわち $\log a=2$
よって $a=e^2$
ゆえに，求める接線の方程式は
$y-\log e^2=\dfrac{1}{e^2}(x-e^2)$
すなわち $\boldsymbol{y=\dfrac{1}{e^2}x+1}$

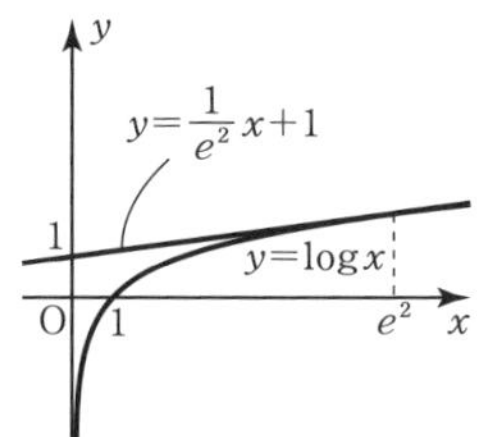

類題

102 曲線 $y=\dfrac{1}{x}$ 上の点 $\mathrm{A}(1,\ 1)$ における接線の方程式を求めよ。

103 次の曲線上の点Aにおける接線の方程式を求めよ。

(1) $y=\sqrt{x}$, A(4, 2)

(2) $y=\cos 2x$, $\mathrm{A}\left(\dfrac{3}{4}\pi,\ 0\right)$

104 曲線 $y=\sin x$ 上の点 $\mathrm{A}\left(\dfrac{\pi}{3},\ \dfrac{\sqrt{3}}{2}\right)$ における法線の方程式を求めよ。

105 曲線 $y=\dfrac{1}{x}$ の接線で，傾きが -4 であるものの方程式を求めよ。

106 原点から曲線 $y=e^{x+1}$ に引いた接線の方程式を求めよ。

JUMP 23 $0 \leqq x \leqq \dfrac{\pi}{2}$, $a>0$ とする。2曲線 $y=a\sin x$, $y=a\cos x$ が共有点をもち，その共有点におけるそれぞれの接線が直交するとき，定数 a の値を求めよ。

24 2次曲線と接線，平均値の定理

例題 48 2次曲線の接線

楕円 $\dfrac{x^2}{8}+\dfrac{y^2}{2}=1$ 上の点 A$(-2,\ 1)$ における接線の方程式を求めよ。

 $\dfrac{x^2}{8}+\dfrac{y^2}{2}=1$ の両辺を x で微分すると　$\dfrac{2x}{8}+\dfrac{2yy'}{2}=0$

よって，$y \neq 0$ のとき　$y'=-\dfrac{x}{4y}$

ゆえに，点 A$(-2,\ 1)$ における接線の傾きは　$-\dfrac{-2}{4\times1}=\dfrac{1}{2}$

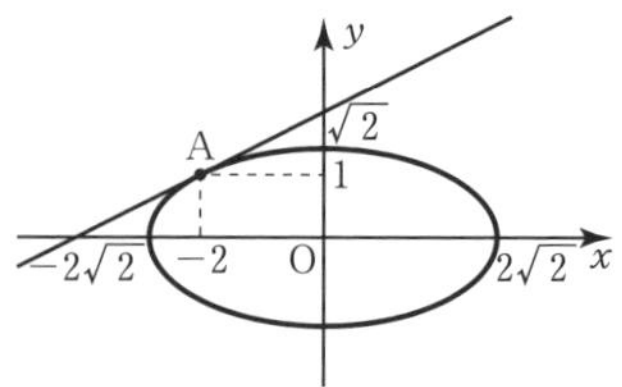

したがって，求める接線の方程式は

$y-1=\dfrac{1}{2}(x+2)$　すなわち　$\boldsymbol{y=\dfrac{1}{2}x+2}$

例題 49 平均値の定理

関数 $f(x)=\sqrt{x}$ について，区間 $[1,\ 4]$ における平均値の定理の式を満たす c の値を求めよ。

 $f(x)=\sqrt{x}$ は区間 $[1,\ 4]$ で連続で，区間 $(1,\ 4)$ で微分可能であるから，平均値の定理より

$\dfrac{f(4)-f(1)}{4-1}=f'(c)$，$1<c<4$

を満たす実数 c が存在する。

$\dfrac{f(4)-f(1)}{4-1}=\dfrac{\sqrt{4}-\sqrt{1}}{4-1}=\dfrac{1}{3}$

$f'(x)=(x^{\frac{1}{2}})'=\dfrac{1}{2}x^{-\frac{1}{2}}=\dfrac{1}{2\sqrt{x}}$　より　$f'(c)=\dfrac{1}{2\sqrt{c}}$

よって　$\dfrac{1}{3}=\dfrac{1}{2\sqrt{c}}$　より　$\boldsymbol{c=\dfrac{9}{4}}$　←$\dfrac{f(4)-f(1)}{4-1}=f'(c)$

▶平均値の定理
関数 $f(x)$ が区間 $[a,\ b]$ で連続，区間 $(a,\ b)$ で微分可能であるとき，
$\dfrac{f(b)-f(a)}{b-a}=f'(c)$，
$a<c<b$
を満たす実数 c が存在する。

類題

107　楕円 $\dfrac{x^2}{3}+\dfrac{y^2}{6}=1$ 上の点 A$(1,\ 2)$ における接線の方程式を求めよ。

108 次の2次曲線上の点Aにおける接線の方程式を求めよ。

(1) $x^2+y^2=10$, A$(-3,\ 1)$

(2) $\dfrac{x^2}{2}-\dfrac{y^2}{3}=1$, A$(2,\ \sqrt{3})$

(3) $y^2=8x$, A$(2,\ 4)$

109 関数 $f(x)=x^3$ について，区間 $[2,\ 5]$ における平均値の定理の式を満たす c の値を求めよ。

110 関数 $f(x)=\log x$ について，区間 $[1,\ 2]$ における平均値の定理の式を満たす c の値を求めよ。

JUMP 24 円 $x^2+y^2=r^2$ 上の点 A$(x_1,\ y_1)$ における接線の方程式が $x_1x+y_1y=r^2$ であることを示せ。ただし，$r>0$ とする。

25 関数の増加・減少と極大・極小

例題 50 関数の極大・極小

次の関数の極値を求めよ。

(1) $y = x^4 - 2x^2 + 1$ (2) $y = xe^x$

▶**導関数の符号と関数の増減**

ある区間において，関数 $f(x)$ が微分可能であるとき，つねに

$f'(x) > 0$ ならば $f(x)$：増加

$f'(x) < 0$ ならば $f(x)$：減少

$f'(x) = 0$ ならば $f(x)$ は定数

解 (1) $y' = 4x^3 - 4x = 4x(x^2-1) = 4x(x+1)(x-1)$

であるから，$y' = 0$ を解くと $x = -1, 0, 1$

x	$\cdots$	-1	$\cdots$	0	$\cdots$	1	$\cdots$
y'	$-$	0	$+$	0	$-$	0	$+$
y	↘	0	↗	1	↘	0	↗

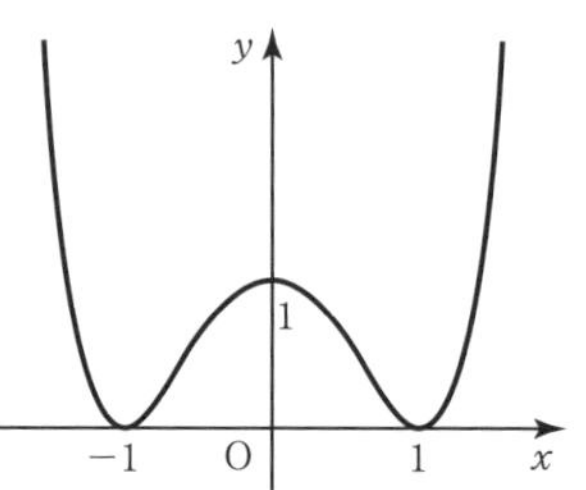

よって，y は

$x = -1$ で**極小値 0**

$x = 0$ で**極大値 1**

$x = 1$ で**極小値 0** をとる。

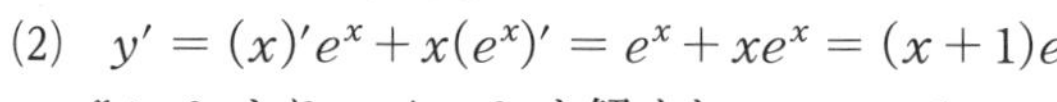
(2) $y' = (x)'e^x + x(e^x)' = e^x + xe^x = (x+1)e^x$ ←$\{f(x)g(x)\}' = f'(x)g(x) + f(x)g'(x)$

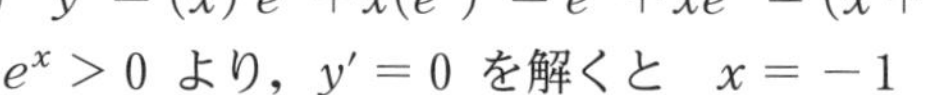
$e^x > 0$ より，$y' = 0$ を解くと $x = -1$

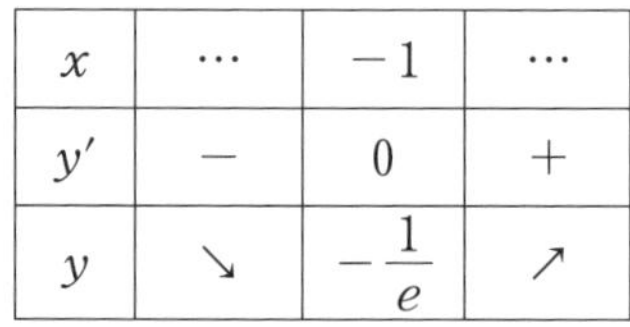

x	$\cdots$	-1	$\cdots$
y'	$-$	0	$+$
y	↘	$-\dfrac{1}{e}$	↗

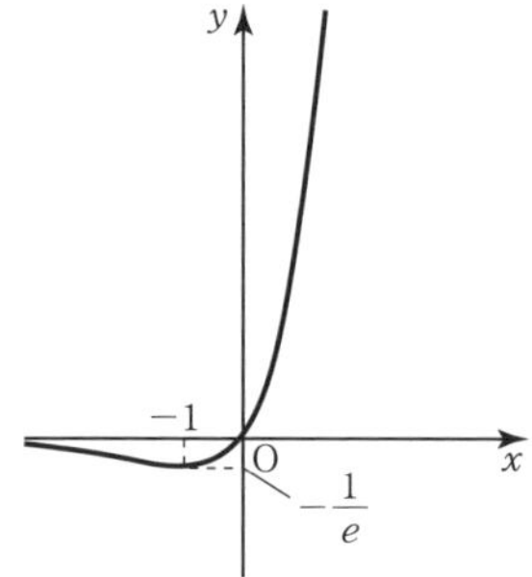

よって，y は

$x = -1$ で**極小値** $-\dfrac{1}{e}$ をとる。

類題

111 関数 $y = 3x^4 - 4x^3 + 2$ の極値を求めよ。

112 関数 $y = \dfrac{2}{x^2+1}$ の極値を求めよ。

113 関数 $y=\dfrac{(x+1)^2}{x}$ の極値を求めよ。

114 関数 $y=(x-3)e^x$ の極値を求めよ。

115 関数 $y=x+\sqrt{4-x^2}$ について次の問いに答えよ。

(1) 定義域を求めよ。

(2) y' を求めよ。

(3) $y'=0$ となる x の値を求めよ。

(4) 増減表をかけ。

(5) 極値を求めよ。

116 関数 $y=e^{x^2}$ の極値を求めよ。

JUMP 25 次の関数の極値を求めよ。

(1) $y=\sin 2x+2\sin x$　　(2) $y=|2x-3|$

26 関数のグラフ

例題 51 関数のグラフ

関数 $y=x+2\cos x$ $(0 \leqq x \leqq 2\pi)$ の増減，極値，グラフの凹凸および変曲点を調べて，そのグラフをかけ。

解 $y'=1-2\sin x$，$y''=-2\cos x$

$0<x<2\pi$ の範囲で $y'=0$ を解くと $x=\dfrac{\pi}{6}$，$\dfrac{5}{6}\pi$

$y''=0$ を解くと $x=\dfrac{\pi}{2}$，$\dfrac{3}{2}\pi$

よって，y の増減およびグラフの凹凸は，次の表のようになる。

x	0	$\cdots$	$\dfrac{\pi}{6}$	$\cdots$	$\dfrac{\pi}{2}$	$\cdots$	$\dfrac{5}{6}\pi$	$\cdots$	$\dfrac{3}{2}\pi$	$\cdots$	2π
y'	／	$+$	0	$-$	$-$	$-$	0	$+$	$+$	$+$	／
y''	／	$-$	$-$	$-$	0	$+$	$+$	$+$	0	$-$	／
y	2	↗	$\dfrac{\pi}{6}+\sqrt{3}$	↘	$\dfrac{\pi}{2}$	↘	$\dfrac{5}{6}\pi-\sqrt{3}$	↗	$\dfrac{3}{2}\pi$	↗	$2\pi+2$

ゆえに，y は

$x=\dfrac{\pi}{6}$ で　**極大値** $\boldsymbol{\dfrac{\pi}{6}+\sqrt{3}}$

$x=\dfrac{5}{6}\pi$ で　**極小値** $\boldsymbol{\dfrac{5}{6}\pi-\sqrt{3}}$

をとる。

変曲点は $\boldsymbol{\left(\dfrac{\pi}{2},\ \dfrac{\pi}{2}\right)}$，$\boldsymbol{\left(\dfrac{3}{2}\pi,\ \dfrac{3}{2}\pi\right)}$

である。

以上より，グラフは右の図のようになる。

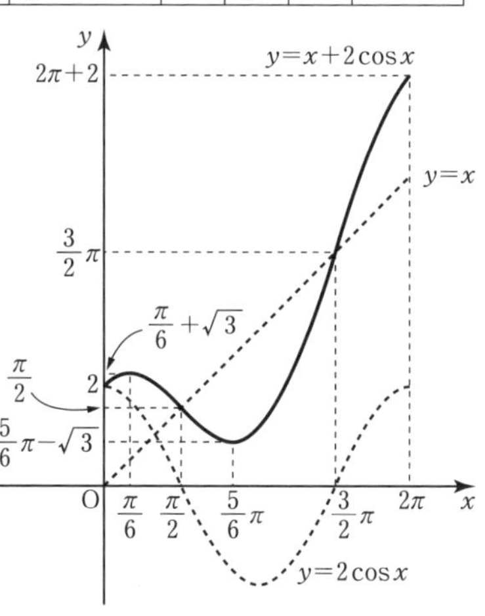

▶グラフをかくとき

次の項目を調べる。

① 定義域
② 対称性
③ 増減と極値
④ 凹凸と変曲点
⑤ 座標軸との交点
⑥ 漸近線の有無
⑦ 不連続点，微分不可能な点の近くの様子

▶曲線の凹凸

$y''>0 \Longrightarrow$ グラフは下に凸

$y''<0 \Longrightarrow$ グラフは上に凸

▶変曲点

y'' の符号が変わる点

グラフの凹凸が変わる。

▶$f''(x)$ の符号と極大・極小

関数 $f(x)$ の第 2 次導関数 $f''(x)$ が連続であるとき，

① $f'(a)=0$，$f''(a)>0$ ならば $f(a)$ は極小値である。

② $f'(a)=0$，$f''(a)<0$ ならば $f(a)$ は極大値である。

類題

117 関数 $y=x-2\sin x$ $(0 \leqq x \leqq 2\pi)$ の増減，極値，グラフの凹凸および変曲点を調べて，そのグラフをかけ。

118 関数 $y=e^{-3x^2}$ の増減，極値，グラフの凹凸および変曲点を調べて，そのグラフをかけ。

119 関数 $y=(2x+1)e^x$ の増減，極値，グラフの凹凸および変曲点を調べて，そのグラフをかけ。ただし，$\lim_{x\to-\infty} xe^x=0$ であることを用いてよい。

JUMP 26 関数 $y=\dfrac{(x-1)^2}{x-2}$ の増減，極値，グラフの凹凸および変曲点を調べて，そのグラフをかけ。

27 最大値・最小値

例題 52 最大値・最小値

関数 $y = x^2 \log x \left(\dfrac{1}{e} \leqq x \leqq e\right)$ の増減を調べて最大値，最小値を求めよ。

▶最大値・最小値
定義域の両端での関数の値と極値を調べて求める。

解 $y' = (x^2)' \log x + x^2 (\log x)'$　←$\{f(x)g(x)\}' = f'(x)g(x) + f(x)g'(x)$

$= 2x \log x + x = x(2\log x + 1)$　←$(\log x)' = \dfrac{1}{x}$

$\dfrac{1}{e} < x < e$ の範囲で，$y' = 0$ を解くと

$2\log x + 1 = 0$　より　$\log x = -\dfrac{1}{2}$

すなわち　$x = e^{-\frac{1}{2}} = \dfrac{1}{\sqrt{e}}$

よって，y の増減表は，次のようになる。

x	$\dfrac{1}{e}$	$\cdots$	$\dfrac{1}{\sqrt{e}}$	$\cdots$	e
y'	／	$-$	0	$+$	／
y	$-\dfrac{1}{e^2}$	↘	$-\dfrac{1}{2e}$	↗	e^2

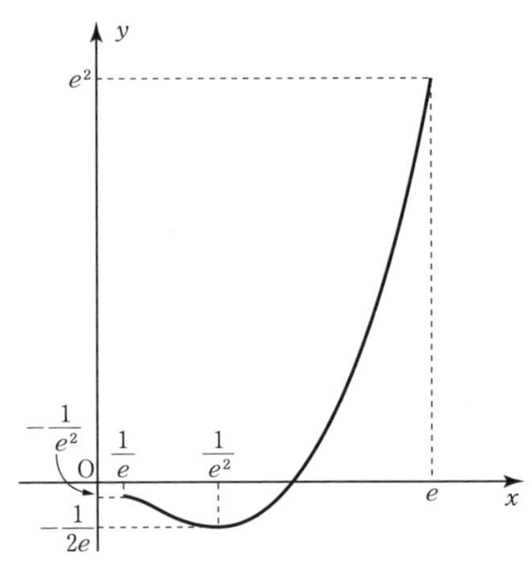

ゆえに，y は

$x = e$ のとき　**最大値** $\boldsymbol{e^2}$

$x = \dfrac{1}{\sqrt{e}}$ のとき　**最小値** $\boldsymbol{-\dfrac{1}{2e}}$

をとる。

類題

120　関数 $y = x^4 - 4x^3 + 4x^2$ $(0 \leqq x \leqq 3)$ の増減を調べて最大値，最小値を求めよ。

121　関数 $y=(x-1)\sqrt{x}$ $(0 \leqq x \leqq 2)$ の増減を調べて最大値，最小値を求めよ。

122　関数 $y=-x-\cos x$ $(0 \leqq x \leqq 2\pi)$ の増減を調べて最大値，最小値を求めよ。

123　関数 $y=\sin^2 x$ $(0 \leqq x \leqq 2\pi)$ の増減を調べて最大値，最小値を求めよ。

124　関数 $y=e^{2x}-2e^x$ $(-1 \leqq x \leqq 1)$ の増減を調べて最大値，最小値を求めよ。

JUMP 27　体積が 16 である底面が正三角形の三角柱について，表面積が最小になるときの底面の1辺の長さを求めよ。

28 方程式・不等式への応用

例題 53 不等式への応用

$x>0$ のとき，$\sqrt{1+x}<\dfrac{x}{2}+1$ であることを証明せよ。

解 (証明) $f(x)=\left(\dfrac{x}{2}+1\right)-\sqrt{1+x}$ とおくと　←$f(x)=$(右辺)−(左辺)

$$f'(x)=\frac{1}{2}-\frac{1}{2}(1+x)^{-\frac{1}{2}}$$

$$=\frac{1}{2}-\frac{1}{2\sqrt{1+x}}=\frac{\sqrt{x+1}-1}{2\sqrt{1+x}}$$

$x>0$ のとき　$\sqrt{x+1}>1$　であるから　$f'(x)>0$

よって，$f(x)$ は区間 $x\geqq 0$ で増加する。

ここで，$f(0)=\dfrac{0}{2}+1-\sqrt{1+0}=0$ であるから

$x>0$ のとき　$f(x)>0$　←$f(x)>f(0)$

ゆえに，$\dfrac{x}{2}+1-\sqrt{1+x}>0$ より

$\sqrt{1+x}<\dfrac{x}{2}+1$　(終)

例題 54 方程式への応用

a を定数とするとき，次の方程式の実数解の個数を調べよ。

$$\frac{x}{e^x}=a$$

ただし，$\lim\limits_{x\to\infty}\dfrac{x}{e^x}=0$ であることを用いてよい。

▶方程式への応用
方程式 $f(x)=a$ の異なる実数解の個数は，$y=f(x)$ のグラフと直線 $y=a$ の共有点の個数と一致する。

 $f(x)=\dfrac{x}{e^x}$ とおくと

$$f'(x)=\frac{e^x-xe^x}{e^{2x}}=\frac{1-x}{e^x}$$

$f'(x)=0$ を解くと　$x=1$

よって，$f(x)$ の増減表は右のようになる。

x	$\cdots$	1	$\cdots$
$f'(x)$	$+$	0	$-$
$f(x)$	↗	$\dfrac{1}{e}$	↘

また　$\lim\limits_{x\to-\infty}\dfrac{x}{e^x}=-\infty$，

$\lim\limits_{x\to\infty}\dfrac{x}{e^x}=0$　←x 軸が漸近線

ゆえに，$y=f(x)$ のグラフは右の図のようになる。

このグラフと直線 $y=a$ の共有点の個数は，求める実数解の個数と一致する。

したがって

$a>\dfrac{1}{e}$ のとき　0 個

$a=\dfrac{1}{e}$，$a\leqq 0$ のとき　1 個

$0<a<\dfrac{1}{e}$ のとき　2 個

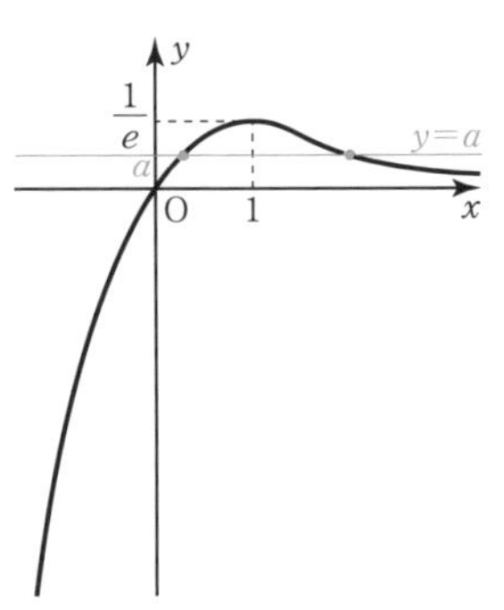

125 $x>0$ のとき，$\sqrt{e^x}>1+\frac{x}{2}$ であることを証明せよ。

126 k を定数として，方程式 $\frac{1}{x^2+1}=k$ の実数解の個数を調べよ。

127 $x>1$ のとき，$\log x>\frac{x-1}{x}$ であることを証明せよ。

128 k を定数として，方程式 $x+\frac{1}{x}=k$ の実数解の個数を調べよ。

JUMP 28 k を定数として，方程式 $x^3-kx^2+4=0$ の実数解の個数を調べよ。

29 速度・加速度，近似式

例題 55 直線上の点の運動

数直線上を運動する点Pの時刻tにおける座標xが $x=2t^3-3t^2$ で表されるとき，$t=3$ における位置x，速度v，加速度αを求めよ。

位置xは　$x=2\times3^3-3\times3^2=\mathbf{27}$

速度vは

$$v=\frac{dx}{dt}=6t^2-6t \text{ より }\quad v=6\times3^2-6\times3=\mathbf{36}$$

加速度αは

$$\alpha=\frac{dv}{dt}=\frac{d^2x}{dt^2}=12t-6 \text{ より }\quad \alpha=12\times3-6=\mathbf{30}$$

▶数直線上の速度・加速度

数直線上を運動する点Pの座標xが $x=f(t)$ で表されるとき

速度vは

$$v=\frac{dx}{dt}=f'(t)$$

加速度αは

$$\alpha=\frac{dv}{dt}=\frac{d^2x}{dt^2}=f''(t)$$

例題 56 平面上の点の運動

座標平面上を運動する点Pの座標$(x,\ y)$が，時刻tの関数として

$x=a\cos t+2,\quad y=a\sin t-1\qquad$($a$は正の定数)

で表されるとき，点Pの時刻tにおける速さと加速度の大きさを求めよ。

点Pの時刻tにおける速度を$\vec{v}$，加速度を$\vec{\alpha}$とする。

$\vec{v}$の成分は　$\dfrac{dx}{dt}=-a\sin t,\quad \dfrac{dy}{dt}=a\cos t$　であるから，

速さ$|\vec{v}|$は

$$|\vec{v}|=\sqrt{(-a\sin t)^2+(a\cos t)^2}=\sqrt{a^2(\sin^2 t+\cos^2 t)}=\boldsymbol{a}$$

$\vec{\alpha}$の成分は　$\dfrac{d^2x}{dt^2}=-a\cos t,\quad \dfrac{d^2y}{dt^2}=-a\sin t$　であるから，

加速度の大きさ$|\vec{\alpha}|$は

$$|\vec{\alpha}|=\sqrt{(-a\cos t)^2+(-a\sin t)^2}=\sqrt{a^2(\sin^2 t+\cos^2 t)}=\boldsymbol{a}$$

▶平面上の速度・加速度

平面上を運動する点Pの

速度は　$\vec{v}=\left(\dfrac{dx}{dt},\ \dfrac{dy}{dt}\right)$

速さは

$$|\vec{v}|=\sqrt{\left(\frac{dx}{dt}\right)^2+\left(\frac{dy}{dt}\right)^2}$$

加速度は

$$\vec{\alpha}=\left(\frac{d^2x}{dt^2},\ \frac{d^2y}{dt^2}\right)$$

加速度の大きさは

$$|\vec{\alpha}|=\sqrt{\left(\frac{d^2x}{dt^2}\right)^2+\left(\frac{d^2y}{dt^2}\right)^2}$$

例題 57 関数の近似式

xが0に近いとき，$\sqrt{x+1}\fallingdotseq\dfrac{1}{2}x+1$ が成り立つことを示し，

$\sqrt{10006}$ の近似値を求めよ。

$f(x)=\sqrt{x+1}$ とおくと

$$f'(x)=\{(x+1)^{\frac{1}{2}}\}'=\frac{1}{2}(x+1)^{-\frac{1}{2}}=\frac{1}{2\sqrt{x+1}}$$

xが0に近いとき，$f(x)\fallingdotseq f(0)+f'(0)x$ より

$$\sqrt{x+1}\fallingdotseq\sqrt{0+1}+\frac{1}{2\sqrt{0+1}}\cdot x=\frac{1}{2}x+1$$

ここで，$10006=10000(1+0.0006)$ であるから

$$\begin{aligned}\sqrt{10006}&=\sqrt{10000(1+0.0006)}\\&=100\sqrt{1+0.0006}\qquad \leftarrow x=0.0006\\&\fallingdotseq100\left(\frac{1}{2}\cdot0.0006+1\right)=\mathbf{100.03}\end{aligned}$$

▶近似式

hが0に近いとき

$f(a+h)\fallingdotseq f(a)+f'(a)h$

xが0に近いとき

$f(x)\fallingdotseq f(0)+f'(0)x$

129 数直線上を運動する点Pの時刻 t における座標 x が $x=t^3-2t^2+3$ で表されるとき，$t=2$ における位置 x，速度 v，加速度 α を求めよ。

130 x が 0 に近いとき，$(1+x)^k \fallingdotseq 1+kx$ （k は有理数）が成り立つことを示し，$\sqrt[3]{1001.2}$ の近似値を求めよ。

131 座標平面上を運動する点Pの座標 $(x,\ y)$ が，時刻 t の関数として

$$x=e^t+e^{-t},\quad y=e^t-e^{-t}$$

で表されるとき，点Pの時刻 t における速度と速さ，加速度とその大きさを求めよ。

132 h が 0 に近いとき，

$\tan(a+h) \fallingdotseq \tan a+\dfrac{h}{\cos^2 a}$ が成り立つことを示し，$\tan 31^\circ$ の近似値を求めよ。

JUMP 29 $\sqrt{25.4}$ の近似値を，1 次の近似式を用いて小数第 2 位まで求めよ。

まとめの問題 微分法の応用

1 曲線 $y=\sqrt{x+4}$ について次のものを求めよ。

(1) 点 P(0, 2) における接線の方程式

(2) 点 Q(5, 3) における法線の方程式

2 関数 $y=x-2\sqrt{x}$ の極値を求めよ。

3 関数 $y=x+\sin 2x$ $(0 \leqq x \leqq \pi)$ の増減，極値，グラフの凹凸および変曲点を調べて，そのグラフをかけ。

4 関数 $y=\dfrac{4x}{x^2+1}\ (-2 \leqq x \leqq 2)$ の増減を調べて，最大値，最小値を求めよ。

5 $x>0$ のとき，$\log(x+1)<\dfrac{1+x}{2}$ であることを証明せよ。

6 k を定数として，方程式 $x\log x=k$ の実数解の個数を調べよ。ただし，$\displaystyle\lim_{x\to+0}x\log x=0$ であることを用いてよい。

7 座標平面上を運動する点Pの座標 $(x,\ y)$ が，時刻 t の関数として

$$x=2\cos\frac{3}{2}\pi t,\quad y=2\sin\frac{3}{2}\pi t$$

で表されるとき，点Pの時刻 t における速度と速さ，加速度とその大きさを求めよ。

30 積分法の復習

例題 58 不定積分の計算

不定積分 $\int(9x^2-4x+3)\,dx$ を求めよ。

解 $\int(9x^2-4x+3)\,dx=9\int x^2dx-4\int x\,dx+3\int dx$

$=9\times\frac{1}{3}x^3-4\times\frac{1}{2}x^2+3x+C$

$=\boldsymbol{3x^3-2x^2+3x+C}$ （C は積分定数）

例題 59 定積分の計算

定積分 $\int_1^3(x^2+2x)\,dx$ を求めよ。

解 $\int_1^3(x^2+2x)\,dx=\int_1^3x^2dx+2\int_1^3x\,dx=\left[\frac{1}{3}x^3\right]_1^3+2\left[\frac{1}{2}x^2\right]_1^3$

$=\frac{1}{3}(3^3-1^3)+(3^2-1^2)=\boldsymbol{\frac{50}{3}}$

▶x^n の不定積分

$n=0, 1, 2, \cdots$ のとき

$\int x^n dx=\frac{1}{n+1}x^{n+1}+C$

（C は積分定数）

(注) 不定積分では，C は積分定数を表すものとする。

▶不定積分の公式

$\int kf(x)\,dx=k\int f(x)\,dx$

（k は定数）

$\int\{f(x)\pm g(x)\}\,dx$

$=\int f(x)\,dx\pm\int g(x)\,dx$

（複号同順）

▶定積分

$F'(x)=f(x)$ のとき

$\int_a^b f(x)\,dx=\Big[F(x)\Big]_a^b$

$=F(b)-F(a)$

類題

133 次の不定積分を求めよ。

(1) $\int(x^2-2x+4)\,dx$

(2) $\int(x-2)(2x+3)\,dx$

134 次の定積分を求めよ。

(1) $\int_{-1}^2(3x^2+2x-5)\,dx$

(2) $\int_1^4(x-1)(x-4)\,dx$

例題 60 面積

(1) 放物線 $y=x^2$ と x 軸，および 2 直線 $x=1$，$x=3$ で囲まれた図形の面積 S を求めよ。

(2) 放物線 $y=x^2$ と直線 $y=-x+2$ で囲まれた図形の面積 S を求めよ。

解 (1) 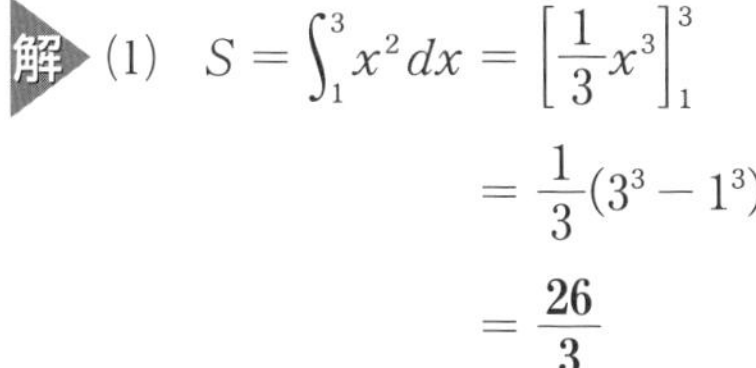

$$S=\int_1^3 x^2\,dx=\left[\frac{1}{3}x^3\right]_1^3$$
$$=\frac{1}{3}(3^3-1^3)$$
$$=\mathbf{\frac{26}{3}}$$

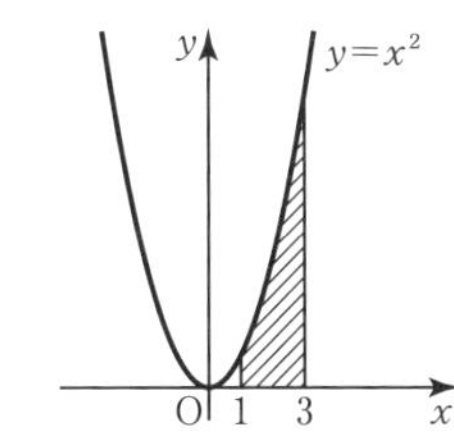

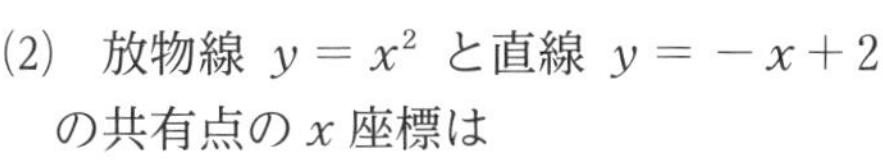

(2) 放物線 $y=x^2$ と直線 $y=-x+2$ の共有点の x 座標は

$x^2=-x+2$ より

$x^2+x-2=0$

$(x+2)(x-1)=0$

よって　$x=-2,\ 1$

区間 $-2 \leqq x \leqq 1$ で $-x+2 \geqq x^2$ より

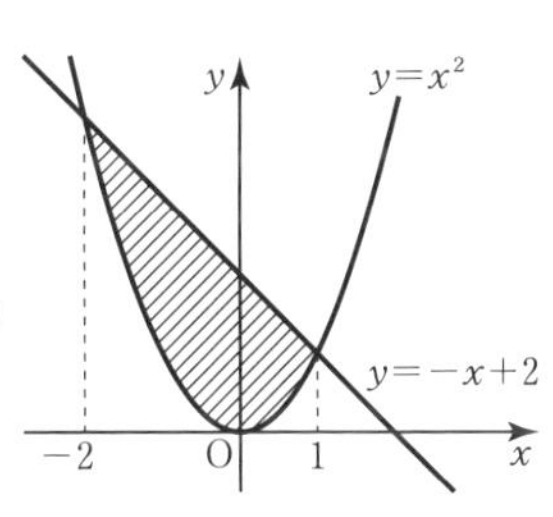

$$S=\int_{-2}^{1}\{(-x+2)-x^2\}\,dx$$
$$=\int_{-2}^{1}(-x^2-x+2)\,dx$$
$$=-\left[\frac{1}{3}x^3\right]_{-2}^{1}-\left[\frac{1}{2}x^2\right]_{-2}^{1}+2\Big[x\Big]_{-2}^{1}$$
$$=-\frac{1}{3}\{1^3-(-2)^3\}-\frac{1}{2}\{1^2-(-2)^2\}+2\{1-(-2)\}=\mathbf{\frac{9}{2}}$$

▶面積の求め方

① 区間 $a \leqq x \leqq b$ で $f(x) \geqq 0$ のとき

$$S=\int_a^b f(x)\,dx$$

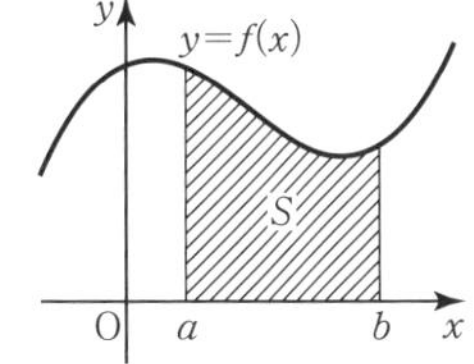

② 区間 $a \leqq x \leqq b$ で $f(x) \geqq g(x)$ のとき

$$S=\int_a^b \{f(x)-g(x)\}\,dx$$

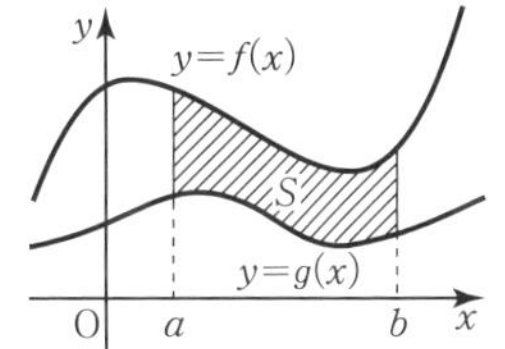

類題

135 放物線 $y=-x^2+4$ と x 軸，および y 軸，直線 $x=1$ で囲まれた図形の面積 S を求めよ。

136 放物線 $y=x^2-1$ と直線 $y=x+1$ で囲まれた図形の面積 S を求めよ。

31 x^{α} の不定積分

例題 61 x^{α} の不定積分

次の不定積分を求めよ。

(1) $\displaystyle\int\frac{1}{x^3}dx$ (2) $\displaystyle\int\sqrt[3]{x^2}\,dx$ (3) $\displaystyle\int\frac{2x^2+3}{x}dx$

解 (1) $\displaystyle\int\frac{1}{x^3}dx=\int x^{-3}dx$ ←$\dfrac{1}{x^p}=x^{-p}$

$$=\frac{1}{-3+1}x^{-3+1}+C$$

$$=-\frac{1}{2}x^{-2}+C=\boldsymbol{-\frac{1}{2x^2}+C}$$

(2) $\displaystyle\int\sqrt[3]{x^2}\,dx=\int x^{\frac{2}{3}}dx$ ←$\sqrt[m]{x^n}=x^{\frac{n}{m}}$

$$=\frac{1}{\frac{2}{3}+1}x^{\frac{2}{3}+1}+C=\frac{1}{\frac{5}{3}}x^{\frac{5}{3}}+C$$

$$=\frac{3}{5}x^{\frac{5}{3}}+C=\boldsymbol{\frac{3}{5}x\sqrt[3]{x^2}+C}$$ ←$x^{\frac{5}{3}}=x^{1+\frac{2}{3}}=x\sqrt[3]{x^2}$

(3) $\displaystyle\int\frac{2x^2+3}{x}dx=\int\left(2x+\frac{3}{x}\right)dx$

$$=2\int x\,dx+\int\frac{3}{x}dx=\boldsymbol{x^2+3\log|x|+C}$$

▶x^{α} の不定積分

$\alpha\neq-1$ のとき

$$\int x^{\alpha}dx=\frac{1}{\alpha+1}x^{\alpha+1}+C$$

$\alpha=-1$ のとき

$$\int\frac{1}{x}dx=\log|x|+C$$

(C は積分定数)

▶不定積分の公式

$$\int kf(x)\,dx=k\int f(x)\,dx$$

(k は定数)

$$\int\{f(x)\pm g(x)\}dx=\int f(x)\,dx\pm\int g(x)\,dx$$

(複号同順)

(注) 変数が x 以外の場合も，x の場合と同様にして不定積分を求めることができる。

類題

137 次の不定積分を求めよ。

(1) $\displaystyle\int\frac{1}{x^5}dx$

(2) $\displaystyle\int\sqrt[4]{x^3}\,dx$

(3) $\displaystyle\int\frac{x^4+1}{x}dx$

(4) $\displaystyle\int\frac{4t-1}{t^2}dt$

138 次の不定積分を求めよ。

(1) $\displaystyle\int\frac{1}{x^6}\,dx$

(2) $\displaystyle\int\frac{1}{\sqrt[3]{x}}\,dx$

(3) $\displaystyle\int\frac{2x^2-3x+1}{x^2}\,dx$

(4) $\displaystyle\int\frac{t-1}{\sqrt{t}}\,dt$

139 次の不定積分を求めよ。

(1) $\displaystyle\int x\sqrt[3]{x^2}\,dx$

(2) $\displaystyle\int\frac{x^3+x^2-x+3}{x^2}\,dx$

(3) $\displaystyle\int\frac{(2\sqrt{x}-1)^2}{x}\,dx$

(4) $\displaystyle\int\left(2y-\frac{1}{\sqrt{y}}\right)^2 dy$

JUMP 31 不定積分 $\displaystyle\int\left(1+x+\frac{1}{\sqrt{x}}\right)\left(1-x-\frac{1}{\sqrt{x}}\right)dx$ を求めよ。

32 三角関数・指数関数の不定積分

例題 62 三角関数・指数関数の不定積分

次の不定積分を求めよ。

(1) $\int(\sin x - 3\cos x)\,dx$　　(2) $\int(e^x + 5^x)\,dx$

解 (1) $\int(\sin x - 3\cos x)\,dx = \int\sin x\,dx - 3\int\cos x\,dx$

$= \boldsymbol{-\cos x - 3\sin x + C}$

(2) $\int(e^x + 5^x)\,dx = \int e^x\,dx + \int 5^x\,dx$

$= \boldsymbol{e^x + \dfrac{5^x}{\log 5} + C}$

▶三角関数の不定積分

$\int\sin x\,dx = -\cos x + C$

$\int\cos x\,dx = \sin x + C$

$\int\dfrac{1}{\cos^2 x}\,dx = \tan x + C$

▶指数関数の不定積分

$\int e^x\,dx = e^x + C$

$\int a^x\,dx = \dfrac{a^x}{\log a} + C$

類題

140 次の不定積分を求めよ。

(1) $\int(\cos x + \sin x)\,dx$

(2) $\int(3\sin x - 4\cos x)\,dx$

(3) $\int\dfrac{3}{\cos^2 x}\,dx$

141 次の不定積分を求めよ。

(1) $\int 7^x\,dx$

(2) $\int(e^x + 3^x)\,dx$

(3) $\int(5e^x - 3\cdot 2^x)\,dx$

142 次の不定積分を求めよ。

(1) $\int(3\sin x+2\cos x)\,dx$

(2) $\int\left(\cos x+\frac{2}{\cos^2 x}\right)dx$

(3) $\int\frac{1}{\sin x}\left(\sin^2 x-\frac{\tan x}{\cos x}\right)dx$

(4) $\int\left\{2e^x+\left(\frac{3}{2}\right)^x\right\}dx$

(5) $\int 4^{x+1}\,dx$

143 次の不定積分を求めよ。

(1) $\int(4-\tan x)\cos x\,dx$

(2) $\int(\tan^2 x+1)\,dx$

(3) $\int 3^x\log 3\,dx$

(4) $\int e^x(1+e^{-x})\,dx$

(5) $\int 2(e^{x-2}+5^x)\,dx$

JUMP 32 不定積分 $\int\left(\frac{\tan x}{\sin 2x}+\frac{1-\cos^2 x}{1-\sin^2 x}\right)dx$ を求めよ。

33 置換積分法(1)

例題 63 置換積分法(1)

次の不定積分を求めよ。

(1) $\int(2x+5)^3dx$ (2) $\int e^{5x}dx$

▶置換積分法

$x=g(t)$ のとき

$\int f(x)dx=\int f(g(t))g'(t)dt$

$=\int f(g(t))\frac{dx}{dt}dt$

解 (1) $2x+5=t$ とおくと $x=\frac{t}{2}-\frac{5}{2}$ より $\frac{dx}{dt}=\frac{1}{2}$

よって $\int(2x+5)^3dx=\int t^3\cdot\frac{1}{2}dt$ ←$dx=\frac{1}{2}dt$

$=\frac{1}{2}\cdot\frac{1}{4}t^4+C=\boldsymbol{\frac{1}{8}(2x+5)^4+C}$

別解 $\int(2x+5)^3dx=\frac{1}{2}\cdot\frac{1}{4}(2x+5)^4+C$ ←$\int f(ax+b)dx=\frac{1}{a}F(ax+b)+C$

$=\boldsymbol{\frac{1}{8}(2x+5)^4+C}$

▶$f(ax+b)$ の不定積分

$F'(x)=f(x)$，$a\neq0$ のとき

$\int f(ax+b)dx$

$=\frac{1}{a}F(ax+b)+C$

(2) $5x=t$ とおくと $x=\frac{t}{5}$ より $\frac{dx}{dt}=\frac{1}{5}$

よって $\int e^{5x}dx=\int e^t\cdot\frac{1}{5}dt$ ←$dx=\frac{1}{5}dt$

$=\frac{1}{5}\cdot e^t+C=\boldsymbol{\frac{1}{5}e^{5x}+C}$

別解 $\int e^{5x}dx=\boldsymbol{\frac{1}{5}e^{5x}+C}$ ←$\int f(ax+b)dx=\frac{1}{a}F(ax+b)+C$

例題 64 置換積分法(2)

不定積分 $\int\frac{x}{\sqrt{x+2}}dx$ を求めよ。

解 $\sqrt{x+2}=t$ とおくと $x+2=t^2$

すなわち $x=t^2-2$ より $\frac{dx}{dt}=2t$

よって

$\int\frac{x}{\sqrt{x+2}}dx=\int\frac{t^2-2}{t}\cdot2t\,dt=2\int(t^2-2)dt$ ←$dx=2t\,dt$

$=2\left(\frac{1}{3}t^3-2t\right)+C=\frac{2}{3}t(t^2-6)+C=\boldsymbol{\frac{2}{3}(x-4)\sqrt{x+2}+C}$

別解

$x+2=t$ とおくと $\frac{dx}{dt}=1$

よって

$\int\frac{x}{\sqrt{x+2}}dx$

$=\int\frac{t-2}{\sqrt{t}}\cdot1\,dt$ ←$dx=1\,dt$

$=\int\left(\sqrt{t}-\frac{2}{\sqrt{t}}\right)dt$

$=\frac{2}{3}t^{\frac{3}{2}}-4t^{\frac{1}{2}}+C$

$=\frac{2}{3}t^{\frac{1}{2}}(t-6)+C$

$=\boldsymbol{\frac{2}{3}(x-4)\sqrt{x+2}+C}$

類題

144 不定積分 $\int(2x-3)^5dx$ を求めよ。

145 不定積分 $\int\frac{x}{\sqrt{x+1}}dx$ を求めよ。

146 次の不定積分を求めよ。

(1) $\displaystyle\int\frac{1}{4x+3}dx$

(2) $\displaystyle\int\sin(2x-5)\,dx$

147 次の不定積分を求めよ。

(1) $\displaystyle\int x(x-2)^4dx$

(2) $\displaystyle\int x\sqrt{x-1}\,dx$

148 次の不定積分を求めよ。

(1) $\displaystyle\int\frac{1}{(7x+3)^3}dx$

(2) $\displaystyle\int\frac{2}{\cos^2(-3x+4)}dx$

(3) $\displaystyle\int\frac{x}{(x+3)^2}dx$

(4) $\displaystyle\int\frac{x}{\sqrt{1-2x}}dx$

JUMP 33 不定積分 $\displaystyle\int\frac{x+3}{\sqrt[3]{x+1}}dx$ を求めよ。

34 置換積分法(2)

例題 65 置換積分法(3)

不定積分 $\int \cos^2 x \sin x\, dx$ を求めよ。

▶ $f(g(x))g'(x)$ の不定積分
$g(x)=t$ のとき
$\int f(g(x))g'(x)\,dx = \int f(t)\,dt$

解 $\cos x = t$ とおくと $\dfrac{dt}{dx} = -\sin x$

よって

$$\int \cos^2 x \sin x\, dx = -\int \cos^2 x(-\sin x)\,dx$$
$$= -\int t^2\,dt \quad \leftarrow (-\sin x)\,dx = dt$$
$$= -\frac{1}{3}t^3 + C = -\frac{1}{3}\cos^3 x + C$$

例題 66 置換積分法(4)

不定積分 $\int \dfrac{2x+1}{x^2+x}\,dx$ を求めよ。

▶ $\dfrac{g'(x)}{g(x)}$ の不定積分
$\int \dfrac{g'(x)}{g(x)}\,dx = \log|g(x)| + C$

$$\int \frac{2x+1}{x^2+x}\,dx = \int \frac{(x^2+x)'}{x^2+x}\,dx = \log|x^2+x| + C$$

類題

149 次の不定積分を求めよ。

(1) $\int \sin^4 x \cos x\, dx$

(2) $\int (x^3+2x)^2(3x^2+2)\,dx$

150 次の不定積分を求めよ。

(1) $\int \dfrac{3x^2+2x}{x^3+x^2}\,dx$

(2) $\int \dfrac{e^x}{e^x+3}\,dx$

151 次の不定積分を求めよ。

(1) $\int (x^3+2x^2+1)^2(3x^2+4x)\,dx$

(2) $\int 6\cos^5 x\sin x\,dx$

(3) $\int (e^x+1)^2 e^x\,dx$

(4) $\int \dfrac{3x^2-2x-2}{x^3-x^2-2x}\,dx$

152 次の不定積分を求めよ。

(1) $\int \tan^2 x\dfrac{1}{\cos^2 x}\,dx$

(2) $\int (2x+1)\sqrt{x^2+x}\,dx$

(3) $\int \dfrac{\log(x+1)}{x+1}\,dx$

(4) $\int \dfrac{\cos x}{1-\sin x}\,dx$

JUMP 34 不定積分 $\int \dfrac{\log x+1}{x\log x}\,dx$ を求めよ。

35 部分積分法

例題 67 部分積分法

次の不定積分を求めよ。

(1) $\int xe^{3x}dx$　　(2) $\int (2x-3)\log x\,dx$

▶部分積分法

$\int f(x)g'(x)dx$

そのまま↓　↓積分

$= f(x)g(x) - \int f'(x)g(x)dx$

微分　そのまま

解 (1) $\int xe^{3x}dx = \int x\left(\frac{1}{3}e^{3x}\right)'dx$

$= x\cdot\frac{1}{3}e^{3x} - \int (x)'\cdot\frac{1}{3}e^{3x}dx$

$= \frac{1}{3}xe^{3x} - \frac{1}{3}\int e^{3x}dx$

$= \frac{1}{3}xe^{3x} - \frac{1}{3}\cdot\frac{1}{3}e^{3x} + C = \boldsymbol{\frac{1}{3}xe^{3x} - \frac{1}{9}e^{3x} + C}$

← $f(x)=x$, $g'(x)=e^{3x}$ と考えると $f'(x)=1$, $g(x)=\frac{1}{3}e^{3x}$

(2) $\int (2x-3)\log x\,dx = \int (\log x)(x^2-3x)'dx$

$= (\log x)(x^2-3x) - \int (\log x)'(x^2-3x)dx$

$= (x^2-3x)\log x - \int \frac{1}{x}\cdot(x^2-3x)dx$

$= (x^2-3x)\log x - \int (x-3)dx$

$= \boldsymbol{(x^2-3x)\log x - \frac{1}{2}x^2 + 3x + C}$

← $f(x)=\log x$, $g'(x)=2x-3$ と考えると $f'(x)=\frac{1}{x}$, $g(x)=x^2-3x$

類題

153 次の不定積分を求めよ。

(1) $\int 2x\sin x\,dx$

(2) $\int (4x+1)\log x\,dx$

154 次の不定積分を求めよ。

(1) $\int (5x+1)e^x dx$

(2) $\int (2x+1)\cos x\, dx$

(3) $\int x^2 \log x\, dx$

155 次の不定積分を求めよ。

(1) $\int (2x+1)e^{2x} dx$

(2) $\int \frac{x+2}{\cos^2 x} dx$

(3) $\int \log 2x\, dx$

JUMP 35 不定積分 $\int \log(x+2)\, dx$ を求めよ。

36 いろいろな関数の不定積分

例題 68　分数関数の不定積分

次の不定積分を求めよ。

(1) $\displaystyle\int\frac{x^2+x}{x-1}dx$　　(2) $\displaystyle\int\frac{1}{x(x+1)}dx$

解 (1) $\displaystyle\frac{x^2+x}{x-1}=\frac{(x-1)(x+2)+2}{x-1}=x+2+\frac{2}{x-1}$　←$x-1\overline{)x^2+x}$ 商 $x+2$，x^2-x，$2x$，$2x-2$，2

よって

$$\int\frac{x^2+x}{x-1}dx=\int\left(x+2+\frac{2}{x-1}\right)dx$$

$$=\boldsymbol{\frac{x^2}{2}+2x+2\log|x-1|+C}$$

(2) $\displaystyle\frac{1}{x(x+1)}=\frac{1}{x}-\frac{1}{x+1}$　←部分分数に分ける。

よって

$$\int\frac{1}{x(x+1)}dx=\int\left(\frac{1}{x}-\frac{1}{x+1}\right)dx$$

$$=\log|x|-\log|x+1|+C$$　←$\log M-\log N=\log\frac{M}{N}$

$$=\boldsymbol{\log\left|\frac{x}{x+1}\right|+C}$$

例題 69　三角関数に関する不定積分

不定積分 $\displaystyle\int 3\cos^2 x\,dx$ を求めよ。

解 $\displaystyle\int 3\cos^2 x\,dx=3\int\frac{1+\cos 2x}{2}dx$

$$=\frac{3}{2}\left(x+\frac{1}{2}\sin 2x\right)+C$$

$$=\boldsymbol{\frac{3}{2}x+\frac{3}{4}\sin 2x+C}$$

(参考)

$\sin^2\alpha=\dfrac{1-\cos 2\alpha}{2}$

$\cos^2\alpha=\dfrac{1+\cos 2\alpha}{2}$

$\sin\alpha\cos\alpha=\dfrac{\sin 2\alpha}{2}$

$\sin\alpha\cos\beta=\dfrac{1}{2}\{\sin(\alpha+\beta)+\sin(\alpha-\beta)\}$

$\cos\alpha\cos\beta=\dfrac{1}{2}\{\cos(\alpha+\beta)+\cos(\alpha-\beta)\}$

$\sin\alpha\sin\beta=-\dfrac{1}{2}\{\cos(\alpha+\beta)-\cos(\alpha-\beta)\}$

類題

156　不定積分 $\displaystyle\int\frac{2x^2-x+2}{x-1}dx$ を求めよ。

157　不定積分 $\displaystyle\int\sin^2 2x\,dx$ を求めよ。

158 次の不定積分を求めよ。

(1) $\displaystyle\int\frac{2x-1}{x+1}dx$

(2) $\displaystyle\int\frac{1}{(x+1)(x+2)}dx$

159 次の不定積分を求めよ。

(1) $\displaystyle\int(\cos^2 x+\sin x\cos x)dx$

(2) $\displaystyle\int\sin 5x\cos x\,dx$

160 次の不定積分を求めよ。

(1) $\displaystyle\int\frac{x^2+3x+4}{x-2}dx$

(2) $\displaystyle\int\frac{1}{x(x+2)}dx$

(3) $\displaystyle\int(\cos 2x-\sin x)^2dx$

JUMP 36 不定積分 $\displaystyle\int\frac{x}{x^2-5x+4}dx$ を求めよ。

まとめの問題 積分法①

1 次の不定積分を求めよ。

(1) $\displaystyle\int \frac{1}{\sqrt[5]{t^3}}\,dt$

(2) $\displaystyle\int \frac{(\sqrt{x}-2)^2}{x}\,dx$

2 次の不定積分を求めよ。

(1) $\displaystyle\int (3\sin x - \cos x)\,dx$

(2) $\displaystyle\int \frac{1+2\cos^3 x}{\cos^2 x}\,dx$

(3) $\displaystyle\int (e^{x+2} - 2^x)\,dx$

3 次の不定積分を求めよ。

(1) $\displaystyle\int \frac{1}{\sqrt{4x+1}}\,dx$

(2) $\displaystyle\int \cos(2x+5)\,dx$

4 次の不定積分を求めよ。

(1) $\displaystyle\int 3x(2-x)^4\,dx$

(2) $\displaystyle\int \frac{2x}{\sqrt{x-3}}\,dx$

5 次の不定積分を求めよ。

(1) $\int \sin x \cos^4 x\,dx$

(2) $\int xe^{-x^2}dx$

(3) $\int \frac{4x}{2x^2+1}dx$

6 次の不定積分を求めよ。

(1) $\int (x+1)\cos x\,dx$

(2) $\int (4x-3)e^x dx$

(3) $\int 4x^2 \log x\,dx$

7 次の不定積分を求めよ。

(1) $\int \frac{1}{x^2+4x+3}dx$

(2) $\int (\cos x-1)\cos x\,dx$

(3) $\int \cos x \cos 5x\,dx$

37 定積分 (1)

例題 70 定積分

次の定積分を求めよ。

(1) $\displaystyle\int_0^{\frac{\pi}{2}} \cos x\,dx$　　(2) $\displaystyle\int_1^2 2\sqrt{x-1}\,dx + \int_2^5 2\sqrt{x-1}\,dx$

解 (1) $\displaystyle\int_0^{\frac{\pi}{2}} \cos x\,dx = \Big[\sin x\Big]_0^{\frac{\pi}{2}} = \sin\frac{\pi}{2} - \sin 0 = \mathbf{1}$

(2) $\displaystyle\int_1^2 2\sqrt{x-1}\,dx + \int_2^5 2\sqrt{x-1}\,dx = \int_1^5 2\sqrt{x-1}\,dx$

$$= 2\int_1^5 (x-1)^{\frac{1}{2}}\,dx$$

$$= 2\left[\frac{2}{3}(x-1)^{\frac{3}{2}}\right]_1^5$$

$$= \frac{4}{3}(8-0) = \mathbf{\frac{32}{3}}$$

▶定積分

$F'(x) = f(x)$ のとき

$$\int_a^b f(x)\,dx = \Big[F(x)\Big]_a^b = F(b) - F(a)$$

▶定積分の計算

$\displaystyle\int_a^b kf(x)\,dx = k\int_a^b f(x)\,dx$

(k は定数)

$\displaystyle\int_a^b \{f(x) \pm g(x)\}\,dx = \int_a^b f(x)\,dx \pm \int_a^b g(x)\,dx$

(複号同順)

$\displaystyle\int_a^a f(x)\,dx = 0$

$\displaystyle\int_b^a f(x)\,dx = -\int_a^b f(x)\,dx$

$\displaystyle\int_a^b f(x)\,dx = \int_a^c f(x)\,dx + \int_c^b f(x)\,dx$

類題

161 次の定積分を求めよ。

(1) $\displaystyle\int_1^2 \frac{1}{x^3}\,dx$

(2) $\displaystyle\int_0^2 2e^x\,dx$

(3) $\displaystyle\int_0^{\frac{\pi}{4}} (\sin x - \cos x)\,dx$

(4) $\displaystyle\int_1^2 \frac{2x^2+1}{x}\,dx + \int_2^3 \frac{2x^2+1}{x}\,dx$

162 次の定積分を求めよ。

(1) $\displaystyle\int_0^1 x\sqrt{x}\,dx$

(2) $\displaystyle\int_0^{\frac{\pi}{3}} \cos^2 x\,dx$

(3) $\displaystyle\int_{-\frac{\pi}{4}}^{\frac{\pi}{3}} \frac{1}{\cos^2 x}\,dx$

(4) $\displaystyle\int_1^3 \frac{2-\sqrt{x}}{x}\,dx+\int_3^4 \frac{2-\sqrt{x}}{x}\,dx$

163 次の定積分を求めよ。

(1) $\displaystyle\int_{\frac{\pi}{4}}^{\frac{\pi}{2}} \sin 3x\cos x\,dx$

(2) $\displaystyle\int_1^2 \left(2x-\frac{1}{\sqrt{x}}\right)^2 dx$

(3) $\displaystyle\int_{-1}^0 (e^t-2^t)\,dt-\int_2^0 (e^t-2^t)\,dt$

JUMP 37 定積分 $\displaystyle\int_0^{\pi} \cos mx\cos nx\,dx$ （m，n は自然数）を，$m \neq n$，$m=n$ の場合に分けて求めよ。

38 定積分(2)

例題 71 絶対値のついた関数の定積分

定積分 $\int_0^9 |\sqrt{x}-1|dx$ を求めよ。

解 $0 \leqq x \leqq 1$ のとき，$\sqrt{x}-1 \leqq 0$ より $|\sqrt{x}-1| = -\sqrt{x}+1$

$1 \leqq x \leqq 9$ のとき，$\sqrt{x}-1 \geqq 0$ より $|\sqrt{x}-1| = \sqrt{x}-1$

よって

$$\begin{aligned}\int_0^9 |\sqrt{x}-1|dx &= \int_0^1 |\sqrt{x}-1|dx + \int_1^9 |\sqrt{x}-1|dx \\ &= \int_0^1 (-\sqrt{x}+1)dx + \int_1^9 (\sqrt{x}-1)dx \\ &= \left[-\frac{2}{3}x\sqrt{x}+x\right]_0^1 + \left[\frac{2}{3}x\sqrt{x}-x\right]_1^9 \\ &= \mathbf{\frac{29}{3}}\end{aligned}$$

▶絶対値のついた関数の定積分

絶対値の中身の式の符号によって積分する区間を分割する。

$a \leqq x \leqq c$ のとき $f(x) \geqq 0$，

$c \leqq x \leqq b$ のとき $f(x) \leqq 0$

ならば

$$\begin{aligned}&\int_a^b |f(x)|dx \\ &= \int_a^c |f(x)|dx + \int_c^b |f(x)|dx \\ &= \int_a^c f(x)dx + \int_c^b \{-f(x)\}dx\end{aligned}$$

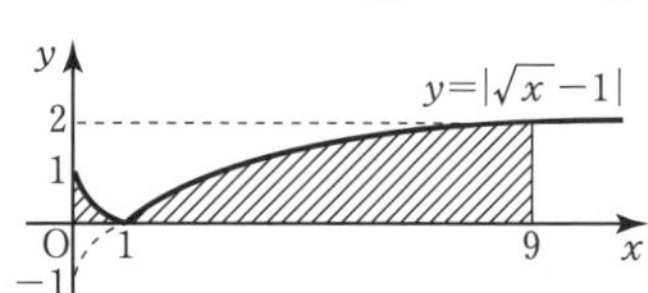

例題 72 定積分と微分

次の関数 $F(x)$ を x で微分せよ。

(1) $F(x) = \int_0^x (t-\sin t)dt$　　(2) $F(x) = \int_0^x (x-t)e^t dt$

▶定積分と微分

a が定数のとき

$$\frac{d}{dx}\int_a^x f(t)dt = f(x)$$

解 (1) $F'(x) = \dfrac{d}{dx}\int_0^x (t-\sin t)dt = \boldsymbol{x-\sin x}$

(2) $F(x) = x\int_0^x e^t dt - \int_0^x te^t dt$ であるから

$$F'(x) = (x)'\int_0^x e^t dt + x\left(\frac{d}{dx}\int_0^x e^t dt\right) - \frac{d}{dx}\int_0^x te^t dt$$

$$= \int_0^x e^t dt + xe^x - xe^x = \int_0^x e^t dt = \Big[e^t\Big]_0^x = \boldsymbol{e^x-1}$$

←$x\int_0^x e^t dt$ は，$f(x)=x$，$g(x)=\int_0^x e^t dt$ として，積の微分 $\{f(x)g(x)\}' = f'(x)g(x)+f(x)g'(x)$ を用いる。

類題

164 定積分 $\int_{-\pi}^{\pi} |\sin x|dx$ を求めよ。

165 定積分 $\int_0^2 |e^x - e|\,dx$ を求めよ。

166 次の関数 $F(x)$ を x で微分せよ。

(1) $F(x) = \int_\pi^x t\cos t\,dt$

(2) $F(x) = \int_0^x e^t \sin^2 t\,dt$

(3) $F(x) = \int_x^e (t+1)\log t\,dt$

167 次の関数 $F(x)$ を x で微分せよ。

(1) $F(x) = \int_\pi^x (x-2t)\sin t\,dt$

(2) $F(x) = \int_1^x (x+t)\log t\,dt$

(3) $F(x) = \int_x^0 (t^2 - x^2)e^t\,dt$

JUMP 38 定積分 $\int_0^\pi |\sqrt{3}\sin x + \cos x|\,dx$ を求めよ。

39 定積分の置換積分法(1)

例題 73 定積分の置換積分法(1)

定積分 $\displaystyle\int_{-1}^{2}\frac{x}{\sqrt{3-x}}dx$ を求めよ。

▶定積分の置換積分法

$x=g(t)$ のとき

$a=g(\alpha)$,
$b=g(\beta)$

x	$a\to b$
t	$\alpha\to\beta$

ならば

$\displaystyle\int_a^b f(x)\,dx=\int_\alpha^\beta f(g(t))g'(t)\,dt$

 $\sqrt{3-x}=t$ とおくと　$3-x=t^2$ すなわち $x=-t^2+3$ より

$\dfrac{dx}{dt}=-2t$ であり，x と t の対応は右の表のようになる。

x	$-1\to2$
t	$2\to1$

よって

$$\int_{-1}^{2}\frac{x}{\sqrt{3-x}}dx=\int_2^1\frac{-t^2+3}{t}\cdot(-2t)\,dt \quad \leftarrow dx=(-2t)\,dt$$

$$=\int_2^1(2t^2-6)\,dt=\int_1^2(-2t^2+6)\,dt \quad \leftarrow \int_b^a f(x)\,dx=-\int_a^b f(x)\,dx$$

$$=\left[-\frac{2}{3}t^3+6t\right]_1^2=\left(-\frac{16}{3}+12\right)-\left(-\frac{2}{3}+6\right)=\mathbf{\frac{4}{3}}$$

類題

168 次の定積分を求めよ。

(1) $\displaystyle\int_0^1(3x-2)^4\,dx$

(2) $\displaystyle\int_{-1}^1 x(x+1)^4\,dx$

(3) $\displaystyle\int_{-1}^0 x\sqrt{x+1}\,dx$

(4) $\displaystyle\int_{-1}^2\frac{x}{(3-x)^3}\,dx$

169 次の定積分を求めよ。

(1) $\int_{2}^{3}(2x-3)^3\,dx$

(2) $\int_{0}^{1}x(2-x)^3\,dx$

(3) $\int_{-3}^{0}x\sqrt{1-x}\,dx$

170 次の定積分を求めよ。

(1) $\int_{-1}^{0}\frac{1}{3-x}\,dx$

(2) $\int_{\frac{1}{2}}^{\frac{3}{2}}\frac{x}{(2x+1)^2}\,dx$

(3) $\int_{0}^{2}\frac{x^2}{\sqrt{3-x}}\,dx$

JUMP 39 $\cos^3 x=(1-\sin^2 x)\cos x$ であることを用いて，定積分 $\int_{0}^{\frac{\pi}{2}}\cos^3 x\,dx$ を求めよ。

40 定積分の置換積分法(2)

例題 74 定積分の置換積分法(2)

次の定積分を求めよ。

(1) $\displaystyle\int_{-5}^{5}\sqrt{25-x^2}\,dx$　　(2) $\displaystyle\int_{1}^{\sqrt{3}}\frac{2}{x^2+1}\,dx$

解 (1) $x=5\sin\theta$ とおくと $\dfrac{dx}{d\theta}=5\cos\theta$ であり，x と θ の対応は右の表のようになる。

x	$-5 \to 5$
θ	$-\dfrac{\pi}{2} \to \dfrac{\pi}{2}$

また，$-\dfrac{\pi}{2} \leqq \theta \leqq \dfrac{\pi}{2}$ のとき $\cos\theta \geqq 0$ であるから

$$\sqrt{25-x^2}=\sqrt{25-25\sin^2\theta}=\sqrt{25\cos^2\theta}=5\cos\theta$$

よって

$$\int_{-5}^{5}\sqrt{25-x^2}\,dx=\int_{-\frac{\pi}{2}}^{\frac{\pi}{2}}5\cos\theta\cdot5\cos\theta\,d\theta \quad \leftarrow dx=5\cos\theta\,d\theta$$

$$=\int_{-\frac{\pi}{2}}^{\frac{\pi}{2}}25\cos^2\theta\,d\theta$$

$$=\int_{-\frac{\pi}{2}}^{\frac{\pi}{2}}25\cdot\frac{1+\cos2\theta}{2}\,d\theta \quad \leftarrow \cos^2\theta=\frac{1+\cos2\theta}{2}$$

$$=\frac{25}{2}\left[\theta+\frac{\sin2\theta}{2}\right]_{-\frac{\pi}{2}}^{\frac{\pi}{2}}=\boldsymbol{\frac{25}{2}\pi}$$

(2) $x=\tan\theta$ とおくと $\dfrac{dx}{d\theta}=\dfrac{1}{\cos^2\theta}$ であり，x と θ の対応は右の表のようになる。

x	$1 \to \sqrt{3}$
θ	$\dfrac{\pi}{4} \to \dfrac{\pi}{3}$

また　$\dfrac{2}{x^2+1}=\dfrac{2}{\tan^2\theta+1}=2\cos^2\theta$　$\leftarrow \tan^2\theta+1=\dfrac{1}{\cos^2\theta}$

よって　$\displaystyle\int_{1}^{\sqrt{3}}\frac{2}{x^2+1}\,dx=\int_{\frac{\pi}{4}}^{\frac{\pi}{3}}2\cos^2\theta\cdot\frac{1}{\cos^2\theta}\,d\theta$　$\leftarrow dx=\dfrac{1}{\cos^2\theta}\,d\theta$

$$=\int_{\frac{\pi}{4}}^{\frac{\pi}{3}}2\,d\theta=\Big[2\theta\Big]_{\frac{\pi}{4}}^{\frac{\pi}{3}}=\boldsymbol{\frac{\pi}{6}}$$

▶三角関数への置き換え

$\sqrt{a^2-x^2}$ のとき，$x=a\sin\theta$ とおく。
(x に対応する θ は $-\dfrac{\pi}{2} \leqq \theta \leqq \dfrac{\pi}{2}$ の範囲内にとる)

$\dfrac{b}{x^2+a^2}$ のとき，$x=a\tan\theta$ とおく。
(x に対応する θ は $-\dfrac{\pi}{2} < \theta < \dfrac{\pi}{2}$ の範囲内にとる)

(参考)
$y=\sqrt{25-x^2}$ のグラフは，下の図のような半円を表す。

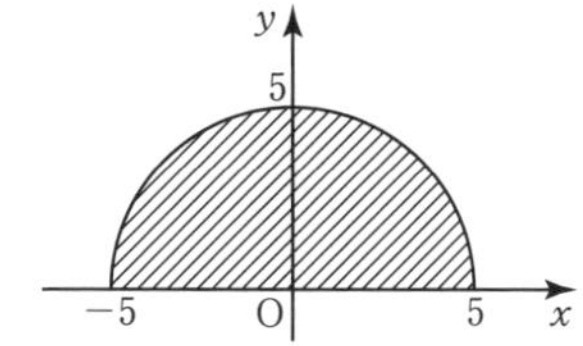

よって，(1)の定積分の値は，半径 5 の円の面積の $\dfrac{1}{2}$ に等しい。

類題

171 定積分 $\displaystyle\int_{0}^{4}\sqrt{16-x^2}\,dx$ を求めよ。

172 次の定積分を求めよ。

(1) $\displaystyle\int_{-\sqrt{2}}^{\sqrt{2}} \sqrt{2-x^2}\,dx$

(2) $\displaystyle\int_{0}^{\frac{1}{\sqrt{3}}} \frac{1}{x^2+1}\,dx$

173 次の定積分を求めよ。

(1) $\displaystyle\int_{0}^{\frac{3}{2}} \frac{1}{\sqrt{9-x^2}}\,dx$

(2) $\displaystyle\int_{1}^{\sqrt{3}} \frac{5}{x^2+3}\,dx$

JUMP 40 定積分 $\displaystyle\int_{2}^{3} \sqrt{4-(x-1)^2}\,dx$ を求めよ。

41 偶関数と奇関数，定積分の部分積分法

例題 75 偶関数と奇関数の定積分

定積分 $\displaystyle\int_{-\frac{\pi}{2}}^{\frac{\pi}{2}}(\sin 2x - 2\cos x)\,dx$ を求めよ。

解 $\sin 2x$ は奇関数，$\cos x$ は偶関数であるから

$$\int_{-\frac{\pi}{2}}^{\frac{\pi}{2}}(\sin 2x - 2\cos x)\,dx = \int_{-\frac{\pi}{2}}^{\frac{\pi}{2}}\sin 2x\,dx - 2\int_{-\frac{\pi}{2}}^{\frac{\pi}{2}}\cos x\,dx$$
$$= 0 - 4\int_{0}^{\frac{\pi}{2}}\cos x\,dx$$
$$= -4\Big[\sin x\Big]_{0}^{\frac{\pi}{2}} = \mathbf{-4}$$

例題 76 定積分の部分積分法

定積分 $\displaystyle\int_{0}^{\frac{\pi}{2}} x\sin x\,dx$ を求めよ。

解 $$\int_{0}^{\frac{\pi}{2}} x\sin x\,dx = \int_{0}^{\frac{\pi}{2}} x(-\cos x)'\,dx$$
$$= \Big[-x\cos x\Big]_{0}^{\frac{\pi}{2}} - \int_{0}^{\frac{\pi}{2}}\{-(x)'\cos x\}\,dx$$
$$= 0 + \int_{0}^{\frac{\pi}{2}}\cos x\,dx = \Big[\sin x\Big]_{0}^{\frac{\pi}{2}} = \mathbf{1}$$

▶偶関数と奇関数

・偶関数
$f(-x) = f(x)$
がつねに成り立つ関数
(グラフは y 軸に関して対称)

・奇関数
$f(-x) = -f(x)$
がつねに成り立つ関数
(グラフは原点に関して対称)

定積分について以下が成り立つ。

① $f(x)$ が偶関数ならば
$\displaystyle\int_{-a}^{a} f(x)\,dx = 2\int_{0}^{a} f(x)\,dx$

② $f(x)$ が奇関数ならば
$\displaystyle\int_{-a}^{a} f(x)\,dx = 0$

▶定積分の部分積分法

$\displaystyle\int_{a}^{b} f(x)g'(x)\,dx$
$\displaystyle= \Big[f(x)g(x)\Big]_{a}^{b} - \int_{a}^{b} f'(x)g(x)\,dx$

類題

174 次の定積分を求めよ。

(1) $\displaystyle\int_{-1}^{1}(x^3 - 2x^2 + 2x + 4)\,dx$

(2) $\displaystyle\int_{-\pi}^{\pi}(3x^2 + 2\sin x)\,dx$

175 定積分 $\displaystyle\int_{0}^{\frac{\pi}{4}} x\cos x\,dx$ を求めよ。

176 次の定積分を求めよ。

(1) $\int_{-\frac{\pi}{3}}^{\frac{\pi}{3}}(3x^2-\tan x)\,dx$

(2) $\int_{-\frac{\pi}{4}}^{\frac{\pi}{4}}x^2\sin x\,dx$

177 次の定積分を求めよ。

(1) $\int_{0}^{3}xe^x\,dx$

(2) $\int_{-\frac{\pi}{3}}^{0}x\cos 3x\,dx$

178 次の定積分を求めよ。

(1) $\int_{0}^{\frac{\pi}{2}}(2x+1)\sin x\,dx$

(2) $\int_{1}^{e}(x+1)\log x\,dx$

(3) $\int_{e}^{e^2}\log x\,dx$

JUMP 41 定積分 $\int_{0}^{e}\log(x+1)\,dx$ を求めよ。

42 定積分と和の極限，定積分と不等式

例題 77 定積分と和の極限

次の極限値を求めよ。

$$\lim_{n\to\infty}\frac{1}{n}\left(\sqrt{\frac{n+1}{n}}+\sqrt{\frac{n+2}{n}}+\cdots\cdots+\sqrt{\frac{2n}{n}}\right)$$

解

$$\frac{1}{n}\left(\sqrt{\frac{n+1}{n}}+\sqrt{\frac{n+2}{n}}+\cdots\cdots+\sqrt{\frac{2n}{n}}\right)$$

$$=\frac{1}{n}\left(\sqrt{1+\frac{1}{n}}+\sqrt{1+\frac{2}{n}}+\cdots\cdots+\sqrt{1+\frac{n}{n}}\right)$$

$$=\sum_{k=1}^{n}\frac{1}{n}\sqrt{1+\frac{k}{n}}$$

よって，$f(x)=\sqrt{1+x}$ とすると，求める極限値は

$$\lim_{n\to\infty}\sum_{k=1}^{n}\frac{1}{n}f\left(\frac{k}{n}\right)=\int_0^1 f(x)\,dx=\left[\frac{2}{3}(1+x)\sqrt{1+x}\right]_0^1=\mathbf{\frac{4\sqrt{2}}{3}-\frac{2}{3}}$$

例題 78 定積分と不等式

$x\geqq 0$ のとき，$\dfrac{1}{2x^2+x+1}\leqq\dfrac{1}{x+1}$ であることを示し，

不等式 $\displaystyle\int_0^1\frac{1}{2x^2+x+1}dx<\log 2$ が成り立つことを証明せよ。

解 (証明) $x\geqq 0$ のとき $(2x^2+x+1)-(x+1)=2x^2\geqq 0$

であるから $2x^2+x+1\geqq x+1$

両辺はともに正であるから $\dfrac{1}{2x^2+x+1}\leqq\dfrac{1}{x+1}$

この式で等号が成り立つのは $x=0$ のときだけであるから

$$\int_0^1\frac{1}{2x^2+x+1}dx<\int_0^1\frac{1}{x+1}dx$$

ここで $\displaystyle\int_0^1\frac{1}{x+1}dx=\Big[\log(x+1)\Big]_0^1=\log 2$

よって $\displaystyle\int_0^1\frac{1}{2x^2+x+1}dx<\log 2$ (終)

▶定積分と和の極限

関数 $y=f(x)$ が，$a\leqq x\leqq b$ で連続であるとき

$$\lim_{n\to\infty}\sum_{k=1}^{n}f(x_{k-1})\Delta x$$

$$=\lim_{n\to\infty}\sum_{k=1}^{n}f(x_k)\Delta x=\int_a^b f(x)\,dx$$

ただし

$$\Delta x=\frac{b-a}{n},\quad x_k=a+k\Delta x$$

特に $a=0$，$b=1$ のとき

$$\Delta x=\frac{1}{n},\quad x_k=\frac{k}{n}$$

であるから

$$\lim_{n\to\infty}\sum_{k=1}^{n}\frac{1}{n}f\left(\frac{k}{n}\right)=\int_0^1 f(x)\,dx$$

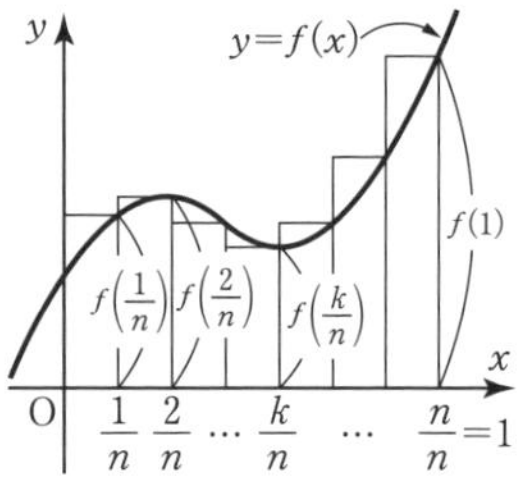

▶定積分と不等式

$a\leqq x\leqq b$ で連続な関数 $f(x)$，$g(x)$ について

$f(x)\geqq g(x)$ ならば

$$\int_a^b f(x)\,dx\geqq\int_a^b g(x)\,dx \quad \cdots\cdots①$$

①で等号が成り立つのは，つねに $f(x)=g(x)$ のときに限る。

類題

179 次の極限値を求めよ。 $\displaystyle\lim_{n\to\infty}\frac{1}{n}\left\{\left(1+\frac{1}{n}\right)^3+\left(1+\frac{2}{n}\right)^3+\left(1+\frac{3}{n}\right)^3+\cdots\cdots+\left(1+\frac{n}{n}\right)^3\right\}$

180 次の極限値を求めよ。

(1) $\lim_{n\to\infty}\frac{1}{n}\left(\cos\frac{\pi}{n}+\cos\frac{2\pi}{n}+\cdots\cdots+\cos\frac{n\pi}{n}\right)$

(2) $\lim_{n\to\infty}\left\{\left(\frac{1}{n}-\frac{1}{n^2}\right)+\left(\frac{1}{n}-\frac{2}{n^2}\right)+\cdots\cdots+\left(\frac{1}{n}-\frac{n}{n^2}\right)\right\}$

181 次の極限値を求めよ。

$\lim_{n\to\infty}\left\{\frac{n^2}{(n+1)^3}+\frac{n^2}{(n+2)^3}+\cdots\cdots+\frac{n^2}{(2n)^3}\right\}$

182 $x\geqq 0$ のとき，$\frac{1}{x^2+6x+4}\leqq\frac{1}{(x+2)^2}$ であることを示し，不等式 $\int_0^1\frac{1}{x^2+6x+4}dx<\frac{1}{6}$ が成り立つことを証明せよ。

JUMP 42 $0\leqq x\leqq 1$ のとき，$1\leqq e^{x^3}\leqq e^x$ であることを示し，不等式 $1<\int_0^1 e^{x^3}dx<e-1$ が成り立つことを証明せよ。

まとめの問題　積分法②

1　次の定積分を求めよ。

(1) $\displaystyle\int_1^3 \frac{1}{x^4}\,dx$

(2) $\displaystyle\int_1^3 \frac{x-\sqrt{x}+2}{x}\,dx$

(3) $\displaystyle\int_0^{\frac{\pi}{3}} \frac{1}{\cos^2 x}\,dx - \int_{\frac{\pi}{6}}^{\frac{\pi}{3}} \frac{1}{\cos^2 x}\,dx$

2　関数 $F(x)=\displaystyle\int_0^x (2x-t)e^{2t}\,dt$ を x で微分せよ。

3　置換積分法を用いて次の定積分を求めよ。

(1) $\displaystyle\int_0^1 (3x-1)^3\,dx$

(2) $\displaystyle\int_{-2}^0 x(x+2)^4\,dx$

(3) $\displaystyle\int_{-2}^1 x\sqrt{2-x}\,dx$

(4) $\displaystyle\int_{-3}^3 \sqrt{9-x^2}\,dx$

(5) $\displaystyle\int_0^{2\sqrt{3}} \frac{1}{x^2+4}\,dx$

4 部分積分法を用いて次の定積分を求めよ。

(1) $\displaystyle\int_0^{\frac{\pi}{4}} 2x\cos x\,dx$

(2) $\displaystyle\int_e^{e^3} x\log x\,dx$

5 次の極限値を求めよ。

(1) $\displaystyle\lim_{n\to\infty}\frac{1}{n}\left(e^{\frac{1}{n}}+e^{\frac{2}{n}}+e^{\frac{3}{n}}+\cdots\cdots+e^{\frac{n}{n}}\right)$

(2) $\displaystyle\lim_{n\to\infty}\left(\frac{1}{3n+1}+\frac{1}{3n+2}+\frac{1}{3n+3}+\cdots\cdots+\frac{1}{4n}\right)$

43 面積(1)

例題 79 曲線と x 軸で囲まれた図形の面積

曲線 $y=\cos x\ \left(0 \leqq x \leqq \dfrac{3}{2}\pi\right)$ と x 軸，および y 軸で囲まれた図形の面積 S を求めよ。

解 $0 \leqq x \leqq \dfrac{\pi}{2}$ のとき　$\cos x \geqq 0$

$\dfrac{\pi}{2} \leqq x \leqq \dfrac{3}{2}\pi$ のとき　$\cos x \leqq 0$

よって，求める面積 S は

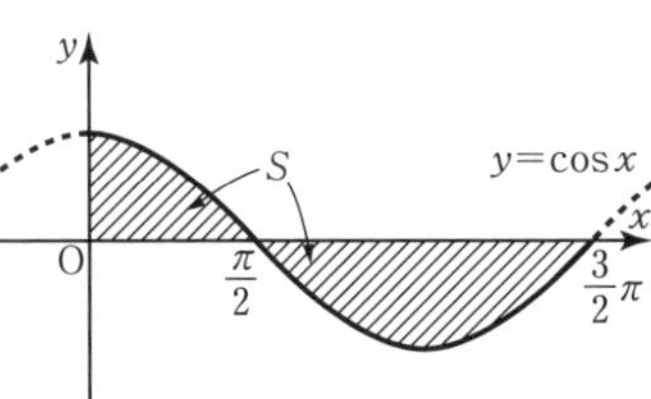

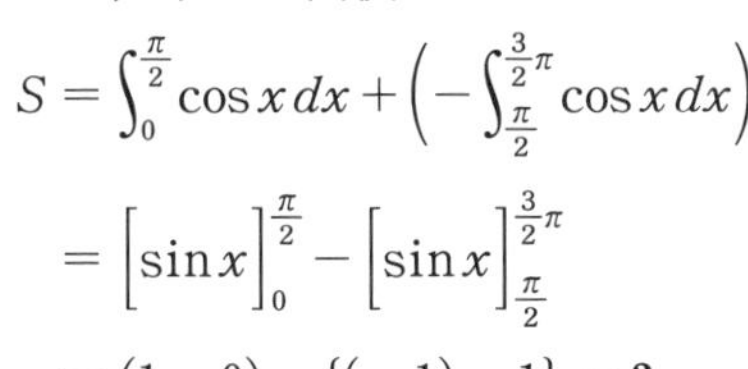

$$S=\int_0^{\frac{\pi}{2}}\cos x\,dx+\left(-\int_{\frac{\pi}{2}}^{\frac{3}{2}\pi}\cos x\,dx\right)$$

$$=\Big[\sin x\Big]_0^{\frac{\pi}{2}}-\Big[\sin x\Big]_{\frac{\pi}{2}}^{\frac{3}{2}\pi}$$

$$=(1-0)-\{(-1)-1\}=\mathbf{3}$$

例題 80 2曲線に囲まれた図形の面積

曲線 $y=\sqrt{x}$ と直線 $y=x$ で囲まれた図形の面積 S を求めよ。

解 曲線と直線の共有点の x 座標は

$\sqrt{x}=x$　の解である。

$x \geqq 0$ におけるこの方程式の解は

$x=0,\ 1$

$0 \leqq x \leqq 1$ において，$\sqrt{x} \geqq x$ であるから，

求める面積 S は

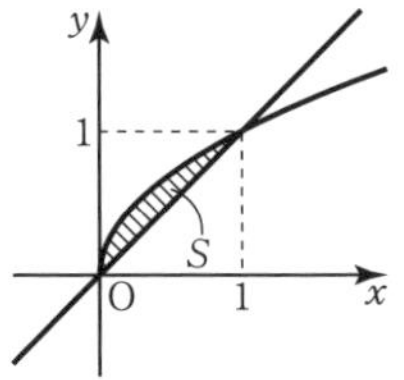

$$S=\int_0^1(\sqrt{x}-x)\,dx=\int_0^1\left(x^{\frac{1}{2}}-x\right)dx$$

$$=\left[\frac{2}{3}x^{\frac{3}{2}}-\frac{1}{2}x^2\right]_0^1=\frac{2}{3}-\frac{1}{2}=\mathbf{\frac{1}{6}}$$

▶曲線と x 軸で囲まれた図形の面積

区間 $a \leqq x \leqq b$ で

・$f(x) \geqq 0$ のとき

$S=\int_a^b f(x)\,dx$

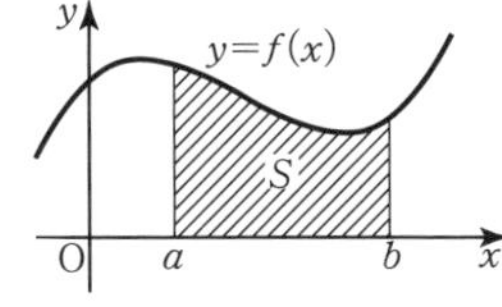

・$f(x) \leqq 0$ のとき

$S=\int_a^b \{-f(x)\}\,dx$

$=-\int_a^b f(x)\,dx$

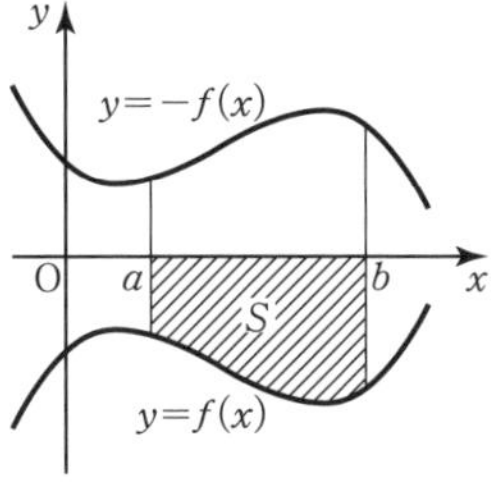

▶2曲線に囲まれた図形の面積

区間 $a \leqq x \leqq b$ で

$f(x) \geqq g(x)$ のとき

$S=\int_a^b \{f(x)-g(x)\}\,dx$

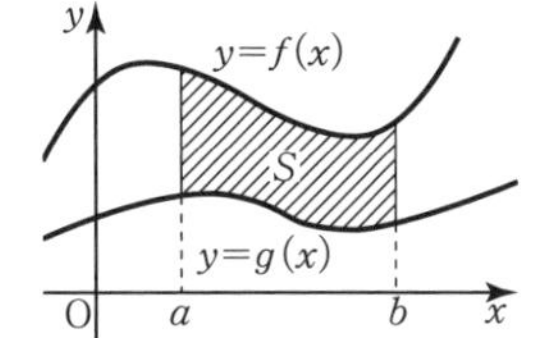

類題

183　曲線 $y=e^x$，x 軸，2直線 $x=1$，$x=2$ で囲まれた図形の面積 S を求めよ。

184 曲線 $y=\cos 2x\ \left(\dfrac{\pi}{4} \leqq x \leqq \dfrac{3}{4}\pi\right)$ と x 軸で囲まれた図形の面積 S を求めよ。

185 曲線 $y=e^x-1$，x 軸，2 直線 $x=-1$，$x=1$ で囲まれた図形の面積 S を求めよ。

186 次の曲線や直線で囲まれた図形の面積 S を求めよ。

(1) 曲線 $y=\dfrac{1}{x}$ と直線 $y=-x+\dfrac{5}{2}$

(2) 2 曲線 $y=2\sin x$，$y=2\cos x$ $\left(-\dfrac{3}{4}\pi \leqq x \leqq \dfrac{\pi}{4}\right)$

JUMP 43 曲線 $y=\sqrt{x}$ と，この曲線上の点 $(1,\ 1)$ における接線，および y 軸で囲まれた図形の面積 S を求めよ。

44 面積(2)

例題 81 曲線と y 軸で囲まれた図形の面積

曲線 $x=y^2$ と y 軸，および直線 $y=2$ で囲まれた図形の面積 S を求めよ。

▶曲線 $x=g(y)$ と面積
$a \leqq y \leqq b$ で $g(y) \geqq 0$ のとき
$S=\int_a^b g(y)\,dy$

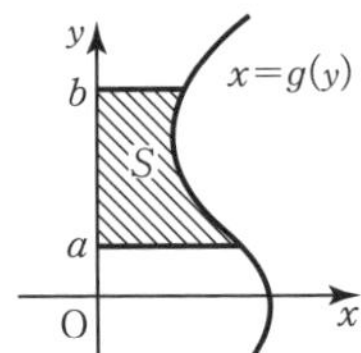

解 $0 \leqq y \leqq 2$ のとき　$y^2 \geqq 0$
よって，求める面積 S は
$$S=\int_0^2 y^2\,dy=\left[\frac{1}{3}y^3\right]_0^2=\boldsymbol{\frac{8}{3}}$$

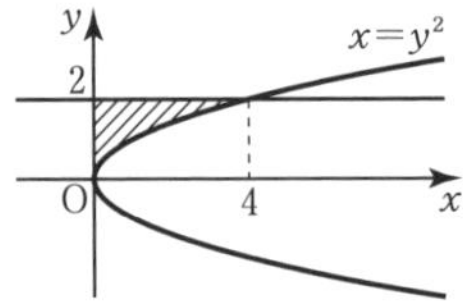

例題 82 楕円で囲まれた図形の面積

楕円 $\dfrac{x^2}{16}+\dfrac{y^2}{9}=1$ で囲まれた図形の面積 S を求めよ。

解 この楕円の方程式を y について解くと
$$y^2=9-\frac{9}{16}x^2$$
すなわち　$y=\pm\dfrac{3}{4}\sqrt{16-x^2}$

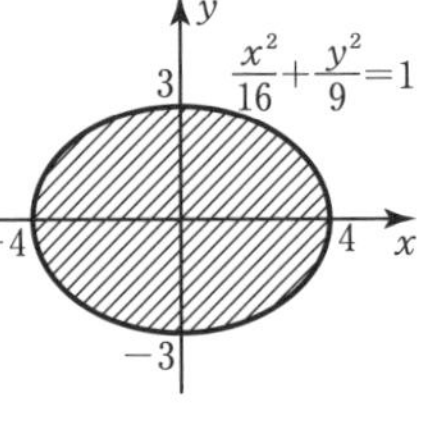

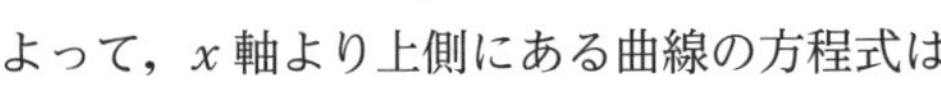

よって，x 軸より上側にある曲線の方程式は
$$y=\frac{3}{4}\sqrt{16-x^2}$$

←与えられた楕円を，x 軸より上側にある曲線 $y=\dfrac{3}{4}\sqrt{16-x^2}$ と，x 軸より下側にある曲線 $y=-\dfrac{3}{4}\sqrt{16-x^2}$ で囲まれた図形とみる。

この楕円は x 軸および y 軸に関して対称であるから，
求める面積 S は
$$S=4\int_0^4 \frac{3}{4}\sqrt{16-x^2}\,dx=3\int_0^4 \sqrt{16-x^2}\,dx$$
$\int_0^4 \sqrt{16-x^2}\,dx$ は，
半径 4 の円の面積の $\dfrac{1}{4}$ に等しいから
$$\int_0^4 \sqrt{16-x^2}\,dx=4^2\times\pi\times\frac{1}{4}=4\pi$$
ゆえに　$S=3\int_0^4 \sqrt{16-x^2}\,dx=3\times 4\pi=\boldsymbol{12\pi}$

類題

187 曲線 $x=y^2+1$ と y 軸，および 2 直線 $y=1$，$y=2$ で囲まれた図形の面積 S を求めよ。

188 次の曲線や直線で囲まれた図形の面積 S を求めよ。

(1) 曲線 $x=-y^2+9$ と y 軸，および2直線 $y=-1$，$y=2$

(2) 曲線 $x=-y^2+4$ と y 軸

(3) 曲線 $y=\log x$ と y 軸，および2直線 $y=-1$，$y=1$

189 2曲線 $x=y^2$，$x=2y^2+1$ と x 軸，および直線 $y=2$ で囲まれた図形の面積 S を求めよ。

190 楕円 $\dfrac{x^2}{9}+y^2=1$ で囲まれた図形の面積 S を求めよ。

JUMP 44 曲線 $x=y^2$ と直線 $y=x-2$ で囲まれた図形の面積 S を求めよ。

45 体積

例題 83 立体の断面積と体積

底面が一辺 6 の正方形で，高さが 10 の四角錐の体積 V を，定積分を用いて求めよ。

解 右の図のように，四角錐の頂点を通り底面に垂直な直線を x 軸とし，四角錐の頂点を原点 O とする。座標が x である点を通り x 軸に垂直な平面による四角錐の切り口の面積を $S(x)$ とし，四角錐の底面積を S とすると

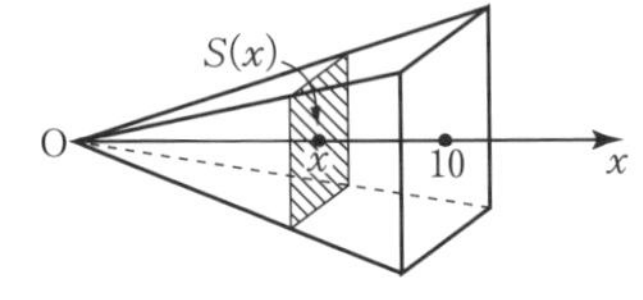

$S(x):S=x^2:10^2$

←切り口と底面の相似比は $x:10$
よって，面積比は $x^2:10^2$

ここで，$S=36$ であるから $S(x)=\dfrac{36}{100}x^2=\dfrac{9}{25}x^2$

よって $V=\displaystyle\int_0^{10}\frac{9}{25}x^2\,dx=\frac{3}{25}\Big[x^3\Big]_0^{10}=\mathbf{120}$

▶立体の断面積と体積
座標が x である点を通り，x 軸に垂直な平面で立体を切ったときの断面積が $S(x)$ のとき，その立体の体積 V は

$$V=\int_a^b S(x)\,dx\quad(a<b)$$

例題 84 回転体の体積

曲線 $y=\sqrt{x}$ と x 軸，直線 $x=1$ で囲まれた図形を x 軸のまわりに 1 回転してできる回転体の体積 V を求めよ。

解

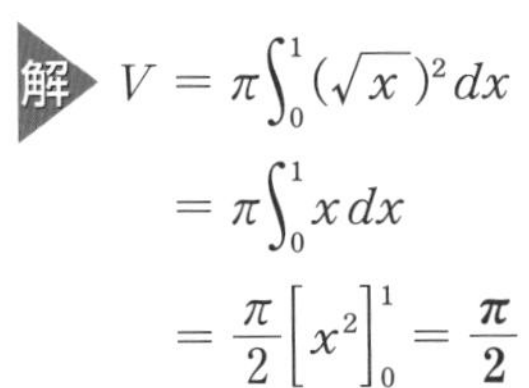

$$V=\pi\int_0^1(\sqrt{x})^2\,dx$$
$$=\pi\int_0^1 x\,dx$$
$$=\frac{\pi}{2}\Big[x^2\Big]_0^1=\boldsymbol{\frac{\pi}{2}}$$

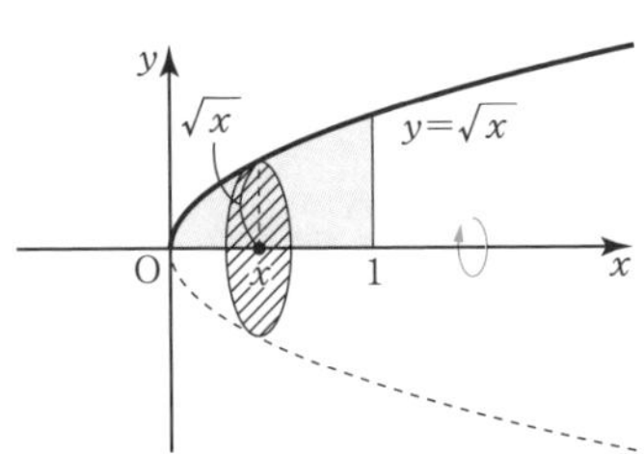

▶回転体の体積
曲線 $y=f(x)$ と x 軸，および 2 直線 $x=a$，$x=b$ $(a<b)$ で囲まれた図形を x 軸のまわりに 1 回転した回転体の体積 V は

$$V=\pi\int_a^b\{f(x)\}^2\,dx$$

曲線 $x=g(y)$ と y 軸，および 2 直線 $y=a$，$y=b$ $(a<b)$ で囲まれた図形を y 軸のまわりに 1 回転した回転体の体積 V は

$$V=\pi\int_a^b\{g(y)\}^2\,dy$$

類題

191 底面の直径 6，高さ 10 の円錐の体積 V を，定積分を用いて求めよ。

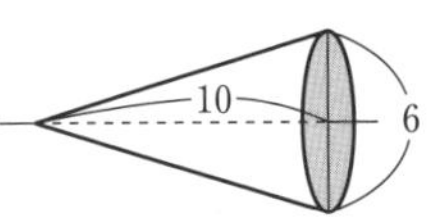

192 曲線 $y=\sqrt{x+1}$ と x 軸，y 軸で囲まれた図形を，x 軸のまわりに 1 回転してできる回転体の体積 V を求めよ。

193 曲線 $y=e^x$ と x 軸，y 軸，および直線 $x=2$ で囲まれた図形を，x 軸のまわりに 1 回転してできる回転体の体積 V を求めよ。

194 曲線 $y=\sqrt{9-x^2}$ と x 軸で囲まれた図形を，x 軸のまわりに 1 回転してできる回転体の体積 V を求めよ。

195 曲線 $y=\sqrt{x}$ と直線 $y=x$ で囲まれた図形を，x 軸のまわりに 1 回転してできる回転体の体積 V を求めよ。

196 曲線 $y=\sqrt{x}$ と y 軸，および直線 $y=1$ で囲まれた図形を，y 軸のまわりに 1 回転してできる回転体の体積 V を求めよ。

JUMP 45 2 曲線 $y=\sin x$，$y=-\cos x$ と y 軸，直線 $x=\frac{\pi}{2}$ で囲まれた図形を x 軸のまわりに 1 回転してできる回転体の体積 V を求めよ。

46 曲線の長さと道のり

例題 85 曲線の長さ

次の曲線の長さ L を求めよ。

(1) $x=2\cos t$, $y=2\sin t$ $(0 \leqq t \leqq \pi)$

(2) $y=2x\sqrt{x}$ $(0 \leqq x \leqq 1)$

 (1) $\dfrac{dx}{dt}=-2\sin t$, $\dfrac{dy}{dt}=2\cos t$ であるから,

求める曲線の長さ L は

$$L=\int_0^{\pi}\sqrt{(-2\sin t)^2+(2\cos t)^2}\,dt$$

$$=\int_0^{\pi}\sqrt{4(\sin^2 t+\cos^2 t)}\,dt$$

$$=2\int_0^{\pi}dt=\Big[2t\Big]_0^{\pi}=\boldsymbol{2\pi}$$

(2) $\dfrac{dy}{dx}=(2x^{\frac{3}{2}})'=3\sqrt{x}$ であるから,

求める曲線の長さ L は

$$L=\int_0^1\sqrt{1+\left(\frac{dy}{dx}\right)^2}\,dx=\int_0^1\sqrt{1+9x}\,dx$$

$$=\left[\frac{1}{9}\cdot\frac{2}{3}(1+9x)\sqrt{1+9x}\right]_0^1=\boldsymbol{\frac{2(10\sqrt{10}-1)}{27}}$$

▶曲線の長さ

① $a \leqq t \leqq b$ において，曲線 $x=f(t)$, $y=g(t)$ の長さ L は

$$L=\int_a^b\sqrt{\left(\frac{dx}{dt}\right)^2+\left(\frac{dy}{dt}\right)^2}\,dt$$

② $a \leqq x \leqq b$ において，曲線 $y=f(x)$ の長さ L は

$$L=\int_a^b\sqrt{1+\left(\frac{dy}{dx}\right)^2}\,dx$$

例題 86 直線上の点の運動と道のり

速度 $v(t)=8-2t$ で数直線上を運動する点Pが，$t=0$ から $t=6$ までに動く道のり l を求めよ。

 $0 \leqq t \leqq 4$ のとき $|v(t)|=8-2t$

$4 \leqq t \leqq 6$ のとき $|v(t)|=-(8-2t)=2t-8$

よって，求める道のり l は

$$l=\int_0^6|v(t)|\,dt=\int_0^4(8-2t)\,dt+\int_4^6(2t-8)\,dt$$

$$=\Big[8t-t^2\Big]_0^4+\Big[t^2-8t\Big]_4^6=\boldsymbol{20}$$

▶直線上の点の運動と道のり

速度 $v(t)$ で直線上を運動する点Pが，時刻 t_1 から t_2 までに動く道のり l は

$$l=\int_{t_1}^{t_2}|v(t)|\,dt$$

例題 87 平面上の点の運動と道のり

平面上を運動する点P$(x,\ y)$の座標が，時刻 t の関数として，$x=\cos 2t$, $y=\sin 2t$ と表されているとき，点Pが $t=0$ から $t=\pi$ までに動く道のり l を求めよ。

 $\dfrac{dx}{dt}=-2\sin 2t$, $\dfrac{dy}{dt}=2\cos 2t$ であるから,

求める道のり l は

$$l=\int_0^{\pi}\sqrt{(-2\sin 2t)^2+(2\cos 2t)^2}\,dt$$

$$=\int_0^{\pi}\sqrt{4(\sin^2 2t+\cos^2 2t)}\,dt=2\int_0^{\pi}dt=2\Big[t\Big]_0^{\pi}=\boldsymbol{2\pi}$$

▶平面上の点の運動と道のり

平面上を運動する点P$(x,\ y)$の座標が $x=f(t)$, $y=g(t)$ (t は時刻) であるとき，点Pが時刻 t_1 から t_2 までに動く道のり l は

$$l=\int_{t_1}^{t_2}\sqrt{\left(\frac{dx}{dt}\right)^2+\left(\frac{dy}{dt}\right)^2}\,dt$$

197 次の曲線の長さ L を求めよ。

(1) $x=1+\cos t,\ y=2-\sin t\quad (0 \leqq t \leqq \pi)$

(2) $y=x\sqrt{x}\quad \left(0 \leqq x \leqq \dfrac{4}{3}\right)$

198 速度 $v(t)=9-3t$ で数直線上を運動する点Pが，$t=0$ から $t=4$ までに動く道のり l を求めよ。

199 次の曲線の長さ L を求めよ。

(1) $x=t^2,\ y=\dfrac{2}{3}t^3\quad (0 \leqq t \leqq \sqrt{3})$

(2) $y=\sqrt{16-x^2}\quad (0 \leqq x \leqq 2)$

200 平面上を運動する点P$(x,\ y)$の座標が，時刻 t の関数として，$x=1-\cos \pi t,\ y=\sin \pi t$ と表されているとき，点Pが $t=0$ から $t=2$ までに動く道のり l を求めよ。

JUMP 46 次の問いに答えよ。

(1) 不定積分 $\displaystyle\int \frac{1}{\cos x}dx$ を求めよ。

(2) 曲線 $y=\log(\cos x)\ \left(0 \leqq x \leqq \dfrac{\pi}{6}\right)$ の長さ L を求めよ。

まとめの問題　積分法③

1　次の曲線や直線で囲まれた図形の面積 S を求めよ。

(1)　曲線 $y=\dfrac{1}{x}$，x 軸，2 直線 $x=1$，$x=2$

(2)　曲線 $y=\log x$，x 軸，直線 $x=\dfrac{1}{2}$

(3)　曲線 $y=\sin 2x$ $(0\leqq x\leqq \pi)$ と x 軸

2　$-\pi\leqq x\leqq \pi$ において，2 曲線 $y=-\sin x$，$y=\cos x$ で囲まれた図形の面積 S を求めよ。

3　図のような底面が 1 辺の長さ 4 の正三角形で，高さが 9 の三角錐の体積 V を定積分を用いて求めよ。

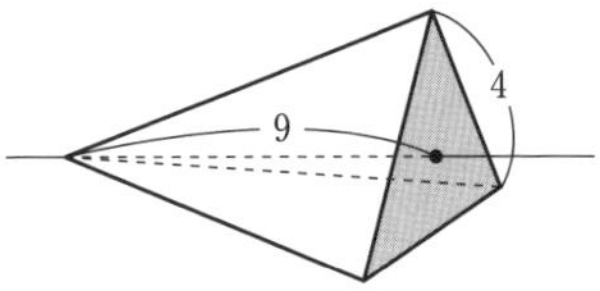

9

4

4 曲線 $y=1-x^2$ と x 軸で囲まれた図形を x 軸のまわりに1回転してできる回転体の体積 V を求めよ。

5 2曲線 $y=x^2$，$y=\sqrt{x}$ で囲まれた図形を x 軸のまわりに1回転してできる回転体の体積 V を求めよ。

6 曲線 $y=\log x$，x 軸，y 軸，直線 $y=1$ で囲まれた図形を y 軸のまわりに1回転してできる回転体の体積 V を求めよ。

7 次の曲線の長さ L を求めよ。

(1) $x=3t^2$，$y=3t-t^3$ $(0 \leqq t \leqq \sqrt{3})$

(2) $y=e^{\frac{x}{2}}+e^{-\frac{x}{2}}$ $(0 \leqq x \leqq 1)$

こたえ

▶第1章◀ 関数と極限

1 (1) $\dfrac{3}{x-1}$ (2) $x-1$

2 $\dfrac{1}{x-3}$

3 (1) 1 (2) $\dfrac{x}{(x+1)(x+4)}$

4 (1) $\dfrac{7}{x+2}$ (2) $\dfrac{x+1}{(x+3)(x+2)}$

(3) $\dfrac{2}{(x+3)(x-1)}$

5 (1) $\dfrac{1}{2}$ (2) $\dfrac{(2x-1)(x-4)}{(x-3)(x-1)}$

6 (1) $\dfrac{x^2}{x-1}$ (2) $\dfrac{1}{x-4}$

JUMP 1 1

7 (1)

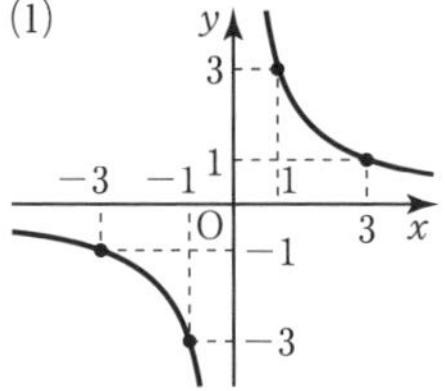

定義域は $x \neq 0$
値域は $y \neq 0$

(2)

定義域は $x \neq 0$
値域は $y \neq 0$

8

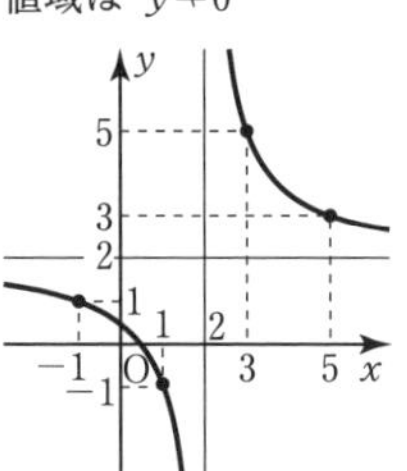

定義域は $x \neq 2$
値域は $y \neq 2$

9 (1)

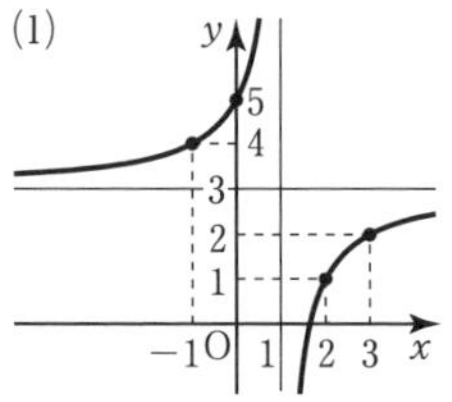

定義域は $x \neq 1$
値域は $y \neq 3$

(2)

定義域は $x \neq 2$
値域は $y \neq 1$

(3)

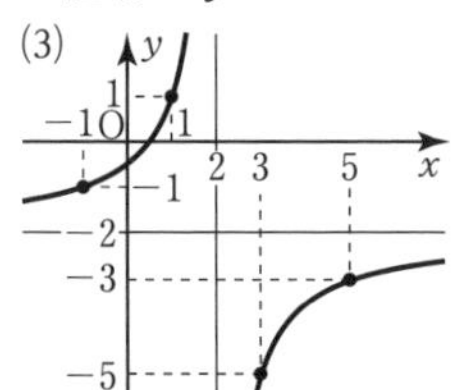

定義域は $x \neq 2$
値域は $y \neq -2$

10 (1)

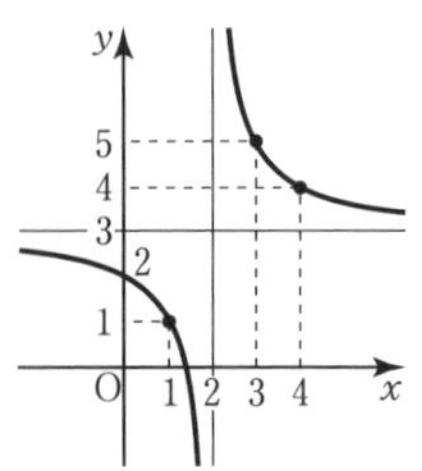

(2) $(1,\ 1)$, $(3,\ 5)$
(3) $x<1$, $2<x<3$

JUMP 2 $k \leqq -3$, $k \geqq 1$

11 (1)

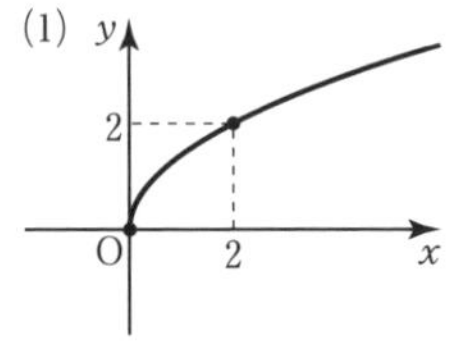

定義域は $x \geqq 0$
値域は $y \geqq 0$

(2)

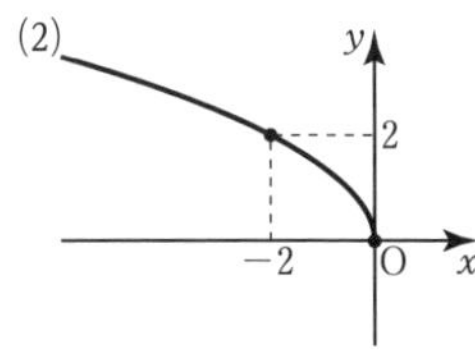

定義域は $x \leqq 0$
値域は $y \geqq 0$

(3)

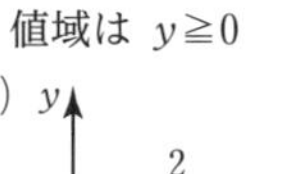
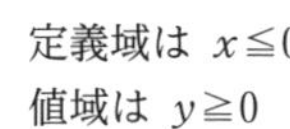

定義域は $x \geqq 0$
値域は $y \leqq 0$

12 (1)

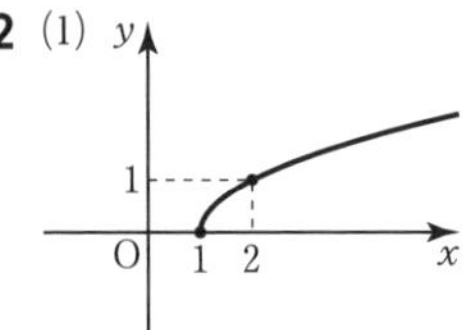

定義域は $x \geqq 1$
値域は $y \geqq 0$

(2)

定義域は $x \leqq -3$
値域は $y \geqq 0$

13 (1)

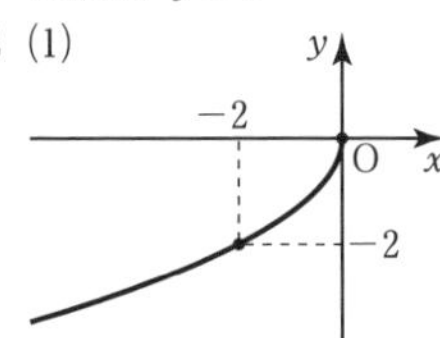

定義域は $x \leqq 0$
値域は $y \leqq 0$

(2)

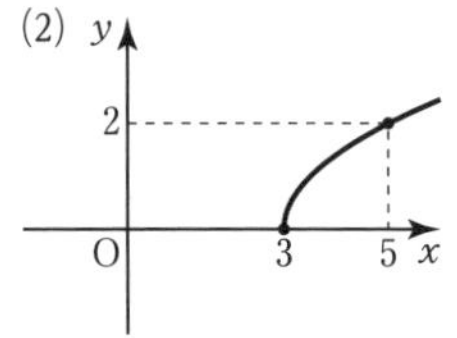

定義域は $x \geqq 3$
値域は $y \geqq 0$

(3)

定義域は $x \geqq -2$
値域は $y \geqq 0$

(4)

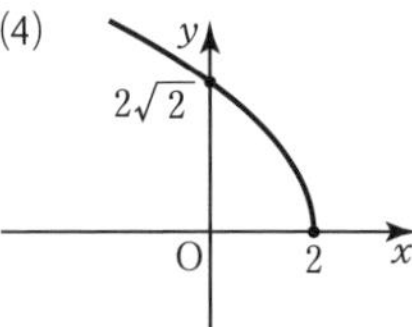

定義域は $x \leqq 2$
値域は $y \geqq 0$

14 (1)

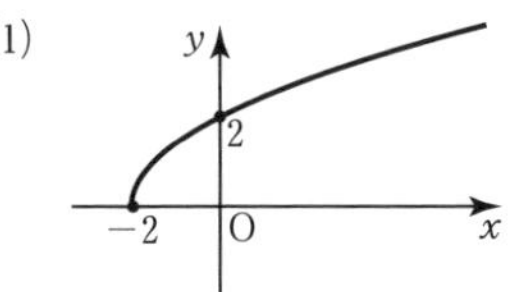

(2) $(6,\ 4)$
(3) $-2 \leqq x < 6$

JUMP 3 $k=\dfrac{5}{4}$, $k<1$

15 (1) $y=-3x+6$ (2) $y=\sqrt{x+4}$

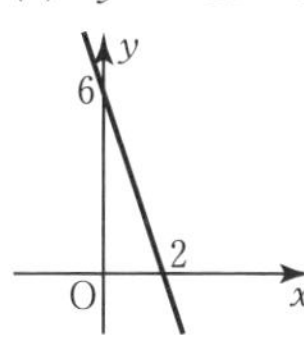

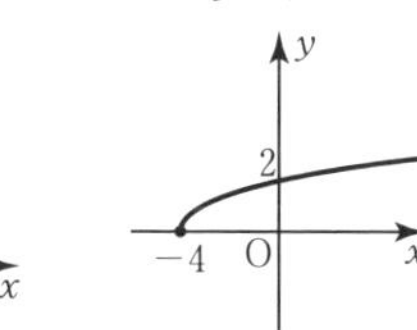

16 (1) x^2+4x+3 (2) x^2+1

17 (1) $y=\frac{1}{x}-1$ $(x>0)$ (2) $y=x^2+2$ $(x\geqq 0)$

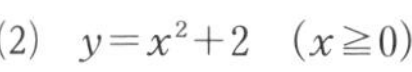

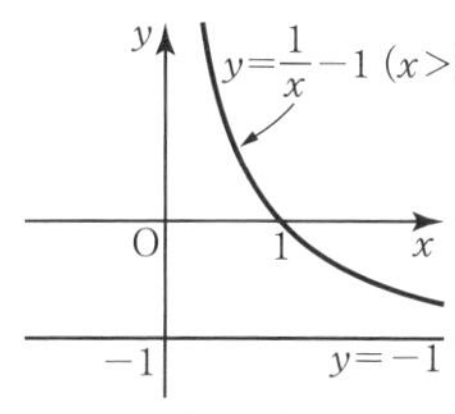

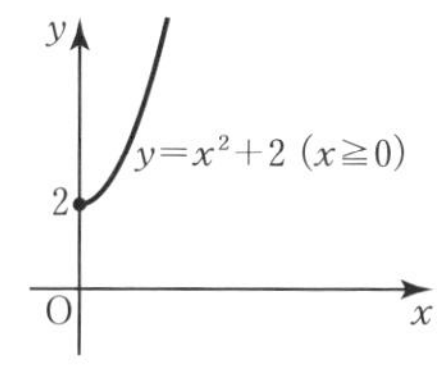

18 (1) $\sin(x-2)$ (2) $\sin x-2$

19 (1) $y=\log_{\frac{1}{3}}x$ (2) $y=2^x$

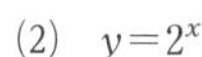

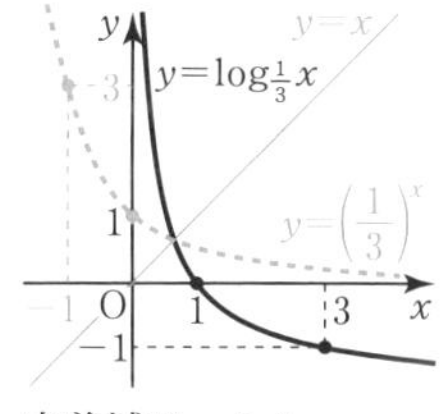

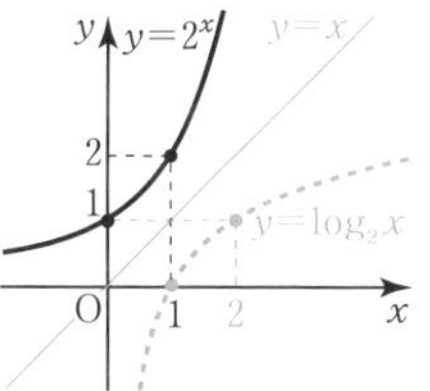

定義域は $x>0$
値域はすべての実数

定義域はすべての実数
値域は $y>0$

20 (1) 4^x (2) 2^{x+1}

JUMP 4 $a=-3$, $b=15$

まとめの問題 関数と極限①

1 (1)

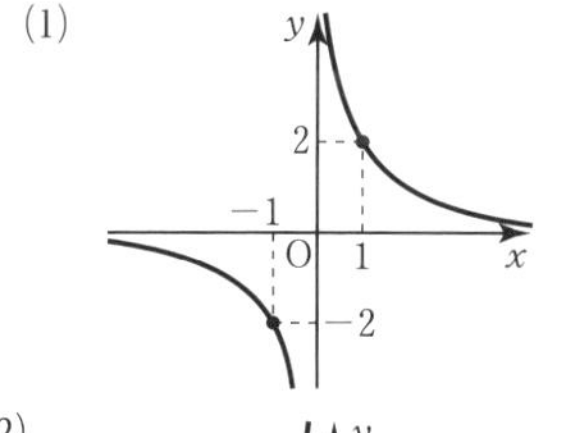

定義域は $x\neq 0$
値域は $y\neq 0$

(2)

定義域は $x\neq 0$
値域は $y\neq 1$

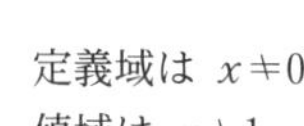

(3)

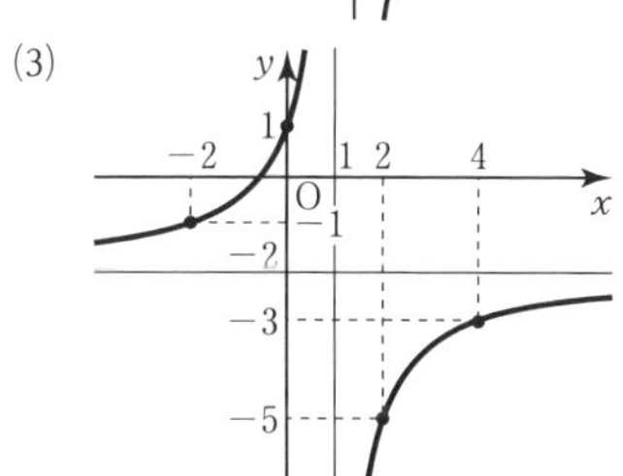

定義域は $x\neq 1$
値域は $y\neq -2$

2 (1)

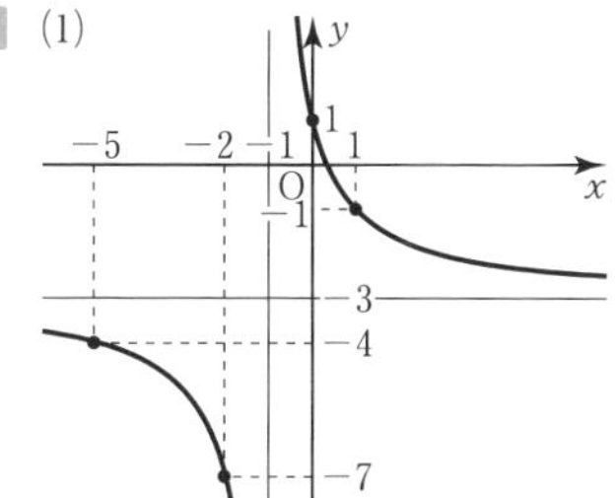

(2) $-3<x<-1$, $1<x$

3 (1)

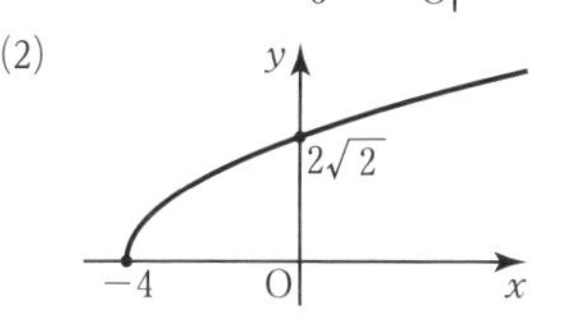

定義域は $x\leqq 0$
値域は $y\geqq 0$

(2)

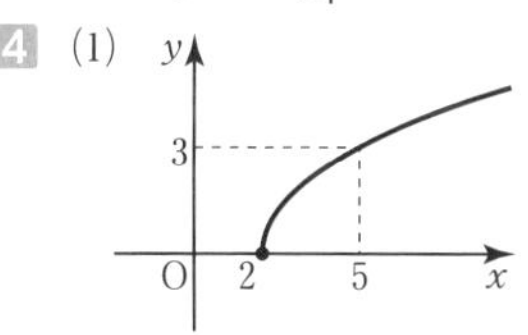

定義域は $x\geqq -4$
値域は $y\geqq 0$

4 (1) (2) $x>5$

5 (1) $y=\sqrt{x+9}$ (2) $y=4^x$

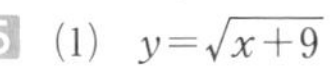

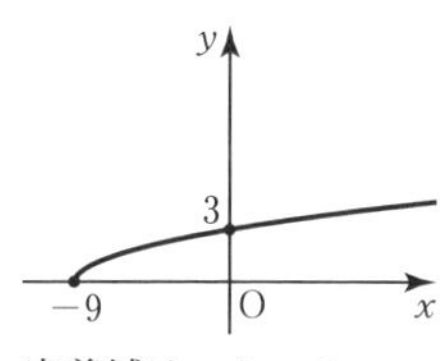

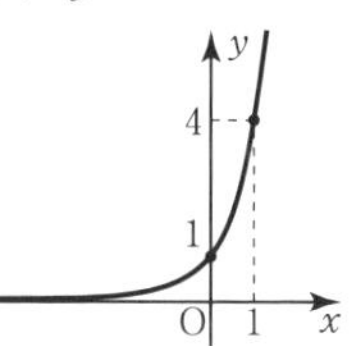

定義域は $x\geqq -9$
値域は $y\geqq 0$

定義域はすべての実数
値域は $y>0$

(3) $y=\log_3 x$

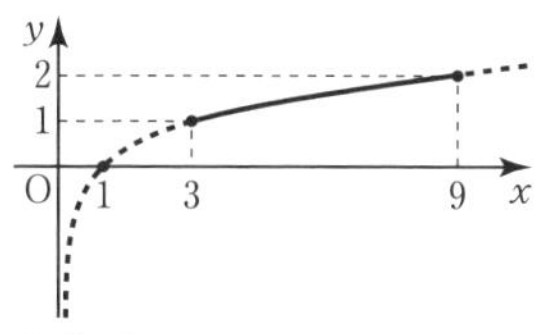

定義域は $3\leqq x\leqq 9$
値域は $1\leqq y\leqq 2$

6 (1) x (2) x

21 (1) 3 (2) 1

22

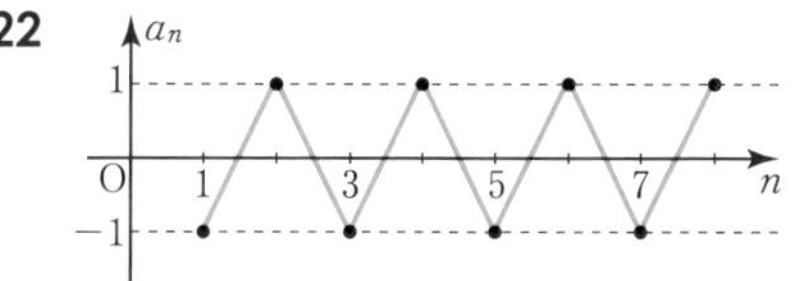

振動する

23 (1) $-\infty$ (2) -2 (3) 5
(4) -3 (5) 0 (6) $-\infty$

24 (1) 0 (2) 振動する (3) ∞
(4) 振動する (5) 0

JUMP 5 ∞ に発散する

25 (1) 2 (2) 0 (3) 0

26 (1) -1 (2) -1

27 (1) $-\frac{1}{2}$ (2) 1 (3) ∞ (4) 0

28 (1) ∞　(2) $-\frac{2}{3}$　(3) $-\frac{3}{2}$

29 (1) 0　(2) 0

JUMP 6　$\frac{1}{3}$

30 (1) 0　(2) ∞　(3) 振動する

31 (1) 0　(2) 3

32 (1) ∞ に発散する　(2) 0 に収束する

33 (1) 0　(2) 0

34 (1) 1　(2) 1

35 (1) 3　(2) -5　(3) ∞

36 (1) 0　(2) $\frac{1}{2}$　(3) r

JUMP 7　$a_n=-3\cdot\left(\frac{1}{2}\right)^{n-1}+6$, 6 に収束する

37 $\frac{1}{3}$　**38** 収束し，和は 3　**39** 1

40 (1) 収束し，和は $\frac{2}{3}$　(2) 発散する

(3) 収束し，和は $\frac{9-3\sqrt{3}}{2}$

41 発散する　**42** $0<x<2$，和は $\frac{3}{x}$

JUMP 8　$\frac{9}{7}$

43 $\frac{1}{6}$　**44** 略

45 (1) $\frac{10}{3}$　(2) $\frac{42}{5}$

46 略

47 (1) $\frac{1}{4}$　(2) $\frac{1}{3}$

JUMP 9　(1) 0　(2) $\sqrt{n+1}-1$　(3) 発散する

まとめの問題　関数と極限②

1 (1) 0　(2) 振動する

2 (1) 2　(2) 0　(3) ∞

(4) $\frac{1}{4}$　(5) 0　(6) ∞　(7) $\frac{1}{4}$

3 (1) $\frac{1}{4}$　(2) $\frac{1}{3}$

4 (1) 1 に収束する　(2) 発散する

5 (1) $\frac{2}{3}$　(2) $\frac{23}{28}$

48 (1) 3　(2) $-\frac{2}{15}$　(3) 7　(4) $\frac{1}{6}$

49 (1) 3　(2) $-\frac{2}{5}$　(3) 1　(4) $\frac{1}{2}$

50 (1) 6　(2) $-\frac{1}{2}$　(3) 6　(4) $\frac{1}{2}$

JUMP 10　$a=1$, $b=-2$

51 (1) ∞　(2) ∞　(3) 0　(4) 3

52 (1) $-\infty$　(2) 0　(3) $-\frac{1}{2}$　(4) ∞

(5) $-\infty$

53 (1) $-\infty$　(2) 0

54 $\frac{3}{2}$

JUMP 11　$-\frac{2}{3}$

55 (1) 0　(2) ∞　(3) 0

56 (1) 3　(2) $\frac{5}{2}$

57 (1) ∞　(2) $-\infty$　(3) 1

58 (1) 1　(2) 4

59 1

60 (1) $\frac{1}{2}$　(2) 2

JUMP 12　(1) 1　(2) 0

61 (1) $x=1$ で連続である

(2) $x=0$ で連続でない　(3) $x=0$ で連続でない

62 (1) 区間 $(-\infty,\ \infty)$　(2) 区間 $(0,\ \infty)$

63 (1) 略　(2) 略

JUMP 13　略

まとめの問題　関数と極限③

1 (1) 3　(2) $\frac{4}{3}$　(3) 3　(4) $\frac{1}{4}$　(5) 12

2 (1) ∞　(2) 0　(3) 5　(4) ∞　(5) 0

3 (1) 0　(2) ∞　(3) $\frac{2}{3}$　(4) 1　(5) $\frac{1}{2}$

4 (1) $x=-1$ で連続である

(2) $x=\frac{\pi}{2}$ で連続でない

5 略

▶第2章◀　微分法

64 (1) $a+b$　(2) $4+h$

65 $f'(x)=2x$

66 (1) $y'=3x^2+5$　(2) $y'=x^2+x+1$

67 (1) 7　(2) 4

68 $\frac{1}{2\sqrt{3}}$　**69** $f'(x)=-\frac{1}{x^3}$

70 (1) $\frac{1}{2\sqrt{2}}$　(2) $-\frac{1}{9}$

71 (1) $f'(x)=\frac{1}{\sqrt{x}}$　(2) $\frac{1}{\sqrt{3}}$

JUMP 15　略

72 (1) $y'=9x^2-2x+3$

(2) $y'=-\frac{1}{(x+2)^2}$　(3) $y'=\frac{x^2-2x-3}{(x-1)^2}$

73 $y'=-\frac{6}{x^4}$

74 (1) $y'=3x^2-10x+3$

(2) $y'=\frac{2}{(3x+2)^2}$　(3) $y'=-\frac{2x+1}{(x^2+x+1)^2}$

75 (1) $y'=\frac{2}{x^5}$　(2) $y'=2+\frac{3}{x^2}-\frac{8}{x^3}$

76 (1) $y'=\frac{2(x^2+7x-1)}{(x^2+1)^2}$　(2) $y'=8x-1+\frac{5}{x^2}$

(3) $y'=-\frac{5}{6x^2}-\frac{7}{3x^3}+\frac{4}{x^4}$　(4) $y'=1+\frac{1}{x^2}$

JUMP 16　$y'=\frac{4}{x^5}$

77 (1) $y'=30x^2(2x^3-3)^4$　(2) $y'=-\frac{3}{\sqrt{x^5}}$

78 (1) $y'=6(2x+1)^2$　(2) $y'=-18x(4-3x^2)^2$

(3) $y'=-\frac{8}{(4x+3)^3}$　(4) $y'=\frac{3(x^2+2)^2(x^2-2)}{8x^4}$

79 $\dfrac{dy}{dx}=\dfrac{1}{6\sqrt[6]{x^5}}$

80 (1) $y'=\dfrac{1}{10\sqrt[10]{x^9}}$　(2) $y'=-\dfrac{2}{3\sqrt[3]{x^5}}$

(3) $y'=\dfrac{2}{\sqrt[3]{3x+1}}$

JUMP 17 $y'=-\dfrac{18x}{5\sqrt[5]{(3x^2+2)^8}}$

まとめの問題　微分法①

1 (1) $y'=6x^2+2x-2$　(2) $y'=-\dfrac{2}{(2x+3)^2}$

(3) $y'=\dfrac{3}{4}+\dfrac{1}{x^3}$　(4) $y'=\dfrac{4x(x^4-6x^2+7)}{(x^2-3)^2}$

2 (1) $y'=24x(3x^2-1)^3$　(2) $y'=-\dfrac{1}{\sqrt{5-2x}}$

(3) $y'=-\dfrac{8x}{(x^2+1)^3}$　(4) $y'=\dfrac{4(x+1)}{3\sqrt[3]{x^2+2x+3}}$

(5) $y'=\dfrac{3}{2}\sqrt{x+4}$

3 (1) $y'=(2x+1)(3x+2)^2(30x+17)$

(2) $y'=\dfrac{x(5x+12)}{2\sqrt{x+3}}$　(3) $y'=\dfrac{1}{7\sqrt[7]{x^6}}$

(4) $y'=\dfrac{2x-11}{2(2x-1)^2\sqrt{3-x}}$　(5) $y'=\dfrac{x}{(4-x^2)\sqrt{4-x^2}}$

4 (1) $f'(x)=-\dfrac{1}{(x-2)^2}$　(2) $-\dfrac{1}{9}$

81 (1) $y'=5\cos 5x$　(2) $y'=\dfrac{3}{\cos^2 3x}$

(3) $y'=4\sin^3 x\cos x$

82 (1) $y'=\cos x-x\sin x$　(2) $y'=\dfrac{\sin x}{\cos^2 x}$

83 (1) $y'=2\cos x-3\sin x$

(2) $y'=2\cos\left(2x-\dfrac{\pi}{3}\right)$　(3) $y'=\dfrac{3\tan^2 x}{\cos^2 x}$

84 (1) $y'=2x\cos x-x^2\sin x$

(2) $y'=\dfrac{x\cos x-\sin x}{x^2}$

85 (1) $y'=-12\cos 3x\sin 3x$

(2) $y'=\dfrac{\cos 2x}{\sqrt{\sin 2x}}$　(3) $y'=\cos^2 x-\sin^2 x$

(4) $y'=2\sin x\cos^4 x-3\sin^3 x\cos^2 x$

(5) $y'=-\dfrac{\sin^2 x+2\cos^2 x}{\sin^3 x}$

JUMP 18 $y'=6\sin 3x\cos 3x\cos^3 2x$
$\quad -6\sin^2 3x\cos^2 2x\sin 2x$

86 (1) $y'=\dfrac{2}{2x+1}$　(2) $y'=\dfrac{4(\log x)^3}{x}$

(3) $y'=\dfrac{2x}{(x^2+1)\log 2}$

87 (1) $y'=\dfrac{1}{x-2}$　(2) $y'=\dfrac{2}{(2x+3)\log 3}$

88 (1) $y'=x^2(3\log x+1)$　(2) $y'=\dfrac{2}{\sin 2x\cos 2x}$

89 $y'=\dfrac{x^2(x-3)}{(x-1)^3}$

JUMP 19 $y'=x^{\sin x}\left\{(\cos x)\log x+\dfrac{\sin x}{x}\right\}$

90 (1) $y'=2e^{2x+3}$　(2) $y'=7^x\log 7$

(3) $y'=(2x+1)e^{2x}$

91 (1) $y'=2(3x+1)e^{3x^2+2x+1}$　(2) $y'=2\cdot 3^{2x+1}\log 3$

(3) $y'=(3-2x)x^2e^{-2x}$　(4) $y'=5^x(x\log 5+1)$

(5) $y'=\dfrac{(x-2)e^x}{x^3}$

92 (1) $y\neq 0$ のとき $\dfrac{dy}{dx}=-\dfrac{2x}{3y}$

(2) $y\neq 0$ のとき $\dfrac{dy}{dx}=\dfrac{9x}{4y}$

JUMP 20 (1) $y'=e^{\sin x}\cos x$

(2) $y'=e^{-2x}(-2\sin 3x+3\cos 3x)$

(3) $y'=e^x\left(\log x+\dfrac{1}{x}\right)$

93 $\dfrac{dy}{dx}=-3t+4$

94 (1) $y''=-6$　(2) $y''=(x^2+4x+2)e^x$

95 $\dfrac{dy}{dx}=-\dfrac{\cos\theta}{3\sin\theta}$

96 (1) $y''=e^{x+1}$　(2) $y''=-4\sin 2x$

(3) $y''=4(x+1)e^{2x}$

97 $\dfrac{dy}{dx}=-2\tan\theta$，$\theta=\dfrac{\pi}{3}$ のとき $-2\sqrt{3}$

98 (1) $y^{(n)}=5^ne^{5x}$　(2) $y^{(n)}=(3\log 2)^n 2^{3x}$

JUMP 21 $y''=\dfrac{x}{(x^2+1)\sqrt{x^2+1}}$

まとめの問題　微分法②

1 (1) $y'=2\cos x+2\cos 2x$

(2) $y'=2\sin x\cos x-2\cos x$　(3) $y'=-x\sin x$

(4) $y'=-\dfrac{3\cos 3x}{\sin^2 3x}$　(5) $y'=\dfrac{2\sin x}{\cos^3 x}$

2 (1) $y'=\dfrac{2}{2x+3}$　(2) $y'=\log 2x+1$

(3) $y'=\dfrac{5}{(5x+3)\log 3}$　(4) $y'=\dfrac{2}{2x-3}$

(5) $y'=\dfrac{2x}{(x^2-3)\log 10}$

3 (1) $y'=3e^{3x+5}$　(2) $y'=x^2(2x+3)e^{2x}$

(3) $y'=3^x(1+x\log 3)$

4 $y\neq 0$ のとき $\dfrac{dy}{dx}=\dfrac{3x}{2y}$　**5** $\dfrac{dy}{dx}=-\dfrac{\cos 2t}{\sin t}$

6 (1) $y''=2e^x\cos x$　(2) $y''=2\log x+3$

▶第3章◀　微分法の応用

99 $y=-2x-1$　**100** 極大値 4，極小値 0

101 最大値 21，最小値 1　**102** $y=-x+2$

103 (1) $y=\dfrac{1}{4}x+1$　(2) $y=2x-\dfrac{3}{2}\pi$

104 $y=-2x+\dfrac{2}{3}\pi+\dfrac{\sqrt{3}}{2}$

105 $y=-4x+4$，$y=-4x-4$　**106** $y=e^2x$

JUMP 23 $a=\sqrt{2}$

107 $y=-x+3$

108 (1) $y=3x+10$　(2) $y=\sqrt{3}x-\sqrt{3}$

(3) $y=x+2$

109 $\sqrt{13}$　**110** $\dfrac{1}{\log 2}$

JUMP 24 略

111 $x=1$ で極小値 1　**112** $x=0$ で極大値 2

113 $x=-1$ で極大値 0，$x=1$ で極小値 4

114 $x=2$ で極小値 $-e^2$

115 (1) $-2\leqq x\leqq 2$　(2) $y'=\dfrac{\sqrt{4-x^2}-x}{\sqrt{4-x^2}}$　(3) $\sqrt{2}$

(4)

x	-2	$\cdots$	$\sqrt{2}$	$\cdots$	2
y'	／	$+$	0	$-$	／
y	-2	↗	$2\sqrt{2}$	↘	2

(5) $x=\sqrt{2}$ で極大値 $2\sqrt{2}$

116 $x=0$ で極小値 1

JUMP 25 (1) $x=\dfrac{\pi}{3}$ で極大値 $\dfrac{3\sqrt{3}}{2}$，

$x=\dfrac{5}{3}\pi$ で極小値 $-\dfrac{3\sqrt{3}}{2}$

(2) $x=\dfrac{3}{2}$ で極小値 0

117 増減表略

$x=\dfrac{\pi}{3}$ で

極小値 $\dfrac{\pi}{3}-\sqrt{3}$

$x=\dfrac{5}{3}\pi$ で

極大値 $\dfrac{5}{3}\pi+\sqrt{3}$

変曲点は $(\pi,\ \pi)$

118 増減表略

$x=0$ で極大値 1

変曲点は

$\left(\dfrac{1}{\sqrt{6}},\ \dfrac{1}{\sqrt{e}}\right)$，

$\left(-\dfrac{1}{\sqrt{6}},\ \dfrac{1}{\sqrt{e}}\right)$

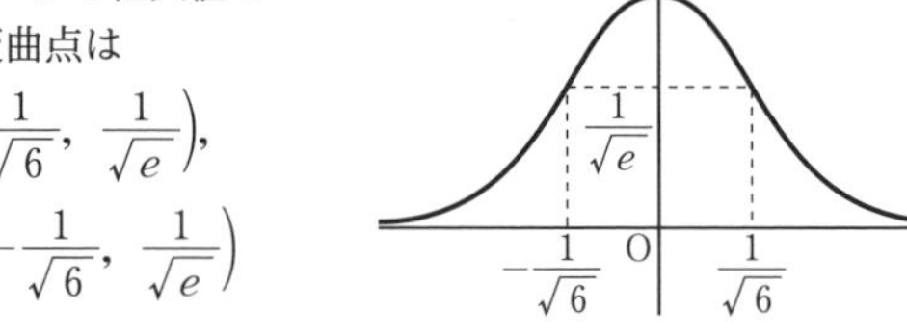

119 増減表略

$x=-\dfrac{3}{2}$ で

極小値 $-\dfrac{2}{e\sqrt{e}}$

変曲点は

$\left(-\dfrac{5}{2},\ -\dfrac{4}{e^2\sqrt{e}}\right)$

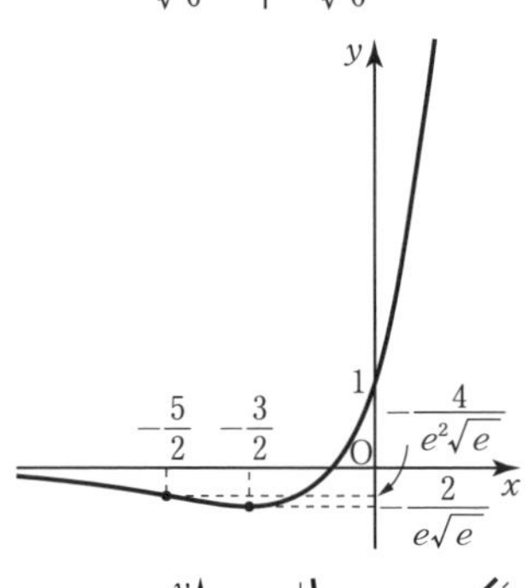

JUMP 26

増減表略

$x=1$ で極大値 0

$x=3$ で極小値 4

変曲点はない

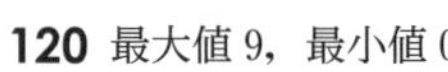

120 最大値 9，最小値 0

121 最大値 $\sqrt{2}$，最小値 $-\dfrac{2\sqrt{3}}{9}$

122 最大値 -1，最小値 $-2\pi-1$

123 最大値 1，最小値 0

124 最大値 e^2-2e，最小値 -1

JUMP 27　4

125 略

126 $k\leqq 0$，$1<k$ のとき 0 個

$k=1$ のとき 1 個

$0<k<1$ のとき 2 個

127 略

128 $-2<k<2$ のとき 0 個

$k=\pm 2$ のとき 1 個

$k<-2$，$2<k$ のとき 2 個

JUMP 28　$k<3$ のとき 1 個

$k=3$ のとき 2 個

$3<k$ のとき 3 個

129 $x=3$，$v=4$，$\alpha=8$　**130** 10.004

131 速度 $\vec{v}=(e^t-e^{-t},\ e^t+e^{-t})$

速さ $|\vec{v}|=\sqrt{2(e^{2t}+e^{-2t})}$

加速度 $\vec{\alpha}=(e^t+e^{-t},\ e^t-e^{-t})$

加速度の大きさ $|\vec{\alpha}|=\sqrt{2(e^{2t}+e^{-2t})}$

132 $\dfrac{\sqrt{3}}{3}+\dfrac{\pi}{135}$

JUMP 29　5.04

まとめの問題　微分法の応用

1 (1) $y=\dfrac{1}{4}x+2$　(2) $y=-6x+33$

2 $x=1$ で極小値 -1

3 増減表略

$x=\dfrac{\pi}{3}$ で

極大値 $\dfrac{\pi}{3}+\dfrac{\sqrt{3}}{2}$

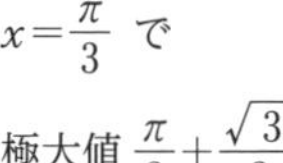

$x=\dfrac{2}{3}\pi$ で

極小値 $\dfrac{2}{3}\pi-\dfrac{\sqrt{3}}{2}$

変曲点は $\left(\dfrac{\pi}{2},\ \dfrac{\pi}{2}\right)$

4 最小値 -2，最大値 2　**5** 略

6 $k<-\dfrac{1}{e}$ のとき 0 個

$k=-\dfrac{1}{e}$，$k\geqq 0$ のとき 1 個

$-\dfrac{1}{e}<k<0$ のとき 2 個

7 速度 $\vec{v}=\left(-3\pi\sin\dfrac{3}{2}\pi t,\ 3\pi\cos\dfrac{3}{2}\pi t\right)$，速さ $|\vec{v}|=3\pi$

加速度 $\vec{\alpha}=\left(-\dfrac{9}{2}\pi^2\cos\dfrac{3}{2}\pi t,\ -\dfrac{9}{2}\pi^2\sin\dfrac{3}{2}\pi t\right)$

加速度の大きさ $|\vec{\alpha}|=\dfrac{9}{2}\pi^2$

▶第4章◀　積分法

（注）不定積分では，C は積分定数を表すものとする。

133 (1) $\dfrac{1}{3}x^3-x^2+4x+C$　(2) $\dfrac{2}{3}x^3-\dfrac{1}{2}x^2-6x+C$

134 (1) -3　(2) $-\dfrac{9}{2}$

135 $\dfrac{11}{3}$　**136** $\dfrac{9}{2}$

137 (1) $-\dfrac{1}{4x^4}+C$　(2) $\dfrac{4}{7}x\sqrt[4]{x^3}+C$

(3) $\frac{1}{4}x^4+\log|x|+C$ (4) $4\log|t|+\frac{1}{t}+C$

138 (1) $-\frac{1}{5x^5}+C$ (2) $\frac{3}{2}\sqrt[3]{x^2}+C$

(3) $2x-3\log|x|-\frac{1}{x}+C$ (4) $\frac{2}{3}t\sqrt{t}-2\sqrt{t}+C$

139 (1) $\frac{3}{8}x^2\sqrt[3]{x^2}+C$ (2) $\frac{1}{2}x^2+x-\log|x|-\frac{3}{x}+C$

(3) $4x-8\sqrt{x}+\log x+C$

(4) $\frac{4}{3}y^3-\frac{8}{3}y\sqrt{y}+\log y+C$

JUMP 31 $x-\frac{1}{3}x^3-\frac{4}{3}x\sqrt{x}-\log x+C$

140 (1) $\sin x-\cos x+C$

(2) $-3\cos x-4\sin x+C$ (3) $3\tan x+C$

141 (1) $\frac{7^x}{\log 7}+C$ (2) $e^x+\frac{3^x}{\log 3}+C$

(3) $5e^x-\frac{3}{\log 2}2^x+C$

142 (1) $-3\cos x+2\sin x+C$

(2) $\sin x+2\tan x+C$ (3) $-\cos x-\tan x+C$

(4) $2e^x+\frac{1}{\log\frac{3}{2}}\left(\frac{3}{2}\right)^x+C$ (5) $\frac{2}{\log 2}4^x+C$

143 (1) $4\sin x+\cos x+C$ (2) $\tan x+C$

(3) 3^x+C (4) e^x+x+C

(5) $2e^{x-2}+\frac{2}{\log 5}5^x+C$

JUMP 32 $\frac{3}{2}\tan x-x+C$

144 $\frac{1}{12}(2x-3)^6+C$ **145** $\frac{2}{3}\sqrt{x+1}(x-2)+C$

146 (1) $\frac{1}{4}\log|4x+3|+C$ (2) $-\frac{1}{2}\cos(2x-5)+C$

147 (1) $\frac{1}{30}(x-2)^5(5x+2)+C$

(2) $\frac{2}{15}(x-1)(3x+2)\sqrt{x-1}+C$

148 (1) $-\frac{1}{14(7x+3)^2}+C$

(2) $-\frac{2}{3}\tan(-3x+4)+C$

(3) $\log|x+3|+\frac{3}{x+3}+C$

(4) $-\frac{1}{3}(x+1)\sqrt{1-2x}+C$

JUMP 33 $\frac{3}{5}\sqrt[3]{(x+1)^2}(x+6)+C$

149 (1) $\frac{1}{5}\sin^5 x+C$ (2) $\frac{1}{3}(x^3+2x)^3+C$

150 (1) $\log|x^3+x^2|+C$ (2) $\log(e^x+3)+C$

151 (1) $\frac{1}{3}(x^3+2x^2+1)^3+C$ (2) $-\cos^6 x+C$

(3) $\frac{1}{3}(e^x+1)^3+C$ (4) $\log|x^3-x^2-2x|+C$

152 (1) $\frac{1}{3}\tan^3 x+C$ (2) $\frac{2}{3}(x^2+x)\sqrt{x^2+x}+C$

(3) $\frac{1}{2}\{\log(x+1)\}^2+C$ (4) $-\log(1-\sin x)+C$

JUMP 34 $\log x+\log|\log x|+C$

153 (1) $-2x\cos x+2\sin x+C$

(2) $x(2x+1)\log x-x^2-x+C$

154 (1) $(5x-4)e^x+C$

(2) $(2x+1)\sin x+2\cos x+C$

(3) $\frac{1}{3}x^3\log x-\frac{1}{9}x^3+C$

155 (1) $xe^{2x}+C$ (2) $(x+2)\tan x+\log|\cos x|+C$

(3) $x\log 2x-x+C$

JUMP 35 $(x+2)\log(x+2)-x+C$

156 $x^2+x+3\log|x-1|+C$ **157** $\frac{1}{2}x-\frac{1}{8}\sin 4x+C$

158 (1) $2x-3\log|x+1|+C$ (2) $\log\left|\frac{x+1}{x+2}\right|+C$

159 (1) $\frac{1}{2}x+\frac{1}{4}\sin 2x-\frac{1}{4}\cos 2x+C$

(2) $-\frac{1}{12}\cos 6x-\frac{1}{8}\cos 4x+C$

160 (1) $\frac{1}{2}x^2+5x+14\log|x-2|+C$

(2) $\frac{1}{2}\log\left|\frac{x}{x+2}\right|+C$

(3) $x+\frac{1}{8}\sin 4x+\frac{1}{3}\cos 3x-\cos x-\frac{1}{4}\sin 2x+C$

JUMP 36 $\frac{1}{3}\log\frac{(x-4)^4}{|x-1|}+C$

まとめの問題　積分法①

1 (1) $\frac{5}{2}\sqrt[5]{t^2}+C$ (2) $x-8\sqrt{x}+4\log x+C$

2 (1) $-3\cos x-\sin x+C$

(2) $\tan x+2\sin x+C$ (3) $e^{x+2}-\frac{2^x}{\log 2}+C$

3 (1) $\frac{1}{2}\sqrt{4x+1}+C$ (2) $\frac{1}{2}\sin(2x+5)+C$

4 (1) $\frac{1}{10}(x-2)^5(5x+2)+C$

(2) $\frac{4}{3}\sqrt{x-3}(x+6)+C$

5 (1) $-\frac{1}{5}\cos^5 x+C$ (2) $-\frac{1}{2}e^{-x^2}+C$

(3) $\log(2x^2+1)+C$

6 (1) $(x+1)\sin x+\cos x+C$

(2) $(4x-7)e^x+C$ (3) $\frac{4}{3}x^3\log x-\frac{4}{9}x^3+C$

7 (1) $\frac{1}{2}\log\left|\frac{x+1}{x+3}\right|+C$

(2) $\frac{1}{2}x+\frac{1}{4}\sin 2x-\sin x+C$

(3) $\frac{1}{12}\sin 6x+\frac{1}{8}\sin 4x+C$

161 (1) $\frac{3}{8}$ (2) $2(e^2-1)$

(3) $1-\sqrt{2}$ (4) $8+\log 3$

162 (1) $\frac{2}{5}$ (2) $\frac{\pi}{6}+\frac{\sqrt{3}}{8}$

(3) $\sqrt{3}+1$ (4) $4\log 2-2$

163 (1) 0 (2) $12-\frac{16\sqrt{2}}{3}+\log 2$

(3) $e^2-\frac{1}{e}-\frac{7}{2\log 2}$

JUMP 37　$m \neq n$ のとき 0，$m=n$ のとき $\frac{\pi}{2}$

164 4　**165** e^2-2e+1

166 (1) $F'(x)=x\cos x$　(2) $F'(x)=e^x\sin^2 x$
(3) $F'(x)=-(x+1)\log x$

167 (1) $F'(x)=-\cos x-x\sin x-1$
(2) $F'(x)=3x\log x-x+1$　(3) $F'(x)=2x(e^x-1)$

JUMP 38　4

168 (1) $\frac{11}{5}$　(2) $\frac{64}{15}$　(3) $-\frac{4}{15}$　(4) $\frac{21}{32}$

169 (1) 10　(2) $\frac{13}{10}$　(3) $-\frac{116}{15}$

170 (1) $\log\frac{4}{3}$　(2) $\frac{1}{4}\log 2-\frac{1}{16}$　(3) $\frac{48\sqrt{3}-72}{5}$

JUMP 39　$\frac{2}{3}$

171 4π

172 (1) π　(2) $\frac{\pi}{6}$

173 (1) $\frac{\pi}{6}$　(2) $\frac{5\sqrt{3}}{36}\pi$

JUMP 40　$\frac{2}{3}\pi-\frac{\sqrt{3}}{2}$

174 (1) $\frac{20}{3}$　(2) $2\pi^3$

175 $\frac{\sqrt{2}}{8}\pi+\frac{\sqrt{2}}{2}-1$

176 (1) $\frac{2}{27}\pi^3$　(2) 0

177 (1) $2e^3+1$　(2) $\frac{2}{9}$

178 (1) 3　(2) $\frac{1}{4}e^2+\frac{5}{4}$　(3) e^2

JUMP 41　$(e+1)\log(e+1)-e$

179 $\frac{15}{4}$

180 (1) 0　(2) $\frac{1}{2}$

181 $\frac{3}{8}$　**182** 略

JUMP 42　略

まとめの問題　積分法②

1 (1) $\frac{26}{81}$　(2) $4-2\sqrt{3}+2\log 3$　(3) $\frac{1}{\sqrt{3}}$

2 $(x+1)e^{2x}-1$

3 (1) $\frac{5}{4}$　(2) $-\frac{32}{15}$　(3) $-\frac{46}{15}$
(4) $\frac{9}{2}\pi$　(5) $\frac{\pi}{6}$

4 (1) $\frac{\sqrt{2}}{4}\pi+\sqrt{2}-2$　(2) $\frac{5}{4}e^6-\frac{1}{4}e^2$

5 (1) $e-1$　(2) $\log\frac{4}{3}$

183 e^2-e　**184** 1　**185** $e+\frac{1}{e}-2$

186 (1) $\frac{15}{8}-2\log 2$　(2) $4\sqrt{2}$

JUMP 43　$\frac{1}{12}$

187 $\frac{10}{3}$

188 (1) 24　(2) $\frac{32}{3}$　(3) $e-\frac{1}{e}$

189 $\frac{14}{3}$　**190** 3π

JUMP 44　$\frac{9}{2}$

191 30π　**192** $\frac{\pi}{2}$　**193** $\frac{\pi}{2}(e^4-1)$

194 36π　**195** $\frac{\pi}{6}$　**196** $\frac{\pi}{5}$

JUMP 45　$\frac{\pi^2}{4}+\frac{\pi}{2}$

197 (1) π　(2) $\frac{56}{27}$

198 15

199 (1) $\frac{14}{3}$　(2) $\frac{2}{3}\pi$

200 2π

JUMP 46　(1) $\frac{1}{2}\log\frac{1+\sin x}{1-\sin x}+C$　(2) $\frac{1}{2}\log 3$

まとめの問題　積分法③

1 (1) $\log 2$　(2) $\frac{1}{2}-\frac{1}{2}\log 2$　(3) 2

2 $2\sqrt{2}$　**3** $12\sqrt{3}$

4 $\frac{16}{15}\pi$　**5** $\frac{3}{10}\pi$　**6** $\frac{\pi}{2}(e^2-1)$

7 (1) $6\sqrt{3}$　(2) $e^{\frac{1}{2}}-e^{-\frac{1}{2}}$

アクセスノート　数学Ⅲ

●編　者――実教出版編修部
●発行者――小田良次
●印刷所――大日本印刷株式会社

●発行所――実教出版株式会社
〒102-8377
東京都千代田区五番町5
電　話〈営業〉(03) 3238-7777
〈編修〉(03) 3238-7785
〈総務〉(03) 3238-7700
https://www.jikkyo.co.jp/

002402024　ISBN 978-4-407-35713-4

▶第1章◀　関数と極限

1 分数式の復習(p.4)

1 (1) $\dfrac{3x+6}{x^2+x-2}=\dfrac{3(x+2)}{(x+2)(x-1)}$

$=\boldsymbol{\dfrac{3}{x-1}}$

⬅因数分解して，共通な因数を約分する。

(2) $\dfrac{x^2-1}{x-2}\div\dfrac{x^2+3x+2}{x^2-4}=\dfrac{(x+1)(x-1)}{x-2}\times\dfrac{(x+2)(x-2)}{(x+1)(x+2)}$

$=\boldsymbol{x-1}$

⬅割り算は，分母と分子を逆にしてから掛ける。

2 $\dfrac{1}{x+2}+\dfrac{5}{x^2-x-6}=\dfrac{1}{x+2}+\dfrac{5}{(x+2)(x-3)}$

$=\dfrac{x-3}{(x+2)(x-3)}+\dfrac{5}{(x+2)(x-3)}$

$=\dfrac{(x-3)+5}{(x+2)(x-3)}$

$=\dfrac{x+2}{(x+2)(x-3)}=\boldsymbol{\dfrac{1}{x-3}}$

⬅分母を$(x+2)(x-3)$にそろえる。

3 (1) $\dfrac{x^2+2x-3}{x^2+x-6}\times\dfrac{x^2-4x+4}{x^2-3x+2}$

$=\dfrac{(x+3)(x-1)}{(x+3)(x-2)}\times\dfrac{(x-2)^2}{(x-1)(x-2)}=\boldsymbol{1}$

(2) $\dfrac{x}{x^2-1}\div\dfrac{x^2+8x+16}{x^2+3x-4}=\dfrac{x}{(x+1)(x-1)}\times\dfrac{(x+4)(x-1)}{(x+4)^2}$

$=\boldsymbol{\dfrac{x}{(x+1)(x+4)}}$

⬅割り算は，分母と分子を逆にしてから掛ける。

4 (1) $3+\dfrac{1-3x}{x+2}=\dfrac{3(x+2)+1-3x}{x+2}=\boldsymbol{\dfrac{7}{x+2}}$

(2) $\dfrac{2}{x+3}-\dfrac{1}{x+2}=\dfrac{2(x+2)-(x+3)}{(x+3)(x+2)}=\boldsymbol{\dfrac{x+1}{(x+3)(x+2)}}$

⬅分母をそろえる。

(3) $\dfrac{3}{x^2-9}-\dfrac{1}{x^2-4x+3}=\dfrac{3}{(x+3)(x-3)}-\dfrac{1}{(x-1)(x-3)}$

$=\dfrac{3(x-1)-(x+3)}{(x+3)(x-3)(x-1)}$

$=\dfrac{2(x-3)}{(x+3)(x-3)(x-1)}$

$=\boldsymbol{\dfrac{2}{(x+3)(x-1)}}$

5 (1) $\dfrac{x^2+2x}{x^2-2x-3}\times\dfrac{x^2-4x+3}{2x^2-2x}\times\dfrac{x^2-x-2}{x^2-4}$

$=\dfrac{x(x+2)}{(x-3)(x+1)}\times\dfrac{(x-1)(x-3)}{2x(x-1)}\times\dfrac{(x-2)(x+1)}{(x+2)(x-2)}=\boldsymbol{\dfrac{1}{2}}$

(2) $\dfrac{4x^2-1}{x^2+x-12}\div\dfrac{2x^2-x-1}{x^2-16}=\dfrac{(2x+1)(2x-1)}{(x+4)(x-3)}\times\dfrac{(x+4)(x-4)}{(2x+1)(x-1)}$

$=\boldsymbol{\dfrac{(2x-1)(x-4)}{(x-3)(x-1)}}$

⬅割り算は，分母と分子を逆にしてから掛ける。

6 (1) $x+2+\dfrac{2-x}{x-1}=\dfrac{(x+2)(x-1)+2-x}{x-1}$

$=\boldsymbol{\dfrac{x^2}{x-1}}$

(2) $\dfrac{2}{x-4}-\dfrac{1}{x+3}-\dfrac{7}{x^2-x-12}=\dfrac{2(x+3)-(x-4)-7}{(x-4)(x+3)}$

$=\dfrac{x+3}{(x-4)(x+3)}=\boldsymbol{\dfrac{1}{x-4}}$

⬅分母をそろえる。

JUMP 1

考え方 分母を
$(x-y)(y-z)(z-x)$
にそろえる。

$$\frac{x^2}{(x-y)(x-z)}+\frac{y^2}{(y-z)(y-x)}+\frac{z^2}{(z-x)(z-y)}$$

$$=\frac{-x^2(y-z)}{(x-y)(y-z)(z-x)}+\frac{-y^2(z-x)}{(x-y)(y-z)(z-x)}+\frac{-z^2(x-y)}{(x-y)(y-z)(z-x)}$$

$$=\frac{-x^2(y-z)-y^2(z-x)-z^2(x-y)}{(x-y)(y-z)(z-x)}$$

ここで

(分子)$=-x^2(y-z)-y^2(z-x)-z^2(x-y)$

$=-(y-z)x^2+(y^2-z^2)x-yz(y-z)$

$=-(y-z)x^2+(y+z)(y-z)x-yz(y-z)$

$=(y-z)\{-x^2+(y+z)x-yz\}$

$=-(y-z)(x-y)(x-z)$

$=(x-y)(y-z)(z-x)=$(分母)

⬅x, y, z の次数が等しいので，どれか1つの文字に着目して整理する。

よって

$$\frac{x^2}{(x-y)(x-z)}+\frac{y^2}{(y-z)(y-x)}+\frac{z^2}{(z-x)(z-y)}=\mathbf{1}$$

2 分数関数とそのグラフ(p.6)

7 (1)

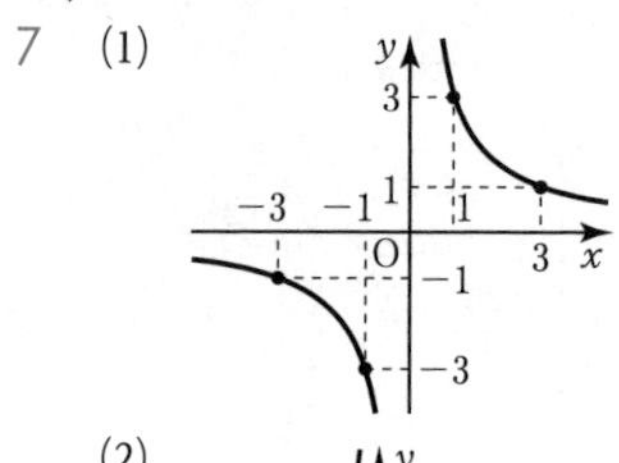

定義域は $x\neq0$
値域は $y\neq0$

(2)

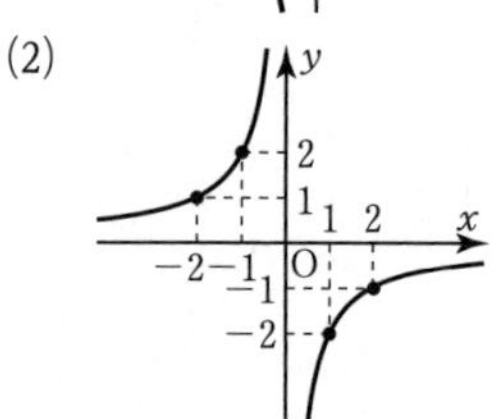

定義域は $x\neq0$
値域は $y\neq0$

分数関数 $y=\dfrac{k}{x}$ $(k\neq0)$
定義域は $x\neq0$
値域は $y\neq0$
グラフは
原点に関して対称で，
x 軸と y 軸が漸近線
である直角双曲線と
よばれる曲線
になる。

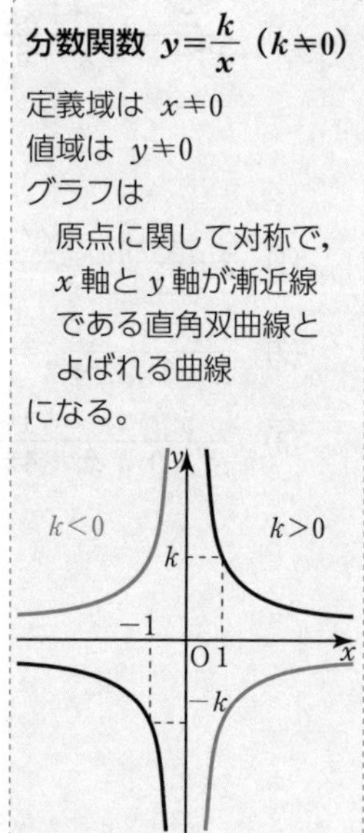

8 $y=\dfrac{2x-1}{x-2}=\dfrac{2(x-2)+3}{x-2}=\dfrac{3}{x-2}+2$

と変形できるから，与えられた関数のグラフは

$y=\dfrac{3}{x}$ のグラフを x 軸方向に 2

y 軸方向に 2

だけ平行移動した直角双曲線となる。

⬅ $x-2\,)\,2x-1$ を割ると商 2，$2x-4$，余り 3
であるから

$y=\dfrac{3}{x-2}+2$

としてもよい。

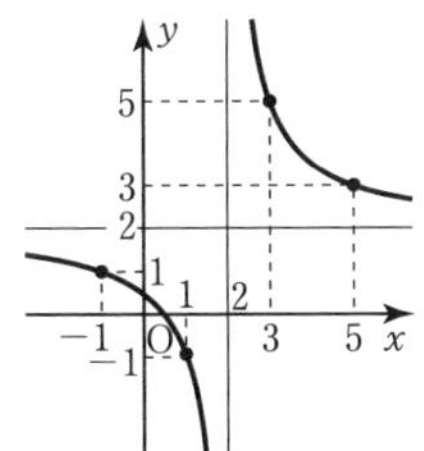

定義域は $x \neq 2$
値域は $y \neq 2$

⬅漸近線は
2 直線 $x=2$, $y=2$

分数関数
$y=\dfrac{k}{x-p}+q$ のグラフは，$y=\dfrac{k}{x}$ のグラフを
x 軸方向に p,
y 軸方向に q だけ
平行移動した直角双曲線で，漸近線は 2 直線 $x=p$, $y=q$ である。
また，定義域は $x \neq p$，値域は $y \neq q$ である。

9 (1) $y=-\dfrac{2}{x-1}+3$ のグラフは，

$y=-\dfrac{2}{x}$ のグラフを x 軸方向に 1
y 軸方向に 3
だけ平行移動した直角双曲線となる。

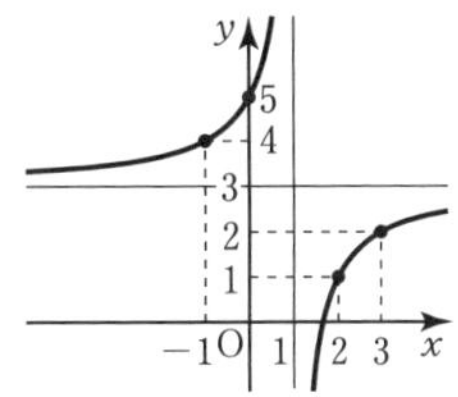

定義域は $x \neq 1$
値域は $y \neq 3$

⬅漸近線は
2 直線 $x=1$, $y=3$

(2) $y=\dfrac{x+1}{x-2}=\dfrac{(x-2)+3}{x-2}=\dfrac{3}{x-2}+1$

と変形できるから，与えられた関数のグラフは

$y=\dfrac{3}{x}$ のグラフを x 軸方向に 2
y 軸方向に 1
だけ平行移動した直角双曲線となる。

⬅ $x-2\,\overline{)\,x+1}$ の商 1，$x-2$ を引いて余り 3
であるから
$y=\dfrac{3}{x-2}+1$
としてもよい。

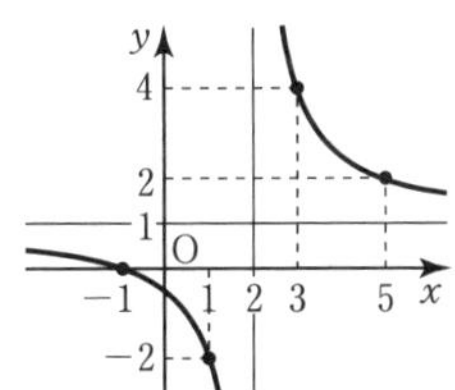

定義域は $x \neq 2$
値域は $y \neq 1$

⬅漸近線は
2 直線 $x=2$, $y=1$

(3) $y=\dfrac{-2x+1}{x-2}$

$=\dfrac{-2(x-2)-3}{x-2}$

$=\dfrac{-3}{x-2}-2$

と変形できるから，与えられた関数のグラフは

$y=-\dfrac{3}{x}$ のグラフを x 軸方向に 2
y 軸方向に -2
だけ平行移動した直角双曲線となる。

⬅ $x-2\,\overline{)\,-2x+1}$ の商 -2，$-2x+4$ を引いて余り -3
であるから
$y=\dfrac{-3}{x-2}-2$
としてもよい。

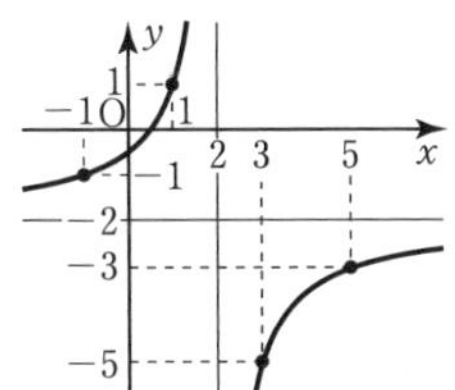

定義域は $x \neq 2$
値域は $y \neq -2$

⬅漸近線は
2 直線 $x=2$, $y=-2$

10 (1) $y=\dfrac{3x-4}{x-2}=\dfrac{3(x-2)+2}{x-2}$

$=\dfrac{2}{x-2}+3$

と変形できるから，与えられた関数のグラフは

$y=\dfrac{2}{x}$ のグラフを x 軸方向に 2

y 軸方向に 3

だけ平行移動した直角双曲線となる。

> ⬅ $x-2 \overline{)3x-4}$ の商 3，$3x-6$，余り 2 であるから
> $y=\dfrac{2}{x-2}+3$
> としてもよい。

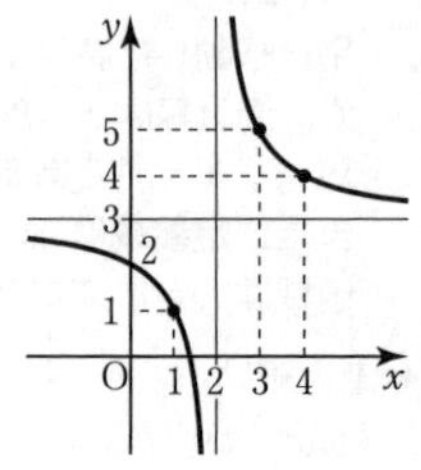

> ⬅漸近線は
> 2 直線 $x=2$，$y=3$

> ⬅定義域は $x \neq 2$
> 値域は $y \neq 3$

(2) 求める共有点の x 座標は

$\dfrac{3x-4}{x-2}=2x-1$ の実数解である。

この式の両辺に $x-2$ を掛けると

$3x-4=(2x-1)(x-2)$

$3x-4=2x^2-5x+2$

$2x^2-8x+6=0$

$x^2-4x+3=0$

$(x-1)(x-3)=0$

よって $x=1$，3

共有点は直線 $y=2x-1$ 上にあるから，求める共有点の座標は

(1，1)，(3，5)

> ⬅共有点の x 座標は
> $\begin{cases} y=\dfrac{3x-4}{x-2} \\ y=2x-1 \end{cases}$
> より，$\dfrac{3x-4}{x-2}=2x-1$ を解けばよい。

> ⬅$x=1$ のとき $y=1$
> $x=3$ のとき $y=5$

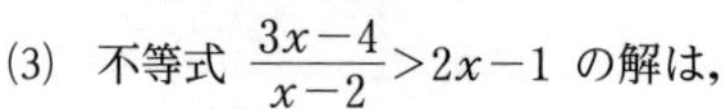

(3) 不等式 $\dfrac{3x-4}{x-2}>2x-1$ の解は，

$y=\dfrac{3x-4}{x-2}$ のグラフが直線 $y=2x-1$ より上側にある部分の x の値の範囲である。

よって，(2)のグラフから，求める不等式の解は

$\boldsymbol{x<1,\ 2<x<3}$

JUMP 2

共有点の x 座標は

$\dfrac{2x-7}{x-3}=x+k$ の実数解である。

この式の両辺に $x-3$ を掛けると

$2x-7=(x-3)(x+k)$

$2x-7=x^2+(k-3)x-3k$

$x^2+(k-5)x-3k+7=0$

この 2 次方程式の判別式を D とすると，グラフが共有点をもつのは

$D \geqq 0$

のときである。

よって $D=(k-5)^2-4(-3k+7) \geqq 0$

ゆえに $k^2+2k-3 \geqq 0$

$(k+3)(k-1) \geqq 0$

したがって $\boldsymbol{k \leqq -3,\ k \geqq 1}$

> 考え方 共有点の x 座標が満たす 2 次方程式について，判別式を考える。

> ⬅2 次方程式
> $ax^2+bx+c=0$ において，
> 判別式 $D=b^2-4ac$ が
> $\begin{cases} D>0 \text{ のとき異なる 2 点で交わる} \\ D=0 \text{ のとき接する} \end{cases}$
> ⇓
> $D \geqq 0$ のとき共有点をもつ。

3 無理関数とそのグラフ(p.8)

11 (1)

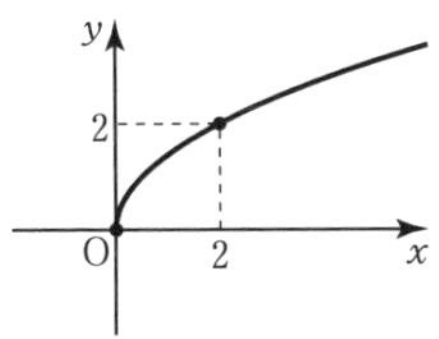

定義域は $x \geqq 0$
値域は $y \geqq 0$

(2)

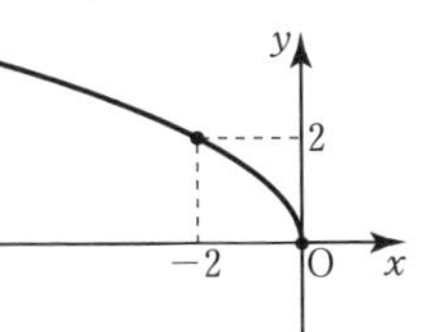

定義域は $x \leqq 0$
値域は $y \geqq 0$

(3)

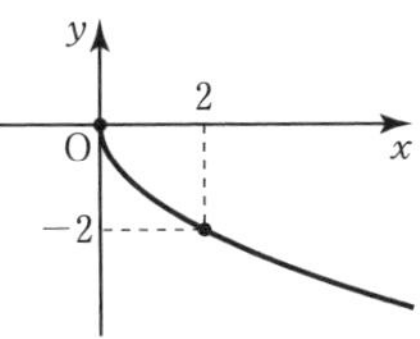

定義域は $x \geqq 0$
値域は $y \leqq 0$

12 (1) $y=\sqrt{x-1}$ のグラフは
$y=\sqrt{x}$ のグラフを x 軸方向に 1
だけ平行移動したもの。

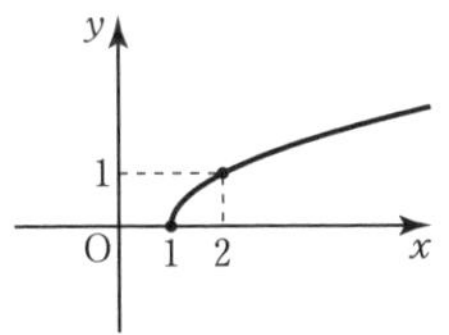

定義域は $x \geqq 1$
値域は $y \geqq 0$

(2) $y=\sqrt{-3x-9}=\sqrt{-3(x+3)}$
と変形できるから，与えられた関数のグラフは
$y=\sqrt{-3x}$ のグラフを x 軸方向に -3
だけ平行移動したもの。

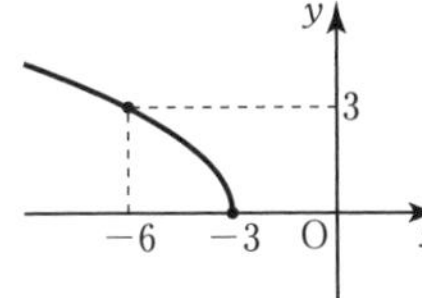

定義域は $x \leqq -3$
値域は $y \geqq 0$

13 (1)

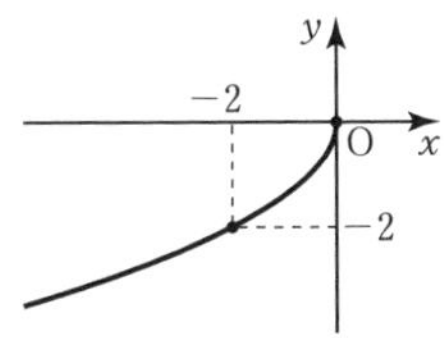

定義域は $x \leqq 0$
値域は $y \leqq 0$

(2) $y=\sqrt{2(x-3)}$ のグラフは
$y=\sqrt{2x}$ のグラフを x 軸方向に 3
だけ平行移動したもの。

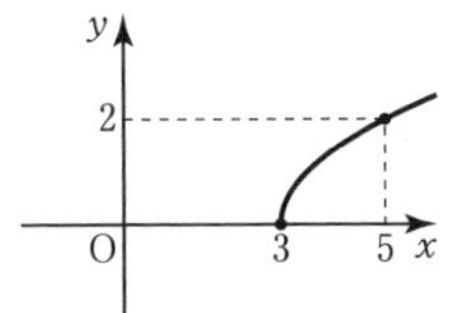

定義域は $x \geqq 3$
値域は $y \geqq 0$

無理関数のグラフ

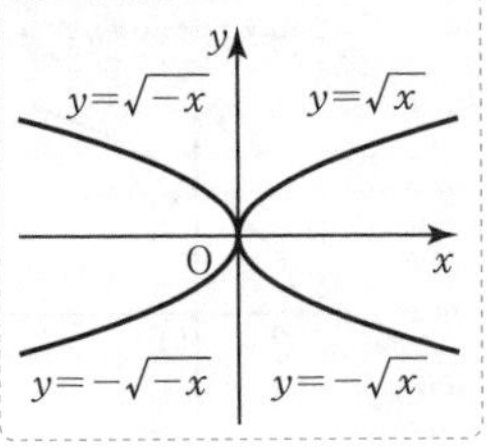

無理関数
$y=\sqrt{a(x-p)}$ のグラフは，$y=\sqrt{ax}$ のグラフを x 軸方向に p だけ平行移動したものであり，定義域は
$a>0$ のとき　$x \geqq p$
$a<0$ のとき　$x \leqq p$
値域は $y \geqq 0$ である。

(3) $y=\sqrt{3x+6}=\sqrt{3(x+2)}$

と変形できるから，与えられた関数のグラフは

$y=\sqrt{3x}$ のグラフを x 軸方向に -2

だけ平行移動したもの。

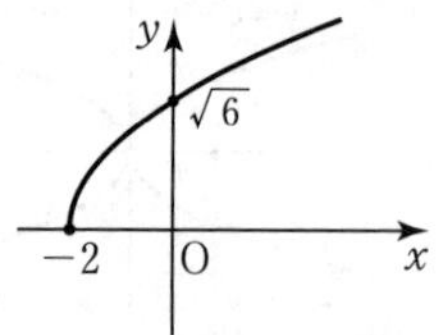

定義域は $x \geqq -2$

値域は $y \geqq 0$

(4) $y=\sqrt{8-4x}=\sqrt{-4(x-2)}$

と変形できるから，与えられた関数のグラフは

$y=\sqrt{-4x}$ のグラフを x 軸方向に 2

だけ平行移動したもの。

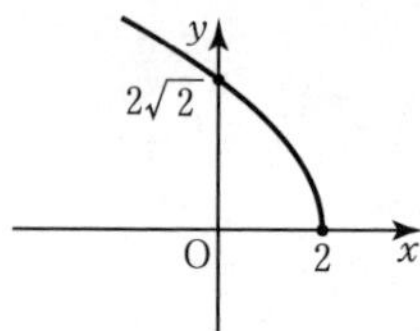

定義域は $x \leqq 2$

値域は $y \geqq 0$

14 (1) $y=\sqrt{2x+4}=\sqrt{2(x+2)}$

と変形できるから，与えられた関数のグラフは

$y=\sqrt{2x}$ のグラフを x 軸方向に -2

だけ平行移動したもの。

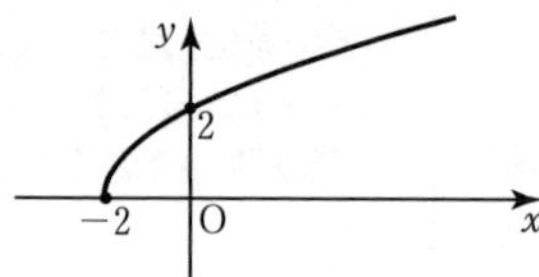

⬅定義域は $x \geqq -2$
値域は $y \geqq 0$

(2) 求める共有点の x 座標は

$\sqrt{2x+4}=x-2$ ……①

の実数解である。

この式の両辺を 2 乗すると

$2x+4=(x-2)^2$

$2x+4=x^2-4x+4$

$x^2-6x=0$

$x(x-6)=0$

よって $x=0,\ 6$

このうち，①を満たすのは $x=6$ である。

ゆえに，共有点の座標は **(6, 4)**

⬅共有点の x 座標は
$\begin{cases} y=\sqrt{2x+4} \\ y=x-2 \end{cases}$
より，$\sqrt{2x+4}=x-2$ を解けばよい。

⬅①に $x=0$ を代入すると
(左辺)$=\sqrt{0+4}=2$
(右辺)$=0-2=-2$
となり，成り立たない。

(3) 不等式 $\sqrt{2x+4}>x-2$ の解は，

$y=\sqrt{2x+4}$ のグラフが直線 $y=x-2$ より上側にある部分の

x の値の範囲である。

よって，(2)のグラフから，求める不等式の解は

$-2 \leqq x < 6$

⬅グラフの交点である $x=6$ は含まないが，$y=\sqrt{2x+4}$ の定義域の端点の $x=-2$ は含む。

3

共有点の x 座標は

$\sqrt{x+1}=x+k$ の実数解である。

この式の両辺を 2 乗すると

考え方 1点で接するときと，交点が1個のときを考える。

$x+1=(x+k)^2$
$x+1=x^2+2kx+k^2$
$x^2+(2k-1)x+k^2-1=0$ ……(※)

共有点が1個となるのは，右のグラフで
①のように接する場合と，
②のように1点で交わる場合。

①のとき
(※)の判別式を D とすると，$D=0$ であるから
$(2k-1)^2-4(k^2-1)=0$
よって　$k=\dfrac{5}{4}$

②のとき
直線 $y=x+k$ は，点$(-1,\ 0)$を通るときよりも下側にある。
ここで，直線 $y=x+k$ が点$(-1,\ 0)$を通るとき
$0=-1+k$　すなわち　$k=1$

以上より　$\boldsymbol{k=\dfrac{5}{4},\ k<1}$

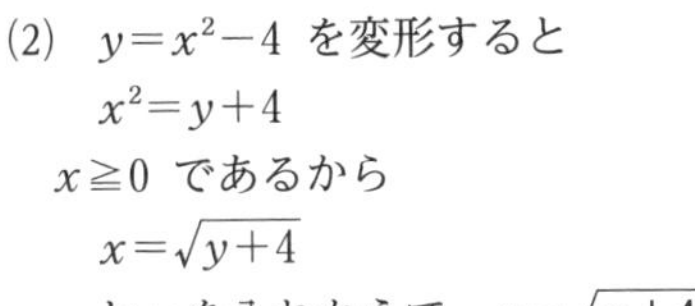

4 逆関数と合成関数(p.10)

15 (1)　$y=-\dfrac{1}{3}x+2$ を変形すると
$3y=-x+6$
$x=-3y+6$
x と y を入れかえて　$\boldsymbol{y=-3x+6}$

(2)　$y=x^2-4$ を変形すると
$x^2=y+4$
$x\geqq 0$ であるから
$x=\sqrt{y+4}$
x と y を入れかえて　$\boldsymbol{y=\sqrt{x+4}}$

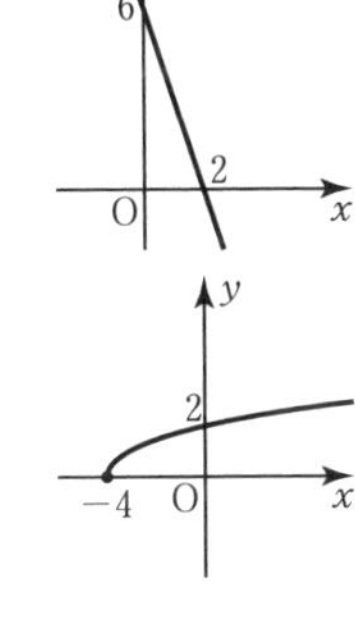

16 (1)　$(g\circ f)(x)=g(f(x))=g(x+2)$
$=(x+2)^2-1=\boldsymbol{x^2+4x+3}$

(2)　$(f\circ g)(x)=f(g(x))=f(x^2-1)$
$=(x^2-1)+2=\boldsymbol{x^2+1}$

17 (1)　$y=\dfrac{1}{x+1}$ を変形すると
$y(x+1)=1$
$x+1=\dfrac{1}{y}$
よって　$x=\dfrac{1}{y}-1$
また，値域は　$y>0$
x と y を入れかえて　$\boldsymbol{y=\dfrac{1}{x}-1\ \ (x>0)}$

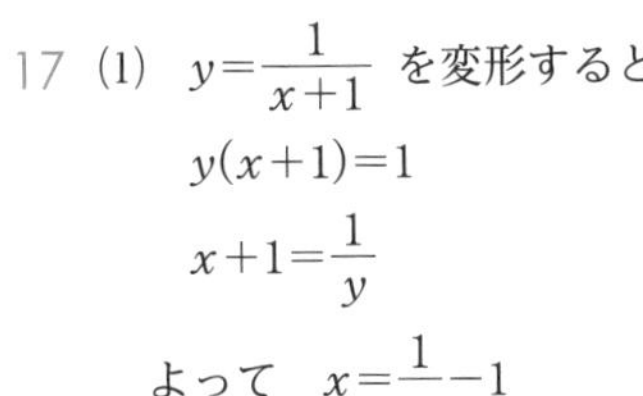

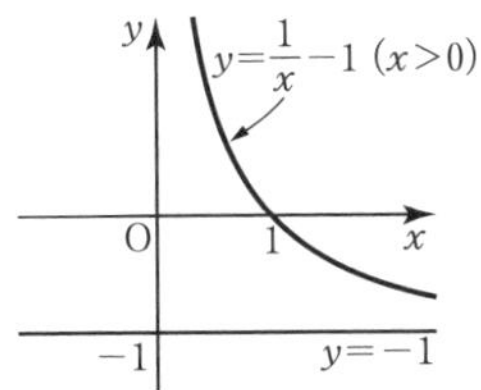

(2)　$y=\sqrt{x-2}$ を変形すると
$y^2=x-2$
よって　$x=y^2+2$
また，値域は　$y\geqq 0$
x と y を入れかえて　$\boldsymbol{y=x^2+2\ \ (x\geqq 0)}$

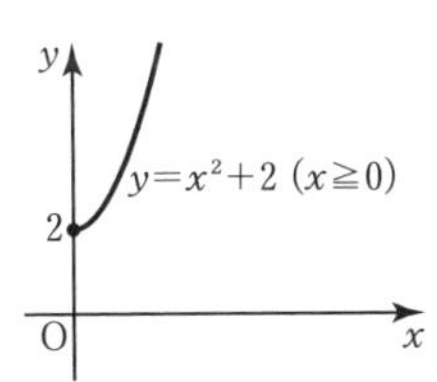

逆関数
関数 $y=f(x)$ を x について解くと $x=g(y)$ となるとき，x と y を入れかえた関数 $y=g(x)$ を $y=f(x)$ の逆関数といい，$y=f^{-1}(x)$ と表す。

逆関数の性質
① 逆関数のグラフはもとの関数のグラフと直線 $y=x$ に関して対称である。
② 逆関数ともとの関数では，定義域と値域が入れかわる。

⬅ $y=x^2-4$ の値域は
$y\geqq -4$
$y=\sqrt{x+4}$ の定義域は
$x\geqq -4$

合成関数
2つの関数 $f(x)$，$g(x)$ について，$f(x)$ の値域が $g(x)$ の定義域に含まれているとき，関数 $g(f(x))$ を $f(x)$ と $g(x)$ の合成関数といい，$(g\circ f)(x)$ で表す。
$z=(g\circ f)(x)$
$=g(f(x))$

18 (1) $(g\circ f)(x)=g(f(x))$
$=g(x-2)=\mathbf{sin\,(x-2)}$

(2) $(f\circ g)(x)=f(g(x))$
$=f(\sin x)=\mathbf{sin\,x-2}$

⬅$(g\circ f)(x)=g(f(x))$

⬅$(f\circ g)(x)=f(g(x))$

19 (1) $y=\left(\dfrac{1}{3}\right)^x$ を変形すると

$x=\log_{\frac{1}{3}}y$

x と y を入れかえて　$\boldsymbol{y=\log_{\frac{1}{3}}x}$

また，逆関数の

定義域は $x>0$

値域はすべての実数

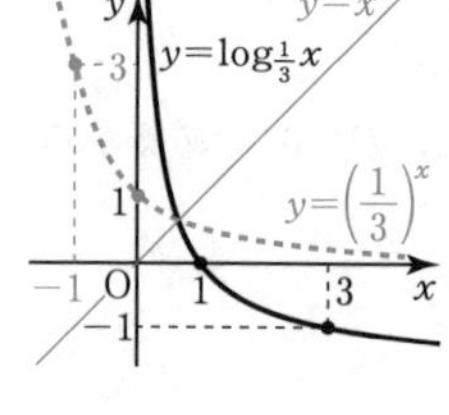

⬅$a>0,\ a\neq 1,\ M>0$ のとき
$M=a^p \iff \log_a M=p$

(2) $y=\log_2 x$ を変形すると

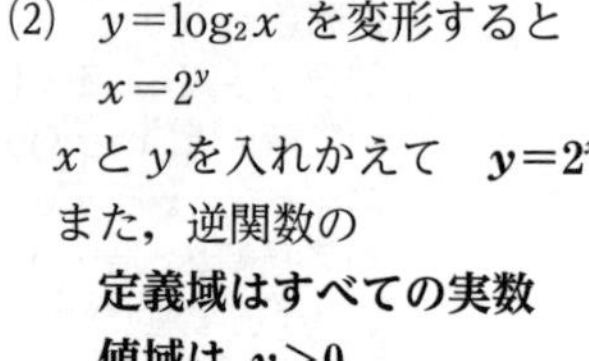

$x=2^y$

x と y を入れかえて　$\boldsymbol{y=2^x}$

また，逆関数の

定義域はすべての実数

値域は $y>0$

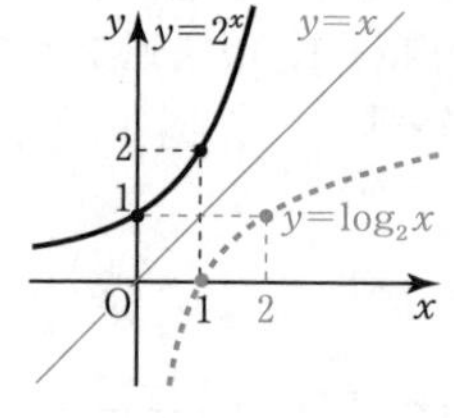

20 (1) $(g\circ f)(x)=g(f(x))=g(2x)$
$=2^{2x}=(2^2)^x=\mathbf{4^x}$

(2) $(f\circ g)(x)=f(g(x))=f(2^x)$
$=2\cdot 2^x=\mathbf{2^{x+1}}$

⬅$(g\circ f)(x)=g(f(x))$

⬅$(f\circ g)(x)=f(g(x))$

$f(2)=9$ より

$2a+b=9$ ……①

$f^{-1}(-3)=6$ より $f(6)=-3$ であるから

$6a+b=-3$ ……②

①，②を解くと　$\boldsymbol{a=-3,\ b=15}$

考え方　逆関数の定義から
$f^{-1}(-3)=6 \iff f(6)=-3$
であることを利用する。

まとめの問題　関数と極限①(p.12)

1 (1)

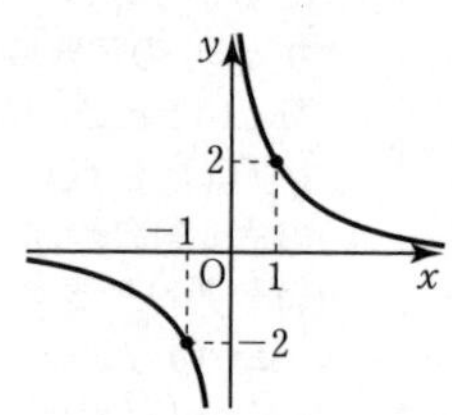

定義域は $x\neq 0$

値域は $y\neq 0$

⬅漸近線は
x 軸と y 軸

(2) 与えられた関数のグラフは

$y=-\dfrac{3}{x}$ のグラフを y 軸方向に 1

だけ平行移動した直角双曲線となる。

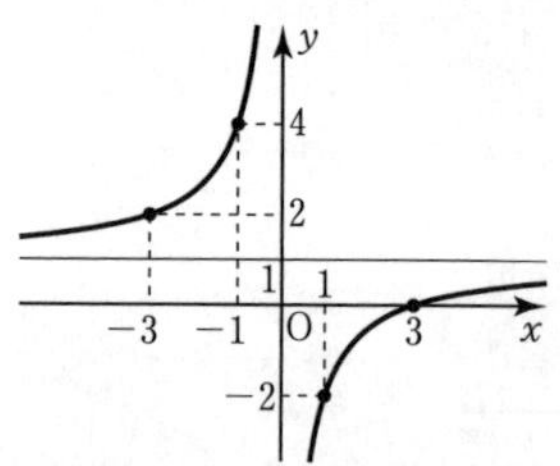

定義域は $x\neq 0$

値域は $y\neq 1$

⬅漸近線は
y 軸と直線 $y=1$

(3) $y=\dfrac{-2x-1}{x-1}=\dfrac{-2(x-1)-3}{x-1}=\dfrac{-3}{x-1}-2$

と変形できるから，与えられた関数のグラフは

$y=-\dfrac{3}{x}$ のグラフを x 軸方向に 1

y 軸方向に -2

だけ平行移動した直角双曲線となる。

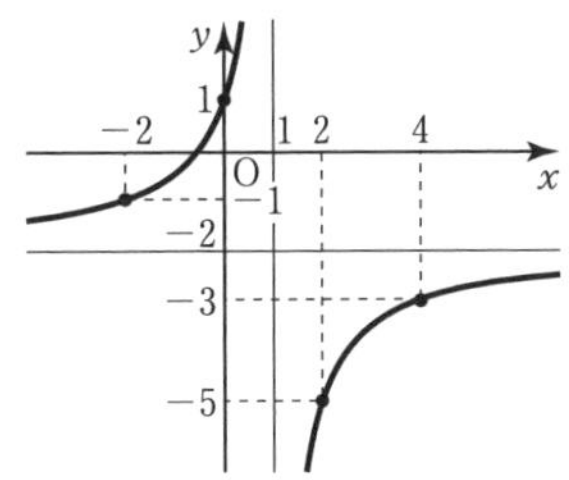

定義域は $x \neq 1$
値域は $y \neq -2$

← $x-1 \overline{)\,-2x-1}$ の割り算（商 -2，$-2x+2$，余り -3）であるから

$y=\dfrac{-3}{x-1}-2$

としてもよい。

←漸近線は
2 直線 $x=1$，$y=-2$

2 (1) $y=\dfrac{-3x+1}{x+1}=\dfrac{-3(x+1)+4}{x+1}=\dfrac{4}{x+1}-3$

と変形できるから，与えられた関数のグラフは

$y=\dfrac{4}{x}$ のグラフを x 軸方向に -1

y 軸方向に -3

だけ平行移動した直角双曲線となる。

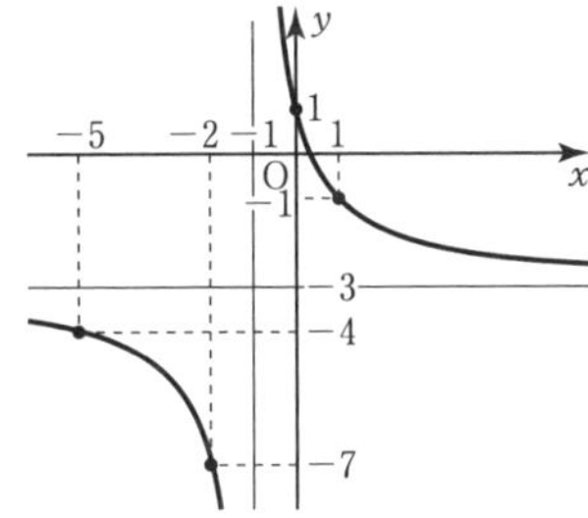

← $x+1 \overline{)\,-3x+1}$ の割り算（商 -3，$-3x-3$，余り 4）であるから

$y=\dfrac{4}{x+1}-3$

としてもよい。

←漸近線は
2 直線 $x=-1$，$y=-3$

←定義域は $x \neq -1$
値域は $y \neq -3$

(2) 不等式 $\dfrac{-3x+1}{x+1}<x-2$ の解は，

$y=\dfrac{-3x+1}{x+1}$ のグラフが直線 $y=x-2$ より下側にある部分の

x の値の範囲である。

ここで，共有点の x 座標は

$\dfrac{-3x+1}{x+1}=x-2$ の実数解である。

この式の両辺に $x+1$ を掛けると

$-3x+1=(x+1)(x-2)$

$-3x+1=x^2-x-2$

$x^2+2x-3=0$

$(x+3)(x-1)=0$

よって $x=-3$，1

グラフより，求める不等式の解は

$-3<x<-1$，$1<x$

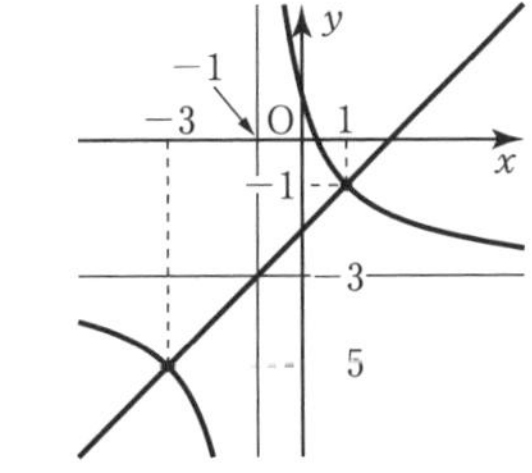

←共有点の x 座標は

$\begin{cases} y=\dfrac{-3x+1}{x+1} \\ y=x-2 \end{cases}$

より，$\dfrac{-3x+1}{x+1}=x-2$ を

解けばよい。

3 (1)

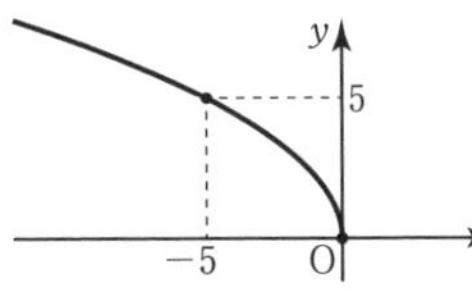

定義域は $x \leqq 0$
値域は $y \geqq 0$

(2) $y=\sqrt{2x+8}=\sqrt{2(x+4)}$

と変形できるから，与えられた関数のグラフは

$y=\sqrt{2x}$ のグラフを x 軸方向に -4

だけ平行移動したもの。

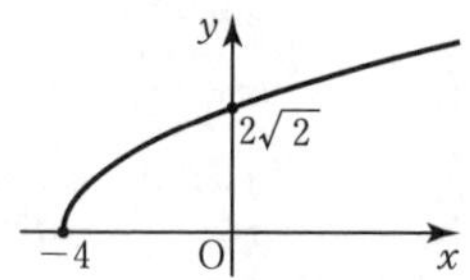

定義域は $x \geqq -4$
値域は $y \geqq 0$

4 (1) $y=\sqrt{3x-6}=\sqrt{3(x-2)}$

と変形できるから，与えられた関数のグラフは

$y=\sqrt{3x}$ のグラフを x 軸方向に 2

だけ平行移動したもの。

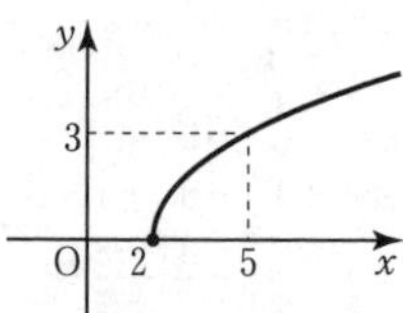

⬅定義域は $x \geqq 2$
値域は $y \geqq 0$

(2) 不等式 $\sqrt{3x-6}<2x-7$ の解は，

$y=\sqrt{3x-6}$ のグラフが直線 $y=2x-7$ より下側にある部分の x の値の範囲である。

ここで，共有点の x 座標は

$\sqrt{3x-6}=2x-7$ ……①

の実数解である。

この式の両辺を 2 乗すると

$3x-6=(2x-7)^2$

$3x-6=4x^2-28x+49$

$4x^2-31x+55=0$

$(4x-11)(x-5)=0$

よって　$x=\dfrac{11}{4}$，5

このうち①を満たすのは $x=5$ である。

グラフより，求める不等式の解は　$\boldsymbol{x>5}$

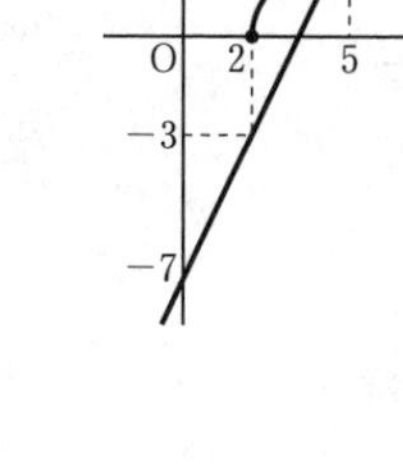

⬅共有点の x 座標は
$\begin{cases} y=\sqrt{3x-6} \\ y=2x-7 \end{cases}$
より，$\sqrt{3x-6}=2x-7$ を解けばよい。

⬅①に $x=\dfrac{11}{4}$ を代入すると
(左辺)$=\sqrt{\dfrac{33}{4}-6}=\dfrac{3}{2}$
(右辺)$=\dfrac{11}{2}-7=-\dfrac{3}{2}$
となり，成り立たない。

5 (1) $y=x^2-9$ を変形すると　$x^2=y+9$

$x \geqq 0$ より　$x=\sqrt{y+9}$

x と y を入れかえて　$\boldsymbol{y=\sqrt{x+9}}$

また，逆関数の　**定義域は $x \geqq -9$**
値域は $y \geqq 0$

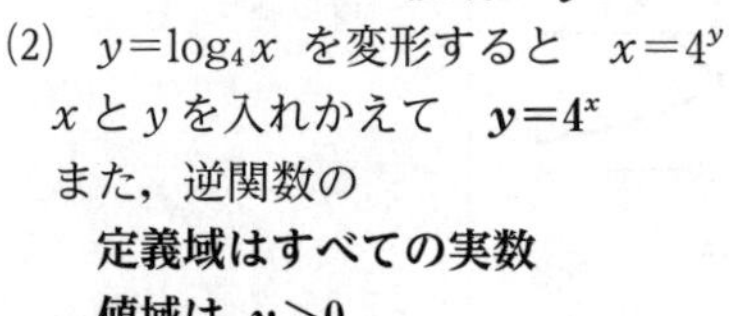

(2) $y=\log_4 x$ を変形すると　$x=4^y$

x と y を入れかえて　$\boldsymbol{y=4^x}$

また，逆関数の

定義域はすべての実数

値域は $y>0$

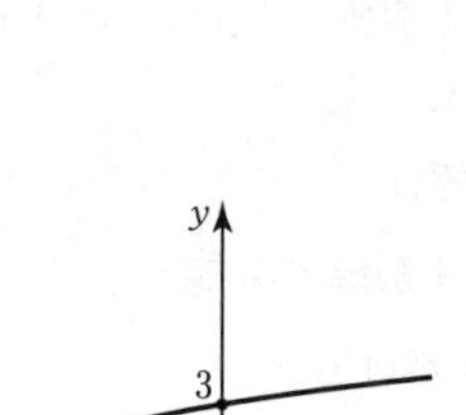

⬅$a>0$，$a \neq 1$，$M>0$ のとき
$M=a^p \iff \log_a M=p$

(3) $y=3^x$ を変形すると　$x=\log_3 y$

x と y を入れかえて　$\boldsymbol{y=\log_3 x}$

また，もとの関数は $1 \leqq x \leqq 2$ のとき

$3 \leqq y \leqq 9$

であるから，逆関数の

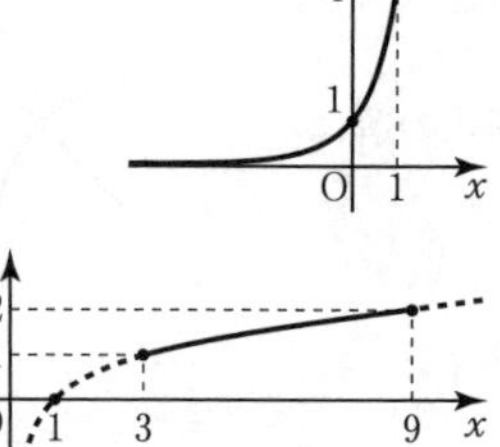

定義域は $3 \leqq x \leqq 9$
値域は $1 \leqq y \leqq 2$

6 (1) $(g\circ f)(x)=g(f(x))$
$=g(2^x)=\log_2 2^x=\boldsymbol{x}$

(2) $(f\circ g)(x)=f(g(x))$
$=f(\log_2 x)=2^{\log_2 x}$

ここで，$y=2^{\log_2 x}$ とおいて両辺の対数（底 2）をとると

$\log_2 y=\log_2 2^{\log_2 x}$

$\log_2 y=\log_2 x$

よって　$y=x$

ゆえに　$(f\circ g)(x)=\boldsymbol{x}$

⬅$a>0$, $a\neq 1$, $M>0$, r が実数のとき
$\log_a M^r=r\log_a M$

⬅$\log_2 2^{\log_2 x}$
$=\log_2 x\log_2 2$
$=\log_2 x$

5 数列の極限(p.14)

21 (1) $n\to\infty$ のとき $\dfrac{1}{n}\to 0$ であるから，

この数列の極限値は **3**

(2) $\dfrac{n^2+2}{n^2}=1+\dfrac{2}{n^2}$

$n\to\infty$ のとき $\dfrac{2}{n^2}\to 0$ であるから，

この数列の極限値は **1**

数列の収束
数列 $\{a_n\}$ において，
n を限りなく大きくするとき，第 n 項 a_n が限りなく一定の値 α に近づくならば，$\{a_n\}$ は α に収束するという。
このことを
$\lim_{n\to\infty} a_n=\alpha$
または
$n\to\infty$ のとき $a_n\to\alpha$
と表し，α を $\{a_n\}$ の極限値という。

22
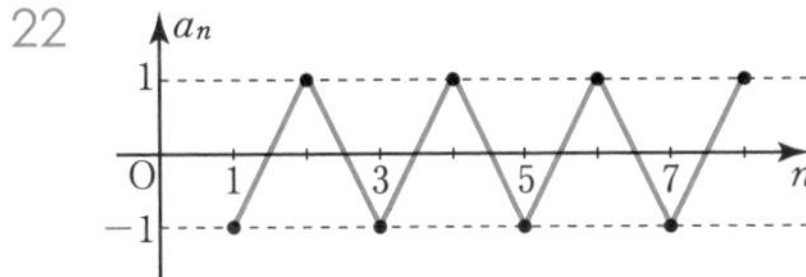

振動する（極限値はない）。

23 (1) $n\to\infty$ のとき $-2n\to-\infty$ であるから

$\lim_{n\to\infty} a_n=\boldsymbol{-\infty}$

(2) $n\to\infty$ のとき $\dfrac{1}{n}\to 0$ であるから

$\lim_{n\to\infty} a_n=\boldsymbol{-2}$

(3) $\dfrac{5n-1}{n}=5-\dfrac{1}{n}$ であり，

$n\to\infty$ のとき $\dfrac{1}{n}\to 0$ であるから

$\lim_{n\to\infty} a_n=\boldsymbol{5}$

(4) $\dfrac{7-3n}{n}=\dfrac{7}{n}-3$ であり，

$n\to\infty$ のとき $\dfrac{7}{n}\to 0$ であるから

$\lim_{n\to\infty} a_n=\boldsymbol{-3}$

(5) 数列の各項をかき並べると

$-\dfrac{1}{4}$, $\dfrac{1}{16}$, $-\dfrac{1}{64}$, $\dfrac{1}{256}$, ……

となり，0 に収束する。

すなわち　$\lim_{n\to\infty} a_n=\boldsymbol{0}$

数列 $\{a_n\}$ の極限
収束…$\lim_{n\to\infty} a_n=\alpha$
（極限値 α）
発散
$\lim_{n\to\infty} a_n=\infty$
（正の無限大に発散）
$\lim_{n\to\infty} a_n=-\infty$
（負の無限大に発散）
振動する
（極限はない）

(6) 数列の各項をかき並べると

$-2,\ -4,\ -8,\ -16,\ \cdots\cdots$

となり，負の無限大に発散する。

すなわち $\lim_{n\to\infty} a_n = -\infty$

24 (1) 数列の各項をかき並べると

$-\frac{1}{3},\ \frac{1}{9},\ -\frac{1}{27},\ \frac{1}{81},\ \cdots\cdots$

となり，0 に収束する。

すなわち $\lim_{n\to\infty} a_n = \mathbf{0}$

←$\lim_{n\to\infty}\left(-\frac{1}{3}\right)^n = 0$

(2) 数列の各項をかき並べると

$2,\ 0,\ 2,\ 0,\ \cdots\cdots$

となり，**振動**する（極限はない）。

(3) $n\to\infty$ のとき $n^2\to\infty$ であるから

$\lim_{n\to\infty} a_n = \infty$

←$\lim_{n\to\infty}(n^2-5) = \infty$

(4) 数列の各項をかき並べると

$-5,\ 25,\ -125,\ 625,\ \cdots\cdots$

となり，**振動**する（極限はない）。

(5) $n\to\infty$ のとき $\frac{1}{\sqrt{n}}\to 0$ であるから

$\lim_{n\to\infty} a_n = \mathbf{0}$

←$\lim_{n\to\infty}\frac{1}{\sqrt{n}} = 0$

JUMP 5

考え方　数列の各項をかき並べてみる。

数列の各項をかき並べると

$2,\ 3,\ 10,\ 15,\ 26,\ 35,\ \cdots\cdots$

となるから，**∞ に発散**する。

6 数列の極限の性質 (p.16)

25 (1) $\lim_{n\to\infty}\frac{2n-1}{n+1} = \lim_{n\to\infty}\frac{2-\frac{1}{n}}{1+\frac{1}{n}} = \mathbf{2}$

(2) $\lim_{n\to\infty}\frac{3n}{2n^2+1} = \lim_{n\to\infty}\frac{\frac{3}{n}}{2+\frac{1}{n^2}} = \mathbf{0}$

(3) $\lim_{n\to\infty}(\sqrt{n^2+2}-n) = \lim_{n\to\infty}\frac{(\sqrt{n^2+2}-n)(\sqrt{n^2+2}+n)}{\sqrt{n^2+2}+n}$

$= \lim_{n\to\infty}\frac{n^2+2-n^2}{\sqrt{n^2+2}+n}$

$= \lim_{n\to\infty}\frac{2}{\sqrt{n^2+2}+n} = \mathbf{0}$

数列の極限の性質

$\{a_n\}$, $\{b_n\}$ が収束して，$\lim_{n\to\infty} a_n = \alpha$, $\lim_{n\to\infty} b_n = \beta$ のとき

① $\lim_{n\to\infty} ka_n = k\alpha$　ただし，k は定数

② $\lim_{n\to\infty}(a_n+b_n) = \alpha+\beta$

$\lim_{n\to\infty}(a_n-b_n) = \alpha-\beta$

③ $\lim_{n\to\infty} a_nb_n = \alpha\beta$

④ $\lim_{n\to\infty}\frac{a_n}{b_n} = \frac{\alpha}{\beta}$　$(\beta\neq 0)$

26 (1) $\lim_{n\to\infty}(3a_n+b_n) = 3\lim_{n\to\infty} a_n + \lim_{n\to\infty} b_n$

$= 3\times 2+(-7) = \mathbf{-1}$

(2) $\lim_{n\to\infty}\frac{b_n}{5a_n-3} = \frac{\lim_{n\to\infty} b_n}{5\lim_{n\to\infty} a_n - \lim_{n\to\infty} 3} = \frac{-7}{5\times 2-3} = \mathbf{-1}$

27 (1) $\lim_{n\to\infty}\frac{3-n}{2n+5}=\lim_{n\to\infty}\frac{\frac{3}{n}-1}{2+\frac{5}{n}}=-\frac{1}{2}$

⬅$n\to\infty$ のとき $\frac{3}{n}\to 0$, $\frac{5}{n}\to 0$

(2) $\lim_{n\to\infty}\frac{(n+2)(n-2)}{n^2+5n+2}=\lim_{n\to\infty}\frac{\left(1+\frac{2}{n}\right)\left(1-\frac{2}{n}\right)}{1+\frac{5}{n}+\frac{2}{n^2}}=1$

⬅分母，分子を n^2 で割る。
⬅$n\to\infty$ のとき $\frac{2}{n}\to 0$, $\frac{5}{n}\to 0$, $\frac{2}{n^2}\to 0$

(3) $\lim_{n\to\infty}\frac{n^2-6n+4}{n+5}=\lim_{n\to\infty}\frac{n-6+\frac{4}{n}}{1+\frac{5}{n}}=\infty$

⬅分母，分子を n で割る。
⬅$n\to\infty$ のとき $\frac{4}{n}\to 0$, $\frac{5}{n}\to 0$

(4) $\lim_{n\to\infty}(\sqrt{n+4}-\sqrt{n})=\lim_{n\to\infty}\frac{(\sqrt{n+4}-\sqrt{n})(\sqrt{n+4}+\sqrt{n})}{\sqrt{n+4}+\sqrt{n}}$

$=\lim_{n\to\infty}\frac{n+4-n}{\sqrt{n+4}+\sqrt{n}}=\lim_{n\to\infty}\frac{4}{\sqrt{n+4}+\sqrt{n}}=0$

⬅分母，分子に $\sqrt{n+4}+\sqrt{n}$ を掛ける。
⬅$n\to\infty$ のとき $\sqrt{n+4}\to\infty$, $\sqrt{n}\to\infty$

28 (1) $\lim_{n\to\infty}(n^2-n)=\lim_{n\to\infty}n^2\left(1-\frac{1}{n}\right)=\infty$

⬅$n\to\infty$ のとき $n^2\to\infty$, $\frac{1}{n}\to 0$

(2) $\lim_{n\to\infty}\frac{n-2n^2}{3n^2+1}=\lim_{n\to\infty}\frac{\frac{1}{n}-2}{3+\frac{1}{n^2}}=-\frac{2}{3}$

⬅$n\to\infty$ のとき $\frac{1}{n}\to 0$, $\frac{1}{n^2}\to 0$

(3) $\lim_{n\to\infty}(\sqrt{n^2-3n}-n)=\lim_{n\to\infty}\frac{(\sqrt{n^2-3n}-n)(\sqrt{n^2-3n}+n)}{\sqrt{n^2-3n}+n}$

$=\lim_{n\to\infty}\frac{(n^2-3n)-n^2}{\sqrt{n^2-3n}+n}=\lim_{n\to\infty}\frac{-3n}{\sqrt{n^2-3n}+n}$

$=\lim_{n\to\infty}\frac{-3}{\sqrt{1-\frac{3}{n}}+1}=-\frac{3}{2}$

⬅分母，分子に $\sqrt{n^2-3n}+n$ を掛ける。
⬅分母，分子を n で割る。
⬅$n\to\infty$ のとき $\frac{3}{n}\to 0$

29 (1) $-1\leqq\sin n\theta\leqq 1$ より $0\leqq 1+\sin n\theta\leqq 2$

各辺を n で割ると $0\leqq\frac{1+\sin n\theta}{n}\leqq\frac{2}{n}$

ここで，$\lim_{n\to\infty}\frac{2}{n}=0$ であるから

$\lim_{n\to\infty}\frac{1+\sin n\theta}{n}=0$

(2) $-1\leqq(-1)^{n+1}\leqq 1$ の各辺を n で割ると

$-\frac{1}{n}\leqq\frac{(-1)^{n+1}}{n}\leqq\frac{1}{n}$

ここで，$\lim_{n\to\infty}\left(-\frac{1}{n}\right)=0$, $\lim_{n\to\infty}\frac{1}{n}=0$ であるから

$\lim_{n\to\infty}\frac{(-1)^{n+1}}{n}=0$

$-1\leqq\sin\theta\leqq 1$

⬅$n\to\infty$ より $n>0$

はさみうちの原理
$\lim_{n\to\infty}a_n=\alpha$, $\lim_{n\to\infty}b_n=\beta$ のとき，すべての n について $a_n\leqq c_n\leqq b_n$ ならば，$\lim_{n\to\infty}c_n=\alpha$

⬅はさみうちの原理

JUMP 6

$1^2+2^2+\cdots\cdots+n^2=\frac{1}{6}n(n+1)(2n+1)$ であるから

$\lim_{n\to\infty}\frac{1^2+2^2+\cdots\cdots+n^2}{n^3}=\lim_{n\to\infty}\frac{\frac{1}{6}n(n+1)(2n+1)}{n^3}$

$=\lim_{n\to\infty}\frac{1}{6}\cdot\frac{n}{n}\cdot\frac{n+1}{n}\cdot\frac{2n+1}{n}=\lim_{n\to\infty}\frac{1}{6}\left(1+\frac{1}{n}\right)\left(2+\frac{1}{n}\right)=\frac{1}{3}$

考え方 分子について
$1^2+2^2+\cdots\cdots+n^2$
$=\sum_{k=1}^{n}k^2$
$=\frac{1}{6}n(n+1)(2n+1)$
の公式を用いて計算する。

7 無限等比数列の極限 (p.18)

無限等比数列 $\{r^n\}$ の極限
① $r>1$ のとき $\lim_{n\to\infty} r^n=\infty$
② $r=1$ のとき $\lim_{n\to\infty} r^n=1$
③ $-1<r<1$ のとき $\lim_{n\to\infty} r^n=0$
④ $r\leqq -1$ のとき 振動する

30 (1) $\left|-\frac{1}{2}\right|<1$ より $\lim_{n\to\infty}\left(-\frac{1}{2}\right)^n=\mathbf{0}$

(2) $1.1>1$ より $\lim_{n\to\infty}1.1^n=\infty$

(3) $-2<-1$ より，
数列 $\{(-2)^n\}$ は**振動**する（極限はない）。

31 (1) $\lim_{n\to\infty}\frac{1+3^n}{4^n}=\lim_{n\to\infty}\left\{\left(\frac{1}{4}\right)^n+\left(\frac{3}{4}\right)^n\right\}=\mathbf{0}$

(2) $\lim_{n\to\infty}\frac{3^{n+1}}{3^n+2^n}=\lim_{n\to\infty}\frac{3\cdot 3^n}{3^n+2^n}$ ⬅分母，分子を 3^n で割る。

$=\lim_{n\to\infty}\frac{3}{1+\left(\frac{2}{3}\right)^n}=\mathbf{3}$ ⬅$\lim_{n\to\infty}\left(\frac{2}{3}\right)^n=0$

32 (1) $2>1$ より，∞ に**発散**する。

(2) $\left|-\frac{1}{3}\right|<1$ より，$\mathbf{0}$ に**収束**する。

33 (1) $\left|\frac{1}{\sqrt{2}}\right|<1$ より $\lim_{n\to\infty}\left(\frac{1}{\sqrt{2}}\right)^n=\mathbf{0}$

(2) $\frac{(-4)^n}{9^n}=\left(-\frac{4}{9}\right)^n$

$\left|-\frac{4}{9}\right|<1$ より $\lim_{n\to\infty}\left(-\frac{4}{9}\right)^n=\mathbf{0}$

34 (1) $\lim_{n\to\infty}\frac{5^n+2^n}{5^n-3^n}=\lim_{n\to\infty}\frac{1+\left(\frac{2}{5}\right)^n}{1-\left(\frac{3}{5}\right)^n}=\mathbf{1}$ ⬅$\lim_{n\to\infty}\left(\frac{2}{5}\right)^n=0$　$\lim_{n\to\infty}\left(\frac{3}{5}\right)^n=0$

(2) $\lim_{n\to\infty}\frac{4^n+(-2)^n}{4^n+2^n}=\lim_{n\to\infty}\frac{1+\left(-\frac{1}{2}\right)^n}{1+\left(\frac{1}{2}\right)^n}=\mathbf{1}$ ⬅$\lim_{n\to\infty}\left(-\frac{1}{2}\right)^n=0$　$\lim_{n\to\infty}\left(\frac{1}{2}\right)^n=0$

35 (1) $\lim_{n\to\infty}\frac{3^{n+1}-2}{3^n+2^n}=\lim_{n\to\infty}\frac{3\cdot 3^n-2}{3^n+2^n}$

$=\lim_{n\to\infty}\frac{3-\frac{2}{3^n}}{1+\left(\frac{2}{3}\right)^n}=\mathbf{3}$ ⬅$\lim_{n\to\infty}\left(\frac{2}{3}\right)^n=0$

(2) $\lim_{n\to\infty}\frac{(-3)^n+5^{n+1}}{3^{n-1}-5^n}=\lim_{n\to\infty}\frac{(-3)^n+5\cdot 5^n}{\frac{1}{3}\cdot 3^n-5^n}$

$=\lim_{n\to\infty}\frac{\left(-\frac{3}{5}\right)^n+5}{\frac{1}{3}\left(\frac{3}{5}\right)^n-1}=\mathbf{-5}$ ⬅$\lim_{n\to\infty}\left(-\frac{3}{5}\right)^n=0$，$\lim_{n\to\infty}\left(\frac{3}{5}\right)^n=0$

(3) $\lim_{n\to\infty}\frac{3^{n+1}+5^n}{2^n+3^n}=\lim_{n\to\infty}\frac{3\cdot 3^n+5^n}{2^n+3^n}$

$=\lim_{n\to\infty}\frac{3+\left(\frac{5}{3}\right)^n}{\left(\frac{2}{3}\right)^n+1}=\infty$ ⬅$\lim_{n\to\infty}\left(\frac{5}{3}\right)^n=\infty$，$\lim_{n\to\infty}\left(\frac{2}{3}\right)^n=0$

36 (1) $|r|<1$ のとき，$\lim_{n\to\infty} r^n=\lim_{n\to\infty} r^{n+1}=0$ であるから

$$\lim_{n\to\infty}\frac{r^{n+1}}{r^n+1}=\mathbf{0}$$

(2) $r=1$ のとき，$r^n=r^{n+1}=1$ であるから

$$\lim_{n\to\infty}\frac{r^{n+1}}{r^n+1}=\frac{\mathbf{1}}{\mathbf{2}}$$

(3) $|r|>1$ のとき，$\lim_{n\to\infty}\left(\frac{1}{r}\right)^n=0$ であるから

$$\lim_{n\to\infty}\frac{r^{n+1}}{r^n+1}=\lim_{n\to\infty}\frac{r}{1+\left(\frac{1}{r}\right)^n}=\boldsymbol{r}$$

JUMP 7

与えられた漸化式は

$$a_{n+1}-6=\frac{1}{2}(a_n-6)$$

と変形できるから，$a_n-6=b_n$ とおくと

$$b_{n+1}=\frac{1}{2}b_n,\quad b_1=a_1-6=3-6=-3$$

すなわち，数列 $\{b_n\}$ は初項 -3，公比 $\frac{1}{2}$ の等比数列であるから

$$b_n=-3\left(\frac{1}{2}\right)^{n-1}$$

ここで，$b_n=a_n-6$ より

$$a_n-6=-3\left(\frac{1}{2}\right)^{n-1}$$

よって，求める一般項は $\boldsymbol{a_n=-3\left(\frac{1}{2}\right)^{n-1}+6}$

また，その極限は $\lim_{n\to\infty}a_n=\lim_{n\to\infty}\left\{-3\left(\frac{1}{2}\right)^{n-1}+6\right\}=\mathbf{6}$

考え方　$p\neq1$ のとき漸化式 $a_{n+1}=pa_n+q$ は $\alpha=p\alpha+q$ を満たす α を用いて

$$a_{n+1}-\alpha=p(a_n-\alpha)$$

の形に変形できる。

⬅ $\lim_{n\to\infty}\left(\frac{1}{2}\right)^{n-1}=0$

8 無限級数・無限等比級数 (p.20)

37 与えられた無限級数の部分和 S_n は

$$S_n=\sum_{k=1}^{n}\frac{1}{(k+2)(k+3)}$$
$$=\sum_{k=1}^{n}\left(\frac{1}{k+2}-\frac{1}{k+3}\right)$$
$$=\left(\frac{1}{3}-\frac{1}{4}\right)+\left(\frac{1}{4}-\frac{1}{5}\right)+\left(\frac{1}{5}-\frac{1}{6}\right)+\cdots\cdots+\left(\frac{1}{n+2}-\frac{1}{n+3}\right)$$
$$=\frac{1}{3}-\frac{1}{n+3}$$

よって $\lim_{n\to\infty}S_n=\lim_{n\to\infty}\left(\frac{1}{3}-\frac{1}{n+3}\right)=\frac{1}{3}$

ゆえに $\sum_{k=1}^{\infty}\frac{1}{(k+2)(k+3)}=\frac{\mathbf{1}}{\mathbf{3}}$

38 初項 1，公比 $\frac{2}{3}$ の無限等比級数であり，

$\left|\frac{2}{3}\right|<1$ であるから**収束**し，その和 S は

$$S=\frac{1}{1-\frac{2}{3}}=\mathbf{3}$$

無限級数

無限級数 $\sum_{k=1}^{\infty}a_k$ の初項から第 n 項までの和

$$S_n=\sum_{k=1}^{n}a_k=a_1+a_2+\cdots+a_n$$

を部分和という。

$\lim_{n\to\infty}S_n=\lim_{n\to\infty}\sum_{k=1}^{n}a_k=S$ のとき，無限級数 $\sum_{k=1}^{\infty}a_k$ は S に収束するといい，S を無限級数の和という。

無限等比級数の収束・発散

$a\neq0$ のとき，初項 a，公比 r の無限等比級数 $\sum_{k=1}^{\infty}ar^{k-1}$ は

$|r|<1$ のとき収束し，

その和は $\frac{a}{1-r}$

$|r|\geqq1$ のとき発散する。

39 与えられた無限級数の部分和 S_n は

$$S_n=\sum_{k=1}^{n}\frac{3}{(3k-2)(3k+1)}$$
$$=\sum_{k=1}^{n}\left(\frac{1}{3k-2}-\frac{1}{3k+1}\right)$$
$$=\left(\frac{1}{1}-\frac{1}{4}\right)+\left(\frac{1}{4}-\frac{1}{7}\right)+\left(\frac{1}{7}-\frac{1}{10}\right)+\cdots\cdots+\left(\frac{1}{3n-2}-\frac{1}{3n+1}\right)$$
$$=1-\frac{1}{3n+1}$$

よって

$$\lim_{n\to\infty}S_n=\lim_{n\to\infty}\left(1-\frac{1}{3n+1}\right)=1$$

ゆえに

$$\sum_{k=1}^{\infty}\frac{3}{(3k-2)(3k+1)}=\mathbf{1}$$

←部分分数に分けるとき，

$\frac{3}{(3k-2)(3k+1)}$

$=\frac{a}{3k-2}-\frac{b}{3k+1}$

とおいて，定数 a，b を求めてもよい。

$\frac{a}{3k-2}-\frac{b}{3k+1}$

$=\frac{a(3k+1)-b(3k-2)}{(3k-2)(3k+1)}$

$=\frac{(3a-3b)k+(a+2b)}{(3k-2)(3k+1)}$

より $\begin{cases}3a-3b=0\\a+2b=3\end{cases}$

よって　$a=1$，$b=1$

40 (1)　初項 0.6，公比 0.1 の無限等比級数であり，

$|0.1|<1$ であるから**収束**し，その和 S は

$$S=\frac{0.6}{1-0.1}=\mathbf{\frac{2}{3}}$$

←$S=\frac{a}{1-r}$

(2)　初項 1，公比 3 の無限等比級数であり，

$|3|\geqq1$ であるから，**発散**する。

(3)　初項 3，公比 $-\frac{1}{\sqrt{3}}$ の無限等比級数であり，

$\left|-\frac{1}{\sqrt{3}}\right|<1$ であるから**収束**し，その和 S は

$$S=\frac{3}{1-\left(-\frac{1}{\sqrt{3}}\right)}=\frac{3\sqrt{3}}{\sqrt{3}+1}$$
$$=\frac{3\sqrt{3}(\sqrt{3}-1)}{(\sqrt{3}+1)(\sqrt{3}-1)}=\mathbf{\frac{9-3\sqrt{3}}{2}}$$

←$S=\frac{a}{1-r}$

41 与えられた無限級数の部分和 S_n は

$$S_n=\sum_{k=1}^{n}\frac{1}{\sqrt{k+3}+\sqrt{k+2}}$$
$$=\sum_{k=1}^{n}(\sqrt{k+3}-\sqrt{k+2})$$
$$=(\sqrt{4}-\sqrt{3})+(\sqrt{5}-\sqrt{4})+\cdots\cdots+(\sqrt{n+3}-\sqrt{n+2})$$
$$=-\sqrt{3}+\sqrt{n+3}$$

よって

$$\lim_{n\to\infty}S_n=\lim_{n\to\infty}(-\sqrt{3}+\sqrt{n+3})=\infty$$

ゆえに，この無限級数は**発散**する。

←与えられた等式

$\frac{1}{\sqrt{k+3}+\sqrt{k+2}}$

$=\sqrt{k+3}-\sqrt{k+2}$

を用いる。

42 初項 3，公比 $1-x$ の無限等比級数であるから，

これが収束するのは

$|1-x|<1$

すなわち　$\mathbf{0<x<2}$

のときである。

←$-1<1-x<1$ より $0<x<2$

また，その和 S は

$$S=\frac{3}{1-(1-x)}=\mathbf{\frac{3}{x}}$$

←$S=\frac{a}{1-r}$

JUMP 8

右の図のように，
面積が S_1 である正方形の
一辺の長さを x とすると
$\triangle AB_1C_1 \backsim \triangle ABC$ より
　$x:(3-x)=1:3$

これを解くと　$x=\dfrac{3}{4}$

よって　$S_1=\left(\dfrac{3}{4}\right)^2=\dfrac{9}{16}$

ここで，$\dfrac{S_2}{S_1}=\left(\dfrac{B_2C_2}{B_1C_1}\right)^2=\left(\dfrac{B_1C_1}{BC}\right)^2=\left(\dfrac{3}{4}\right)^2=\dfrac{9}{16}$　より

　$S_2=\dfrac{9}{16}S_1$

同様に　$S_3=\dfrac{9}{16}S_2$，$S_4=\dfrac{9}{16}S_3$，……

ゆえに，正方形の面積 S_1，S_2，S_3，……の総和は，

初項 $\dfrac{9}{16}$，公比 $\dfrac{9}{16}$ の無限等比級数の和であるから

$$\frac{\frac{9}{16}}{1-\frac{9}{16}}=\frac{9}{16-9}=\mathbf{\frac{9}{7}}$$

考え方　相似な直角三角形に注目して，隣り合う正方形の面積比を考える。

⬅ $x:(3-x)=1:3$
$3x=3-x$
$4x=3$
$x=\dfrac{3}{4}$

⬅ 2 つの相似な図形の面積比は，相似比の 2 乗に等しい。

⬅ $S=\dfrac{a}{1-r}$

9 無限級数の性質 (p.22)

43 $\displaystyle\sum_{n=1}^{\infty}\frac{1}{3^n}$ は初項 $\dfrac{1}{3}$，公比 $\dfrac{1}{3}$ の無限等比級数で，

公比について $\left|\dfrac{1}{3}\right|<1$ より収束し，その和は

$$\sum_{n=1}^{\infty}\frac{1}{3^n}=\frac{\frac{1}{3}}{1-\frac{1}{3}}=\frac{1}{2}$$

$\displaystyle\sum_{n=1}^{\infty}\left(-\frac{1}{2}\right)^n$ は初項 $-\dfrac{1}{2}$，公比 $-\dfrac{1}{2}$ の無限等比級数で，

公比について $\left|-\dfrac{1}{2}\right|<1$ より収束し，その和は

$$\sum_{n=1}^{\infty}\left(-\frac{1}{2}\right)^n=\frac{-\frac{1}{2}}{1-\left(-\frac{1}{2}\right)}=-\frac{1}{3}$$

よって

$$\sum_{n=1}^{\infty}\left\{\frac{1}{3^n}+\left(-\frac{1}{2}\right)^n\right\}=\sum_{n=1}^{\infty}\frac{1}{3^n}+\sum_{n=1}^{\infty}\left(-\frac{1}{2}\right)^n$$
$$=\frac{1}{2}+\left(-\frac{1}{3}\right)=\mathbf{\frac{1}{6}}$$

44 $\displaystyle\lim_{n\to\infty}\frac{n}{3n-2}=\lim_{n\to\infty}\frac{1}{3-\frac{2}{n}}=\frac{1}{3}$

より，数列 $\left\{\dfrac{n}{3n-2}\right\}$ は 0 に収束しない。

よって，この無限級数は発散する。（終）

無限級数の性質

無限級数 $\displaystyle\sum_{n=1}^{\infty}a_n$，$\displaystyle\sum_{n=1}^{\infty}b_n$ がともに収束するとき

① $\displaystyle\sum_{n=1}^{\infty}ka_n=k\sum_{n=1}^{\infty}a_n$　（k は定数）

② $\displaystyle\sum_{n=1}^{\infty}(a_n+b_n)=\sum_{n=1}^{\infty}a_n+\sum_{n=1}^{\infty}b_n$

$\displaystyle\sum_{n=1}^{\infty}(a_n-b_n)=\sum_{n=1}^{\infty}a_n-\sum_{n=1}^{\infty}b_n$

⬅ $S=\dfrac{a}{1-r}$

無限級数の収束と発散

① 無限級数 $\displaystyle\sum_{n=1}^{\infty}a_n$ が収束するならば，$\displaystyle\lim_{n\to\infty}a_n=0$

② 数列 $\{a_n\}$ が 0 に収束しないならば，無限級数 $\displaystyle\sum_{n=1}^{\infty}a_n$ は発散する。

45 (1) $\sum_{n=1}^{\infty}\frac{3}{2^n}$ は初項 $\frac{3}{2}$，公比 $\frac{1}{2}$ の無限等比級数で，

公比について $\left|\frac{1}{2}\right|<1$ より収束し，その和は

$$\sum_{n=1}^{\infty}\frac{3}{2^n}=\frac{\frac{3}{2}}{1-\frac{1}{2}}=3$$

⬅無限等比級数が収束するとき，その和 S は

$$S=\frac{a}{1-r}$$

$\sum_{n=1}^{\infty}\frac{1}{4^n}$ は初項 $\frac{1}{4}$，公比 $\frac{1}{4}$ の無限等比級数で，

公比について $\left|\frac{1}{4}\right|<1$ より収束し，その和は

$$\sum_{n=1}^{\infty}\frac{1}{4^n}=\frac{\frac{1}{4}}{1-\frac{1}{4}}=\frac{1}{3}$$

よって $\sum_{n=1}^{\infty}\left(\frac{3}{2^n}+\frac{1}{4^n}\right)=\sum_{n=1}^{\infty}\frac{3}{2^n}+\sum_{n=1}^{\infty}\frac{1}{4^n}$

$$=3+\frac{1}{3}=\mathbf{\frac{10}{3}}$$

(2) $\sum_{n=1}^{\infty}4\left(\frac{2}{3}\right)^n$ は初項 $\frac{8}{3}$，公比 $\frac{2}{3}$ の無限等比級数で，

公比について $\left|\frac{2}{3}\right|<1$ より収束し，その和は

$$\sum_{n=1}^{\infty}4\left(\frac{2}{3}\right)^n=\frac{\frac{8}{3}}{1-\frac{2}{3}}=8$$

⬅無限等比級数が収束するとき，その和 S は

$$S=\frac{a}{1-r}$$

$\sum_{n=1}^{\infty}\left(-\frac{2}{3}\right)^n$ は初項 $-\frac{2}{3}$，公比 $-\frac{2}{3}$ の無限等比級数で，

公比について $\left|-\frac{2}{3}\right|<1$ より収束し，その和は

$$\sum_{n=1}^{\infty}\left(-\frac{2}{3}\right)^n=\frac{-\frac{2}{3}}{1-\left(-\frac{2}{3}\right)}=-\frac{2}{5}$$

よって $\sum_{n=1}^{\infty}\left\{4\left(\frac{2}{3}\right)^n-\left(-\frac{2}{3}\right)^n\right\}=\sum_{n=1}^{\infty}4\left(\frac{2}{3}\right)^n-\sum_{n=1}^{\infty}\left(-\frac{2}{3}\right)^n$

$$=8-\left(-\frac{2}{5}\right)=\mathbf{\frac{42}{5}}$$

46 $\lim_{n\to\infty}\frac{3n+2}{2n}=\lim_{n\to\infty}\left(\frac{3}{2}+\frac{1}{n}\right)=\frac{3}{2}$

より，数列 $\left\{\frac{3n+2}{2n}\right\}$ は 0 に収束しない。

よって，この無限級数は発散する。（終）

47 (1) $\sum_{n=1}^{\infty}\frac{1}{2^{n+1}}$ は初項 $\frac{1}{4}$，公比 $\frac{1}{2}$ の無限等比級数で，

⬅$n=1$ のとき

$$\frac{1}{2^{n+1}}=\frac{1}{2^2}=\frac{1}{4}$$

であるから，初項は $\frac{1}{4}$

公比について $\left|\frac{1}{2}\right|<1$ より収束し，その和は

$$\sum_{n=1}^{\infty}\frac{1}{2^{n+1}}=\frac{\frac{1}{4}}{1-\frac{1}{2}}=\frac{1}{2}$$

$\displaystyle\sum_{n=1}^{\infty}\frac{1}{(-3)^n}$ は初項 $-\dfrac{1}{3}$，公比 $-\dfrac{1}{3}$ の無限等比級数で，

公比について $\left|-\dfrac{1}{3}\right|<1$ より収束し，その和は

$$\sum_{n=1}^{\infty}\frac{1}{(-3)^n}=\frac{-\frac{1}{3}}{1-\left(-\frac{1}{3}\right)}=-\frac{1}{4}$$

⬅無限等比級数が収束するとき，その和 S は $S=\dfrac{a}{1-r}$

よって　$$\sum_{n=1}^{\infty}\left\{\frac{1}{2^{n+1}}+\frac{1}{(-3)^n}\right\}=\sum_{n=1}^{\infty}\frac{1}{2^{n+1}}+\sum_{n=1}^{\infty}\frac{1}{(-3)^n}=\frac{1}{2}+\left(-\frac{1}{4}\right)=\mathbf{\frac{1}{4}}$$

(2)　第 n 項は　$1\cdot\left(\dfrac{1}{4}\right)^{n-1}-\dfrac{2}{3}\cdot\left(\dfrac{1}{3}\right)^{n-1}=\left(\dfrac{1}{4}\right)^{n-1}-\dfrac{2}{3}\left(\dfrac{1}{3}\right)^{n-1}$

⬅1，$\dfrac{1}{4}$，$\dfrac{1}{16}$，……は，初項 1，公比 $\dfrac{1}{4}$

$\dfrac{2}{3}$，$\dfrac{2}{9}$，$\dfrac{2}{27}$，……は，初項 $\dfrac{2}{3}$，公比 $\dfrac{1}{3}$

$\displaystyle\sum_{n=1}^{\infty}\left(\frac{1}{4}\right)^{n-1}$ は初項 1，公比 $\dfrac{1}{4}$ の無限等比級数で，

公比について $\left|\dfrac{1}{4}\right|<1$ より収束し，その和は

$$\sum_{n=1}^{\infty}\left(\frac{1}{4}\right)^{n-1}=\frac{1}{1-\frac{1}{4}}=\frac{4}{3}$$

$\displaystyle\sum_{n=1}^{\infty}\frac{2}{3}\left(\frac{1}{3}\right)^{n-1}$ は初項 $\dfrac{2}{3}$，公比 $\dfrac{1}{3}$ の無限等比級数で，

公比について $\left|\dfrac{1}{3}\right|<1$ より収束し，その和は

$$\sum_{n=1}^{\infty}\frac{2}{3}\left(\frac{1}{3}\right)^{n-1}=\frac{\frac{2}{3}}{1-\frac{1}{3}}=1$$

⬅無限等比級数が収束するとき，その和 S は $S=\dfrac{a}{1-r}$

よって　$$\sum_{n=1}^{\infty}\left\{\left(\frac{1}{4}\right)^{n-1}-\frac{2}{3}\left(\frac{1}{3}\right)^{n-1}\right\}=\sum_{n=1}^{\infty}\left(\frac{1}{4}\right)^{n-1}-\sum_{n=1}^{\infty}\frac{2}{3}\left(\frac{1}{3}\right)^{n-1}=\frac{4}{3}-1=\mathbf{\frac{1}{3}}$$

JUMP 9

考え方　(1)分母，分子に $\sqrt{n+1}+\sqrt{n}$ を掛ける。

(1)　$$a_n=\sqrt{n+1}-\sqrt{n}=\frac{(\sqrt{n+1}-\sqrt{n})(\sqrt{n+1}+\sqrt{n})}{\sqrt{n+1}+\sqrt{n}}=\frac{1}{\sqrt{n+1}+\sqrt{n}}$$

⬅$n\to\infty$ のとき $\sqrt{n+1}+\sqrt{n}\to\infty$

よって　$\displaystyle\lim_{n\to\infty}a_n=\mathbf{0}$

(2)　$S_n=a_1+a_2+\cdots\cdots+a_n$
$=(\sqrt{2}-\sqrt{1})+(\sqrt{3}-\sqrt{2})+\cdots\cdots+(\sqrt{n+1}-\sqrt{n})$
$=-\sqrt{1}+\sqrt{n+1}=\boldsymbol{\sqrt{n+1}-1}$

(3)　(2)より　$\displaystyle\lim_{n\to\infty}S_n=\lim_{n\to\infty}(\sqrt{n+1}-1)=\infty$

⬅$n\to\infty$ のとき $\sqrt{n+1}\to\infty$

よって，無限級数 $\displaystyle\sum_{n=1}^{\infty}a_n$ は**発散**する。

(参考)

無限級数の性質「無限級数 $\displaystyle\sum_{n=1}^{\infty}a_n$ が収束するならば，$\displaystyle\lim_{n\to\infty}a_n=0$」の逆

「$\displaystyle\lim_{n\to\infty}a_n=0$ ならば，無限級数 $\displaystyle\sum_{n=1}^{\infty}a_n$ は収束する」……①

は成り立たない。
この $a_n=\sqrt{n+1}-\sqrt{n}$ は①の反例であり，このことから逆（①）が成り立たないことが分かる。

まとめの問題　関数と極限②(p.24)

1 (1) $\lim_{n\to\infty}\left(-\frac{1}{2}\right)^n=0$　であるから

$\lim_{n\to\infty}a_n=\lim_{n\to\infty}3\left(-\frac{1}{2}\right)^n=\mathbf{0}$

(2) n が奇数のとき　$a_n=0$

n が偶数のとき　$a_n=2n$

であるから，**振動**する（極限はない）。

> **数列 $\{a_n\}$ の極限**
> 収束…$\lim_{n\to\infty}a_n=\alpha$
> （極限値 α）
> 発散
> $\lim_{n\to\infty}a_n=\infty$
> （正の無限大に発散）
> $\lim_{n\to\infty}a_n=-\infty$
> （負の無限大に発散）
> 振動する

2 (1) $\lim_{n\to\infty}\frac{2n-1}{n+1}=\lim_{n\to\infty}\frac{2-\frac{1}{n}}{1+\frac{1}{n}}=\mathbf{2}$

←分母，分子を n で割る。

(2) $\lim_{n\to\infty}\frac{4n+1}{n^2-2n+5}=\lim_{n\to\infty}\frac{\frac{4}{n}+\frac{1}{n^2}}{1-\frac{2}{n}+\frac{5}{n^2}}=\mathbf{0}$

←分母，分子を n^2 で割る。

(3) $\lim_{n\to\infty}\frac{n^3}{3n^2+2n+1}=\lim_{n\to\infty}\frac{n}{3+\frac{2}{n}+\frac{1}{n^2}}=\infty$

←分母，分子を n^2 で割る。

(4) $\lim_{n\to\infty}(\sqrt{4n^2+n}-2n)=\lim_{n\to\infty}\frac{(\sqrt{4n^2+n}-2n)(\sqrt{4n^2+n}+2n)}{\sqrt{4n^2+n}+2n}$

←分母，分子に $\sqrt{4n^2+n}+2n$ を掛ける。

$=\lim_{n\to\infty}\frac{(4n^2+n)-4n^2}{\sqrt{4n^2+n}+2n}$

$=\lim_{n\to\infty}\frac{n}{\sqrt{4n^2+n}+2n}$

$=\lim_{n\to\infty}\frac{1}{\sqrt{4+\frac{1}{n}}+2}=\mathbf{\frac{1}{4}}$

←分母，分子を n で割る。

(5) $-1\leqq\cos n\theta\leqq1$　より　$0\leqq1-\cos n\theta\leqq2$

> $-1\leqq\cos\theta\leqq1$

各辺を n^2 で割ると　$0\leqq\frac{1-\cos n\theta}{n^2}\leqq\frac{2}{n^2}$

ここで，$\lim_{n\to\infty}\frac{2}{n^2}=0$ であるから　$\lim_{n\to\infty}\frac{1-\cos n\theta}{n^2}=\mathbf{0}$

←はさみうちの原理

(6) $\lim_{n\to\infty}\frac{4^n-2^n}{3^n}=\lim_{n\to\infty}\left\{\left(\frac{4}{3}\right)^n-\left(\frac{2}{3}\right)^n\right\}=\infty$

←$\lim_{n\to\infty}\left(\frac{4}{3}\right)^n=\infty,\ \lim_{n\to\infty}\left(\frac{2}{3}\right)^n=0$

(7) $\lim_{n\to\infty}\frac{4^{n-1}+(-3)^n}{4^n-3^n}=\lim_{n\to\infty}\frac{\frac{1}{4}\cdot4^n+(-3)^n}{4^n-3^n}$

$=\lim_{n\to\infty}\frac{\frac{1}{4}+\left(-\frac{3}{4}\right)^n}{1-\left(\frac{3}{4}\right)^n}=\mathbf{\frac{1}{4}}$

←分母，分子を 4^n で割る。
←$\lim_{n\to\infty}\left(-\frac{3}{4}\right)^n=0$,
$\lim_{n\to\infty}\left(\frac{3}{4}\right)^n=0$

3 (1) 与えられた無限級数の部分和 S_n は

$S_n=\sum_{k=1}^{n}\frac{1}{(k+3)(k+4)}$

$=\sum_{k=1}^{n}\left(\frac{1}{k+3}-\frac{1}{k+4}\right)$

←部分分数に分ける。

$=\left(\frac{1}{4}-\frac{1}{5}\right)+\left(\frac{1}{5}-\frac{1}{6}\right)+\left(\frac{1}{6}-\frac{1}{7}\right)+\cdots\cdots+\left(\frac{1}{n+3}-\frac{1}{n+4}\right)$

$=\frac{1}{4}-\frac{1}{n+4}$

よって

$$\lim_{n\to\infty}S_n=\lim_{n\to\infty}\left(\frac{1}{4}-\frac{1}{n+4}\right)=\frac{1}{4}$$

ゆえに

$$\sum_{k=1}^{\infty}\frac{1}{(k+3)(k+4)}=\mathbf{\frac{1}{4}}$$

(2) 与えられた無限級数の部分和 S_n は

$$S_n=\sum_{k=1}^{n}\frac{2}{(2k+1)(2k+3)}$$
$$=\sum_{k=1}^{n}\left(\frac{1}{2k+1}-\frac{1}{2k+3}\right)$$
$$=\left(\frac{1}{3}-\frac{1}{5}\right)+\left(\frac{1}{5}-\frac{1}{7}\right)+\left(\frac{1}{7}-\frac{1}{9}\right)+\cdots\cdots+\left(\frac{1}{2n+1}-\frac{1}{2n+3}\right)$$
$$=\frac{1}{3}-\frac{1}{2n+3}$$

よって

$$\lim_{n\to\infty}S_n=\lim_{n\to\infty}\left(\frac{1}{3}-\frac{1}{2n+3}\right)=\frac{1}{3}$$

ゆえに

$$\sum_{k=1}^{\infty}\frac{2}{(2k+1)(2k+3)}=\mathbf{\frac{1}{3}}$$

⬅ $\lim_{n\to\infty}\frac{1}{n+4}=0$

⬅部分分数に分けるとき，$\frac{2}{(2k+1)(2k+3)}=\frac{a}{2k+1}-\frac{b}{2k+3}$ とおいて，定数 a，b を求めてもよい。

⬅ $\lim_{n\to\infty}\frac{1}{2n+3}=0$

4 (1) 初項 $\frac{1}{2}$，公比 $\frac{1}{2}$ の無限等比級数であり，

$\left|\frac{1}{2}\right|<1$ であるから**収束**し，その和 S は

$$S=\frac{\frac{1}{2}}{1-\frac{1}{2}}=\mathbf{1}$$

(2) 初項 1，公比 $-\sqrt{2}$ の無限等比級数であり，
$|-\sqrt{2}\,|>1$ であるから，**発散**する。

5 (1) $\sum_{n=1}^{\infty}\frac{2}{3^n}$ は初項 $\frac{2}{3}$，公比 $\frac{1}{3}$ の無限等比級数で，

公比について $\left|\frac{1}{3}\right|<1$ より収束し，その和は

$$\sum_{n=1}^{\infty}\frac{2}{3^n}=\frac{\frac{2}{3}}{1-\frac{1}{3}}=1$$

$\sum_{n=1}^{\infty}\frac{1}{4^n}$ は初項 $\frac{1}{4}$，公比 $\frac{1}{4}$ の無限等比級数で，

公比について $\left|\frac{1}{4}\right|<1$ より収束し，その和は

$$\sum_{n=1}^{\infty}\frac{1}{4^n}=\frac{\frac{1}{4}}{1-\frac{1}{4}}=\frac{1}{3}$$

よって

$$\sum_{n=1}^{\infty}\left(\frac{2}{3^n}-\frac{1}{4^n}\right)=\sum_{n=1}^{\infty}\frac{2}{3^n}-\sum_{n=1}^{\infty}\frac{1}{4^n}$$
$$=1-\frac{1}{3}=\mathbf{\frac{2}{3}}$$

⬅無限等比級数が収束するとき，その和 S は

$$S=\frac{a}{1-r}$$

(2) $\sum_{n=1}^{\infty}\left(\frac{1}{2}\right)^{n+1}$ は初項 $\frac{1}{4}$，公比 $\frac{1}{2}$ の無限等比級数で，

公比について $\left|\frac{1}{2}\right|<1$ より収束し，その和は

$$\sum_{n=1}^{\infty}\left(\frac{1}{2}\right)^{n+1}=\frac{\frac{1}{4}}{1-\frac{1}{2}}=\frac{1}{2}$$

$\sum_{n=1}^{\infty}\left(-\frac{3}{4}\right)^{n+1}$ は初項 $\frac{9}{16}$，公比 $-\frac{3}{4}$ の無限等比級数で，

公比について $\left|-\frac{3}{4}\right|<1$ より収束し，その和は

$$\sum_{n=1}^{\infty}\left(-\frac{3}{4}\right)^{n+1}=\frac{\frac{9}{16}}{1-\left(-\frac{3}{4}\right)}=\frac{9}{28}$$

よって $\sum_{n=1}^{\infty}\left\{\left(\frac{1}{2}\right)^{n+1}+\left(-\frac{3}{4}\right)^{n+1}\right\}=\sum_{n=1}^{\infty}\left(\frac{1}{2}\right)^{n+1}+\sum_{n=1}^{\infty}\left(-\frac{3}{4}\right)^{n+1}$

$$=\frac{1}{2}+\frac{9}{28}=\mathbf{\frac{23}{28}}$$

⬅$n=1$ のとき $\left(\frac{1}{2}\right)^{n+1}=\left(\frac{1}{2}\right)^{2}=\frac{1}{4}$ であるから，初項は $\frac{1}{4}$

⬅$n=1$ のとき $\left(-\frac{3}{4}\right)^{n+1}=\left(-\frac{3}{4}\right)^{2}=\frac{9}{16}$ であるから，初項は $\frac{9}{16}$

10 関数の極限(1) (p.26)

48 (1) $\lim_{x\to4}\sqrt{2x+1}=\sqrt{2\cdot4+1}=\sqrt{9}=\mathbf{3}$

(2) $\lim_{x\to2}\frac{x-4}{x^2+4x+3}=\frac{2-4}{2^2+4\cdot2+3}=\mathbf{-\frac{2}{15}}$

(3) $\lim_{x\to3}\frac{x^2+x-12}{x-3}=\lim_{x\to3}\frac{(x+4)(x-3)}{x-3}$

$=\lim_{x\to3}(x+4)=3+4=\mathbf{7}$

(4) $\lim_{x\to2}\frac{\sqrt{x+7}-3}{x-2}=\lim_{x\to2}\frac{(\sqrt{x+7}-3)(\sqrt{x+7}+3)}{(x-2)(\sqrt{x+7}+3)}$

$=\lim_{x\to2}\frac{(x+7)-9}{(x-2)(\sqrt{x+7}+3)}$

$=\lim_{x\to2}\frac{x-2}{(x-2)(\sqrt{x+7}+3)}$

$=\lim_{x\to2}\frac{1}{\sqrt{x+7}+3}=\frac{1}{\sqrt{2+7}+3}=\mathbf{\frac{1}{6}}$

関数の極限値の性質

$\lim_{x\to a}f(x)=\alpha$,

$\lim_{x\to a}g(x)=\beta$ のとき

① $\lim_{x\to a}kf(x)=k\alpha$
(ただし，k は定数)

② $\lim_{x\to a}\{f(x)+g(x)\}=\alpha+\beta$
$\lim_{x\to a}\{f(x)-g(x)\}=\alpha-\beta$

③ $\lim_{x\to a}\{f(x)g(x)\}=\alpha\beta$

④ $\lim_{x\to a}\frac{f(x)}{g(x)}=\frac{\alpha}{\beta}$
(ただし，$\beta\neq0$)

49 (1) $\lim_{x\to8}\log_2 x=\log_2 8=\mathbf{3}$

(2) $\lim_{x\to-1}\frac{x-1}{x^2+4}=\frac{-1-1}{(-1)^2+4}=\mathbf{-\frac{2}{5}}$

(3) $\lim_{x\to-2}\frac{x^2+5x+6}{x+2}=\lim_{x\to-2}\frac{(x+2)(x+3)}{x+2}$

$=\lim_{x\to-2}(x+3)=-2+3=\mathbf{1}$

(4) $\lim_{x\to0}\frac{\sqrt{x+1}-1}{x}=\lim_{x\to0}\frac{(\sqrt{x+1}-1)(\sqrt{x+1}+1)}{x(\sqrt{x+1}+1)}$

$=\lim_{x\to0}\frac{(x+1)-1}{x(\sqrt{x+1}+1)}$

$=\lim_{x\to0}\frac{x}{x(\sqrt{x+1}+1)}$

$=\lim_{x\to0}\frac{1}{\sqrt{x+1}+1}=\frac{1}{\sqrt{0+1}+1}=\mathbf{\frac{1}{2}}$

⬅分母，分子に $\sqrt{x+1}+1$ を掛ける。

50 (1) $\displaystyle\lim_{x\to1}\frac{x^2+4x-5}{x-1}=\lim_{x\to1}\frac{(x-1)(x+5)}{x-1}$
$\displaystyle=\lim_{x\to1}(x+5)=1+5=\mathbf{6}$

(2) $\displaystyle\lim_{x\to-2}\frac{x^2-2x-8}{x^3+8}=\lim_{x\to-2}\frac{(x+2)(x-4)}{(x+2)(x^2-2x+4)}$
$\displaystyle=\lim_{x\to-2}\frac{x-4}{x^2-2x+4}=\frac{-2-4}{(-2)^2-2\cdot(-2)+4}=-\frac{\mathbf{1}}{\mathbf{2}}$

(3) $\displaystyle\lim_{x\to9}\frac{x-9}{\sqrt{x}-3}=\lim_{x\to9}\frac{(x-9)(\sqrt{x}+3)}{(\sqrt{x}-3)(\sqrt{x}+3)}$
$\displaystyle=\lim_{x\to9}\frac{(x-9)(\sqrt{x}+3)}{x-9}$
$\displaystyle=\lim_{x\to9}(\sqrt{x}+3)=\sqrt{9}+3=\mathbf{6}$

⬅分母，分子に $\sqrt{x}+3$ を掛ける。

(4) $\displaystyle\lim_{x\to-2}\frac{x+3-\sqrt{x+3}}{x+2}=\lim_{x\to-2}\frac{(x+3-\sqrt{x+3})(x+3+\sqrt{x+3})}{(x+2)(x+3+\sqrt{x+3})}$
$\displaystyle=\lim_{x\to-2}\frac{(x+3)^2-(x+3)}{(x+2)(x+3+\sqrt{x+3})}$
$\displaystyle=\lim_{x\to-2}\frac{(x+3)\{(x+3)-1\}}{(x+2)(x+3+\sqrt{x+3})}$
$\displaystyle=\lim_{x\to-2}\frac{(x+3)(x+2)}{(x+2)(x+3+\sqrt{x+3})}$
$\displaystyle=\lim_{x\to-2}\frac{x+3}{x+3+\sqrt{x+3}}=\frac{-2+3}{-2+3+\sqrt{1}}=\frac{\mathbf{1}}{\mathbf{2}}$

⬅分母，分子に $x+3+\sqrt{x+3}$ を掛ける。

JUMP 10

$\displaystyle\lim_{x\to1}(x-1)=0$ であるから，与えられた等式が成り立つとき
$\displaystyle\lim_{x\to1}(x^2+ax+b)=0$
よって　$1+a+b=0$
すなわち　$b=-a-1$ ……①
ここで
$\displaystyle\lim_{x\to1}\frac{x^2+ax+b}{x-1}=\lim_{x\to1}\frac{x^2+ax-a-1}{x-1}$
$\displaystyle=\lim_{x\to1}\frac{(x-1)(x+a+1)}{x-1}$
$\displaystyle=\lim_{x\to1}(x+a+1)=a+2$
ゆえに　$a+2=3$　　すなわち　$a=1$
①より　$b=-2$
このとき，与えられた等式が成り立つ。
したがって　$\mathbf{a=1,\ b=-2}$

考え方　$x\to1$ のとき，分母の極限値が 0 であるから，分子の極限値も 0 でなければ，条件を満たさない。

⬅極限値をもつための必要条件

⬅$x^2+ax-a-1$
$=x^2+ax-(a+1)$
$=(x-1)\{x+(a+1)\}$
$=(x-1)(x+a+1)$

⬅$\displaystyle\lim_{x\to1}\frac{x^2+x-2}{x-1}$
$\displaystyle=\lim_{x\to1}\frac{(x-1)(x+2)}{x-1}$
$\displaystyle=\lim_{x\to1}(x+2)=3$
(十分条件)

11 関数の極限(2) (p.28)

51 (1) $\displaystyle\lim_{x\to-1}\frac{2}{(x+1)^2}=\infty$

(2) $\displaystyle\lim_{x\to3+0}\frac{3}{x-3}=\infty$

(3) $\displaystyle\lim_{x\to\infty}\frac{1}{(x-2)^2}=\mathbf{0}$

(4) $\displaystyle\lim_{x\to\infty}\frac{3x^2+4x+5}{x^2+3x+1}=\lim_{x\to\infty}\frac{3+\frac{4}{x}+\frac{5}{x^2}}{1+\frac{3}{x}+\frac{1}{x^2}}=\frac{3}{1}=\mathbf{3}$

⬅$x>-1$，$x<-1$ のいずれの場合も　$(x+1)^2>0$
⬅$x>3$ のとき　$x-3>0$

⬅$\dfrac{1}{\infty}$ の形なので，極限は 0

⬅$\displaystyle\lim_{x\to\infty}\frac{4}{x}=0$，$\displaystyle\lim_{x\to\infty}\frac{5}{x^2}=0$
$\displaystyle\lim_{x\to\infty}\frac{3}{x}=0$，$\displaystyle\lim_{x\to\infty}\frac{1}{x^2}=0$

52 (1) $\lim_{x \to -0} \frac{2}{x} = -\infty$

⬅$x \to -0$ より　$x<0$

(2) $\lim_{x \to \infty} \frac{1}{x^2-3} = \mathbf{0}$

⬅$\frac{1}{\infty}$ の形なので，極限は 0

(3) $\lim_{x \to -\infty} \frac{-2x^2+1}{4x^2+3x+2} = \lim_{x \to -\infty} \frac{-2+\frac{1}{x^2}}{4+\frac{3}{x}+\frac{2}{x^2}} = \frac{-2}{4} = -\mathbf{\frac{1}{2}}$

⬅$\lim_{x \to -\infty} \frac{1}{x^2}=0$，$\lim_{x \to -\infty} \frac{3}{x}=0$
$\lim_{x \to -\infty} \frac{2}{x^2}=0$

(4) $\lim_{x \to \infty} (x^2-4x) = \lim_{x \to \infty} x^2\left(1-\frac{4}{x}\right) = \infty$

⬅$\lim_{x \to \infty} x^2=\infty$，$\lim_{x \to \infty}\left(1-\frac{4}{x}\right)=1$

(5) $\lim_{x \to -\infty} (x^5+x^4+1) = \lim_{x \to -\infty} x^5\left(1+\frac{1}{x}+\frac{1}{x^5}\right) = -\infty$

⬅$\lim_{x \to -\infty} x^5=-\infty$，
$\lim_{x \to -\infty}\left(1+\frac{1}{x}+\frac{1}{x^5}\right)=1$

53 (1) $\lim_{x \to \infty} \frac{-3x^2}{2x+1} = \lim_{x \to \infty} \frac{-3x}{2+\frac{1}{x}} = -\infty$

⬅$\lim_{x \to \infty}(-3x)=-\infty$，
$\lim_{x \to \infty}\frac{1}{x}=0$

(2) $\lim_{x \to -\infty} \frac{5x}{x^2+1} = \lim_{x \to -\infty} \frac{\frac{5}{x}}{1+\frac{1}{x^2}} = \frac{0}{1} = \mathbf{0}$

⬅$\lim_{x \to -\infty} \frac{5}{x}=0$，$\lim_{x \to -\infty} \frac{1}{x^2}=0$

54 $\lim_{x \to \infty}(\sqrt{x^2+3x}-x) = \lim_{x \to \infty} \frac{(\sqrt{x^2+3x}-x)(\sqrt{x^2+3x}+x)}{\sqrt{x^2+3x}+x}$

⬅分母，分子に $\sqrt{x^2+3x}+x$ を掛ける。

$= \lim_{x \to \infty} \frac{(x^2+3x)-x^2}{\sqrt{x^2+3x}+x} = \lim_{x \to \infty} \frac{3x}{\sqrt{x^2+3x}+x}$

$= \lim_{x \to \infty} \frac{3x}{\sqrt{x^2\left(1+\frac{3}{x}\right)}+x}$

$= \lim_{x \to \infty} \frac{3x}{x\sqrt{1+\frac{3}{x}}+x}$

⬅$x>0$ であるから，$\sqrt{\ }$ の前に x をくくり出す際に，$\sqrt{x^2}=x$ となる。

$= \lim_{x \to \infty} \frac{3}{\sqrt{1+\frac{3}{x}}+1} = \frac{3}{\sqrt{1}+1} = \mathbf{\frac{3}{2}}$

⬅分母，分子を x で割る。

JUMP 11

$x=-t$ とおくと，$x \to -\infty$ のとき $t \to \infty$ であるから

考え方　$x \to -\infty$ のとき，$x=-t$ とおくと $t \to \infty$ となることを利用する。

$\lim_{x \to -\infty}(\sqrt{9x^2+4x+2}+3x)$

$= \lim_{t \to \infty}\{\sqrt{9(-t)^2+4\cdot(-t)+2}+3\cdot(-t)\}$

$= \lim_{t \to \infty}(\sqrt{9t^2-4t+2}-3t)$

$= \lim_{t \to \infty} \frac{(\sqrt{9t^2-4t+2}-3t)(\sqrt{9t^2-4t+2}+3t)}{\sqrt{9t^2-4t+2}+3t}$

⬅分母，分子に $\sqrt{9t^2-4t+2}+3t$ を掛ける。

$= \lim_{t \to \infty} \frac{(9t^2-4t+2)-9t^2}{\sqrt{9t^2-4t+2}+3t} = \lim_{t \to \infty} \frac{-4t+2}{\sqrt{9t^2-4t+2}+3t}$

$= \lim_{t \to \infty} \frac{-4t+2}{\sqrt{t^2\left(9-\frac{4}{t}+\frac{2}{t^2}\right)}+3t} = \lim_{t \to \infty} \frac{-4t+2}{t\sqrt{9-\frac{4}{t}+\frac{2}{t^2}}+3t}$

⬅$t>0$ であるから，$\sqrt{\ }$ の前に t をくくり出す際に，$\sqrt{t^2}=t$ となる。

$= \lim_{t \to \infty} \frac{-4+\frac{2}{t}}{\sqrt{9-\frac{4}{t}+\frac{2}{t^2}}+3} = \frac{-4}{\sqrt{9}+3} = -\mathbf{\frac{2}{3}}$

12 指数関数・対数関数・三角関数の極限(p.30)

55 (1) $\displaystyle\lim_{x\to\infty}\left(\frac{1}{8}\right)^x=\mathbf{0}$

(2) $\displaystyle\lim_{x\to+0}\log_{\frac{1}{2}}x=\infty$

(3) $\displaystyle\lim_{x\to-\infty}\tan\frac{1}{x^2}=\tan 0=\mathbf{0}$

⬅$0<a<1$ のとき $\displaystyle\lim_{x\to\infty}a^x=0$

⬅$0<a<1$ のとき $\displaystyle\lim_{x\to+0}\log_a x=\infty$

56 (1) $\displaystyle\lim_{x\to0}\frac{\sin3x}{x}=\lim_{x\to0}\left(3\times\frac{\sin3x}{3x}\right)=3\times1=\mathbf{3}$

(2) $\displaystyle\lim_{x\to0}\frac{\sin5x}{\sin2x}=\lim_{x\to0}\frac{5\times\frac{\sin5x}{5x}}{2\times\frac{\sin2x}{2x}}=\frac{5\times1}{2\times1}=\mathbf{\frac{5}{2}}$

⬅$\displaystyle\lim_{\theta\to0}\frac{\sin3\theta}{3\theta}=1$

$\theta\to0$ のとき $3\theta\to0$

三角関数の極限

$\displaystyle\lim_{\theta\to0}\frac{\sin\theta}{\theta}=1$

57 (1) $\displaystyle\lim_{x\to\infty}\frac{3^x+2^x}{2^x}=\lim_{x\to\infty}\left(\frac{3^x}{2^x}+\frac{2^x}{2^x}\right)$

$\displaystyle=\lim_{x\to\infty}\left\{\left(\frac{3}{2}\right)^x+1\right\}=\infty$

(2) $\displaystyle\lim_{x\to\infty}\log_2\frac{1}{x}=\lim_{x\to\infty}\log_2x^{-1}$

$\displaystyle=\lim_{x\to\infty}(-\log_2x)$

$\displaystyle=-\lim_{x\to\infty}\log_2x=-\infty$

⬅$\log_aM^r=r\log_aM$

(3) $\displaystyle\lim_{x\to\infty}\cos\frac{1}{x^3}=\cos0=\mathbf{1}$

⬅$\cos0=1$

58 (1) $\displaystyle\lim_{x\to0}\frac{\sin3x-\sin x}{2x}=\lim_{x\to0}\left(\frac{\sin3x}{2x}-\frac{\sin x}{2x}\right)$

$\displaystyle=\lim_{x\to0}\left(\frac{1}{2}\times3\times\frac{\sin3x}{3x}-\frac{1}{2}\times\frac{\sin x}{x}\right)$

$\displaystyle=\frac{1}{2}\times3\times1-\frac{1}{2}\times1=\frac{3}{2}-\frac{1}{2}=\mathbf{1}$

(2) $\displaystyle\lim_{x\to0}\frac{\tan4x}{x}=\lim_{x\to0}\left(\frac{\sin4x}{\cos4x}\times\frac{1}{x}\right)$

$\displaystyle=\lim_{x\to0}\left(4\times\frac{\sin4x}{4x}\times\frac{1}{\cos4x}\right)$

$\displaystyle=4\times1\times\frac{1}{1}=\mathbf{4}$

⬅$\displaystyle\lim_{x\to0}\cos4x=\cos0=1$

59 $\displaystyle\lim_{x\to\infty}\{\log_3(9x+1)-\log_3(3x+5)\}=\lim_{x\to\infty}\left(\log_3\frac{9x+1}{3x+5}\right)$

$\displaystyle=\lim_{x\to\infty}\log_3\frac{9+\frac{1}{x}}{3+\frac{5}{x}}$

$\displaystyle=\log_3\frac{9}{3}=\log_33=\mathbf{1}$

60 (1) $\displaystyle\lim_{x\to0}\frac{\sin^22x}{8x^2}=\lim_{x\to0}\frac{\sin^22x}{2\times(2x)^2}$

$\displaystyle=\lim_{x\to0}\left\{\frac{1}{2}\times\left(\frac{\sin2x}{2x}\right)^2\right\}=\frac{1}{2}\times1^2=\mathbf{\frac{1}{2}}$

⬅$\displaystyle\frac{\sin^22x}{(2x)^2}=\left(\frac{\sin2x}{2x}\right)^2$

(2) $\dfrac{x^2}{1-\cos x}=\dfrac{x^2(1+\cos x)}{(1-\cos x)(1+\cos x)}$

$=\dfrac{x^2(1+\cos x)}{1-\cos^2 x}$

$=\dfrac{x^2}{\sin^2 x}\times(1+\cos x)$

$=\left(\dfrac{1}{\dfrac{\sin x}{x}}\right)^2\times(1+\cos x)$

よって

$$\lim_{x\to 0}\frac{x^2}{1-\cos x}=\lim_{x\to 0}\left\{\left(\frac{1}{\dfrac{\sin x}{x}}\right)^2\times(1+\cos x)\right\}$$

$$=\left(\frac{1}{1}\right)^2\times(1+1)=1\times 2=\mathbf{2}$$

⬅分母，分子に $1+\cos x$ を掛ける。

⬅$\dfrac{\sin^2 x}{x^2}=\left(\dfrac{\sin x}{x}\right)^2$

⬅$\cos 0=1$

JUMP 12

(1) $\dfrac{1}{x}=t$ とおくと，$x\to\infty$ のとき $t\to+0$ であるから

$$\lim_{x\to\infty}x\sin\frac{1}{x}=\lim_{t\to+0}\frac{1}{t}\sin t$$

$$=\lim_{t\to+0}\frac{\sin t}{t}=\mathbf{1}$$

(2) $0\leqq|\cos x|\leqq 1$　より

$$0\leqq\left|\frac{1}{x}\right||\cos x|\leqq\left|\frac{1}{x}\right|$$

よって　$0\leqq\left|\dfrac{1}{x}\cos x\right|\leqq\left|\dfrac{1}{x}\right|$

ここで，$\displaystyle\lim_{x\to-\infty}\left|\frac{1}{x}\right|=0$ であるから

$$\lim_{x\to-\infty}\left|\frac{1}{x}\cos x\right|=0$$

ゆえに　$\displaystyle\lim_{x\to-\infty}\frac{1}{x}\cos x=\mathbf{0}$

考え方　(1) $x\to\infty$ のとき，$\dfrac{1}{x}=t$ とおくと $t\to+0$ となることを利用する。
(2)はさみうちの原理を利用する。

はさみうちの原理
$\displaystyle\lim_{x\to a}f(x)=\alpha$,
$\displaystyle\lim_{x\to a}g(x)=\beta$
のとき，x が a に近く，つねに
　$f(x)\leqq h(x)\leqq g(x)$
で，かつ $\alpha=\beta$
ならば　$\displaystyle\lim_{x\to a}h(x)=\alpha$

13 関数の連続性 (p.32)

(p.32)

61 (1) 関数 $f(x)=\dfrac{x+4}{x+1}$ において

$$\lim_{x\to 1}\left(\frac{x+4}{x+1}\right)=\frac{5}{2}$$

また　$f(1)=\dfrac{5}{2}$

よって　$\displaystyle\lim_{x\to 1}f(x)=f(1)$

ゆえに，関数 $f(x)=\dfrac{x+4}{x+1}$ は **$x=1$ で連続である。**

(2) 関数 $f(x)=[2x]$ において

$\displaystyle\lim_{x\to+0}[2x]=0$

$\displaystyle\lim_{x\to-0}[2x]=-1$

であるから，$\displaystyle\lim_{x\to 0}[2x]$ は存在しない。

すなわち，関数 $f(x)=[2x]$ は **$x=0$ で連続でない。**

関数の連続
関数 $f(x)$ において，その定義域内の x の値 a に対して
　$\displaystyle\lim_{x\to a}f(x)=f(a)$
が成り立つとき
　$f(x)$ は $x=a$ で連続であるという。

⬅$y=[2x]$

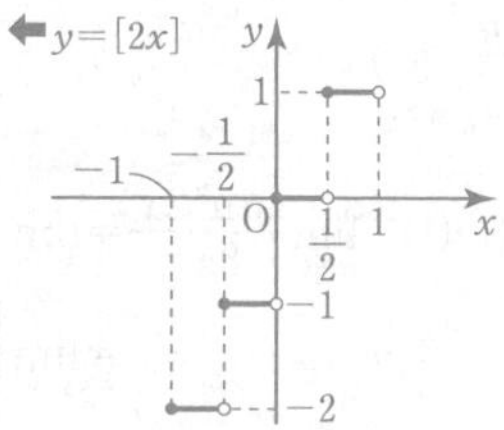

(3) 関数 $f(x)=[\cos x]$ において，

$x\to 0$ のとき $0\leqq \cos x<1$ であるから

$\lim_{x\to 0}[\cos x]=0$

また　$f(0)=1$

よって　$\lim_{x\to 0}f(x)\neq f(0)$

ゆえに，関数 $f(x)=[\cos x]$ は **$x=0$ で連続でない。**

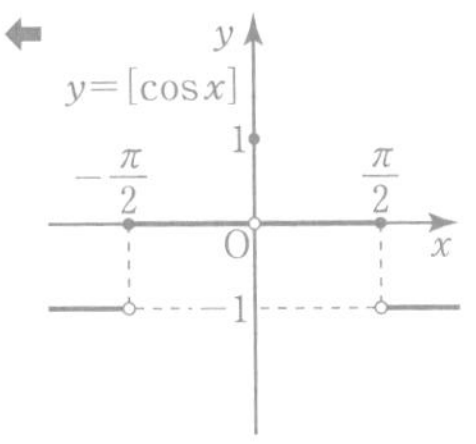

62 (1) $f(x)$ の分母について

$$x^2-x+1=\left(x-\frac{1}{2}\right)^2+\frac{3}{4}>0$$

であるから，関数 $f(x)=\dfrac{x+5}{x^2-x+1}$ は

区間 $(-\infty,\ \infty)$ で連続である。

⬅(分母)$=0$ となる x の値では定義されないので，分母がとりうる値を確認する。

(2) 真数は正であるから

$x>0$

よって，関数 $f(x)=\log_2 x$ は

区間 $(0,\ \infty)$ で連続である。

⬅対数関数 $y=\log_a x$ の定義域は　$x>0$

63 (1) (証明)　$f(x)=3^x-4x$ とおくと，

関数 $f(x)$ は区間 $[1,\ 2]$ で連続で

$f(1)=3-4=-1<0$

$f(2)=9-8=1>0$

であるから，$f(1)$ と $f(2)$ は異符号である。

よって，方程式 $f(x)=0$ すなわち $3^x-4x=0$ は

$1<x<2$ の範囲に少なくとも1つの実数解をもつ。(終)

⬅中間値の定理より，関数 $f(x)$ が区間 $[a,\ b]$ で連続で，$f(a)$ と $f(b)$ が異符号ならば，方程式 $f(x)=0$ は $a<x<b$ の範囲に少なくとも1つの実数解をもつ。

(2) (証明)　$f(x)=\log_5 x-\dfrac{x}{10}$ とおくと，

関数 $f(x)$ は区間 $[5,\ 25]$ で連続で

$$f(5)=\log_5 5-\frac{5}{10}=1-\frac{1}{2}=\frac{1}{2}>0$$

$$f(25)=\log_5 25-\frac{25}{10}$$

$$=\log_5 5^2-\frac{5}{2}=2-\frac{5}{2}=-\frac{1}{2}<0$$

であるから，$f(5)$ と $f(25)$ は異符号である。

よって，方程式 $f(x)=0$ すなわち $\log_5 x-\dfrac{x}{10}=0$ は

$5<x<25$ の範囲に少なくとも1つの実数解をもつ。(終)

JUMP 13

(証明)　$g(x)=f(x)-x^2$ とおくと，

関数 $f(x)$ と x^2 は連続であるから，関数 $g(x)$ は連続である。

$g(0)=f(0)-0^2=-1<0$

$g(1)=f(1)-1^2=2-1=1>0$

$g(2)=f(2)-2^2=3-4=-1<0$

$g(3)=f(3)-3^2=10-9=1>0$

よって，方程式 $g(x)=0$ は区間 $(0,\ 1)$，$(1,\ 2)$，$(2,\ 3)$ で

それぞれ少なくとも1つの実数解をもつ。

ゆえに，方程式 $f(x)-x^2=0$ は $0<x<3$ の範囲に

少なくとも3個の実数解をもつ。(終)

考え方　3つの区間 $[0,\ 1]$，$[1,\ 2]$，$[2,\ 3]$ において中間値の定理を考える。

まとめの問題　関数と極限③(p.34)

1 (1) $\lim_{x\to 6}\sqrt[3]{4x+3}=\sqrt[3]{4\cdot 6+3}=\sqrt[3]{27}=\mathbf{3}$

(2) $$\lim_{x\to 1}\frac{x^2+2x-3}{x^2+x-2}=\lim_{x\to 1}\frac{(x-1)(x+3)}{(x-1)(x+2)}=\lim_{x\to 1}\frac{x+3}{x+2}=\frac{1+3}{1+2}=\mathbf{\frac{4}{3}}$$

(3) $$\lim_{x\to -1}\frac{x^3+1}{x+1}=\lim_{x\to -1}\frac{(x+1)(x^2-x+1)}{x+1}=\lim_{x\to -1}(x^2-x+1)=(-1)^2-(-1)+1=\mathbf{3}$$

(4) $$\lim_{x\to -2}\frac{\sqrt{x+6}-2}{x+2}=\lim_{x\to -2}\frac{(\sqrt{x+6}-2)(\sqrt{x+6}+2)}{(x+2)(\sqrt{x+6}+2)}=\lim_{x\to -2}\frac{(x+6)-4}{(x+2)(\sqrt{x+6}+2)}=\lim_{x\to -2}\frac{x+2}{(x+2)(\sqrt{x+6}+2)}=\lim_{x\to -2}\frac{1}{\sqrt{x+6}+2}=\frac{1}{\sqrt{4}+2}=\mathbf{\frac{1}{4}}$$

⬅分母，分子に $\sqrt{x+6}+2$ を掛ける。

(5) $$\lim_{x\to 2}\frac{3x-6}{\sqrt{x+2}-2}=\lim_{x\to 2}\frac{3(x-2)(\sqrt{x+2}+2)}{(\sqrt{x+2}-2)(\sqrt{x+2}+2)}=\lim_{x\to 2}\frac{3(x-2)(\sqrt{x+2}+2)}{(x+2)-4}=\lim_{x\to 2}\frac{3(x-2)(\sqrt{x+2}+2)}{x-2}=\lim_{x\to 2}3(\sqrt{x+2}+2)=3(\sqrt{4}+2)=\mathbf{12}$$

⬅$\frac{0}{0}$ を解消するために分母を有理化する。

2 (1) $\lim_{x\to -1+0}\frac{1}{x+1}=\boldsymbol{\infty}$

⬅$x>-1$ のとき　$x+1>0$

(2) $\lim_{x\to\infty}\frac{3}{x^3+2}=\mathbf{0}$

⬅$\frac{3}{\infty}$ の形なので，極限は0

(3) $$\lim_{x\to\infty}\frac{5x^2-6x+1}{x^2+2x+3}=\lim_{x\to\infty}\frac{5-\frac{6}{x}+\frac{1}{x^2}}{1+\frac{2}{x}+\frac{3}{x^2}}=\frac{5}{1}=\mathbf{5}$$

⬅$\lim_{x\to\infty}\frac{6}{x}=0,\ \lim_{x\to\infty}\frac{1}{x^2}=0$
$\lim_{x\to\infty}\frac{2}{x}=0,\ \lim_{x\to\infty}\frac{3}{x^2}=0$

(4) $$\lim_{x\to -\infty}(x^2-3x-1)=\lim_{x\to -\infty}x^2\left(1-\frac{3}{x}-\frac{1}{x^2}\right)=\boldsymbol{\infty}$$

⬅$\lim_{x\to -\infty}x^2=\infty$
$\lim_{x\to -\infty}\frac{3}{x}=0,\ \lim_{x\to -\infty}\frac{1}{x^2}=0$

(5) $$\lim_{x\to\infty}(\sqrt{x^2+1}-x)=\lim_{x\to\infty}\frac{(\sqrt{x^2+1}-x)(\sqrt{x^2+1}+x)}{\sqrt{x^2+1}+x}=\lim_{x\to\infty}\frac{(x^2+1)-x^2}{\sqrt{x^2+1}+x}=\lim_{x\to\infty}\frac{1}{\sqrt{x^2+1}+x}=\mathbf{0}$$

⬅分母，分子に $\sqrt{x^2+1}+x$ を掛ける。

⬅$\frac{1}{\infty}$ の形なので，極限は0

3 (1) $\lim_{x\to -\infty}4^x=\mathbf{0}$

⬅$a>1$ のとき
$\lim_{x\to -\infty}a^x=0$

(2) $\lim_{x\to+0}\log_{\frac{1}{3}}x=\infty$

(3) $\lim_{x\to0}\dfrac{\sin2x}{3x}=\lim_{x\to0}\left(\dfrac{1}{3}\times2\times\dfrac{\sin2x}{2x}\right)$

$=\dfrac{1}{3}\times2\times1=\mathbf{\dfrac{2}{3}}$

(4) $\lim_{x\to\infty}\log_5\dfrac{5x-8}{x}=\lim_{x\to\infty}\log_5\left(5-\dfrac{8}{x}\right)$

$=\log_5 5=\mathbf{1}$

(5) $\lim_{x\to0}\dfrac{1-\cos x}{x\sin x}=\lim_{x\to0}\dfrac{(1-\cos x)(1+\cos x)}{x\sin x(1+\cos x)}$

$=\lim_{x\to0}\dfrac{1-\cos^2 x}{x\sin x(1+\cos x)}$

$=\lim_{x\to0}\dfrac{\sin^2 x}{x\sin x(1+\cos x)}$

$=\lim_{x\to0}\dfrac{\sin x}{x(1+\cos x)}$

$=\lim_{x\to0}\left(\dfrac{\sin x}{x}\times\dfrac{1}{1+\cos x}\right)$

$=1\times\dfrac{1}{1+1}=\mathbf{\dfrac{1}{2}}$

⬅$0<a<1$ のとき $\lim_{x\to+0}\log_a x=\infty$

⬅$\lim_{\theta\to0}\dfrac{\sin\theta}{\theta}=1$
$x\to0$ のとき，$2x\to0$

⬅$\lim_{x\to\infty}\dfrac{8}{x}=0$，$\log_a a=1$

⬅分母，分子に $1+\cos x$ を掛ける。

⬅$\lim_{x\to0}\dfrac{\sin x}{x}=1$，
$\lim_{x\to0}\cos x=\cos0=1$

4 (1) 関数 $f(x)=\dfrac{|x|}{x}$ において

$\lim_{x\to-1}\dfrac{|x|}{x}=-1$

また　$f(-1)=-1$

よって　$\lim_{x\to-1}f(x)=f(-1)$

ゆえに，関数 $f(x)=\dfrac{|x|}{x}$ は **$x=-1$ で連続である。**

⬅
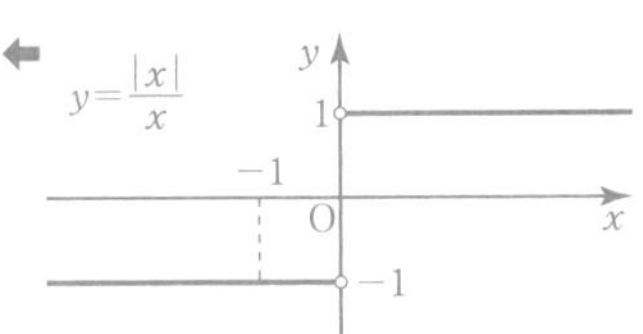

(2) 関数 $f(x)=[\sin x]$ において

$f\left(\dfrac{\pi}{2}\right)=\left[\sin\dfrac{\pi}{2}\right]=[1]=1$

また，$x\to\dfrac{\pi}{2}$ のとき $0\leqq\sin x<1$ であるから

$\lim_{x\to\frac{\pi}{2}}f(x)=0$

よって　$\lim_{x\to\frac{\pi}{2}}f(x)\neq f\left(\dfrac{\pi}{2}\right)$

ゆえに，関数 $f(x)=[\sin x]$ は **$x=\dfrac{\pi}{2}$ で連続でない。**

⬅
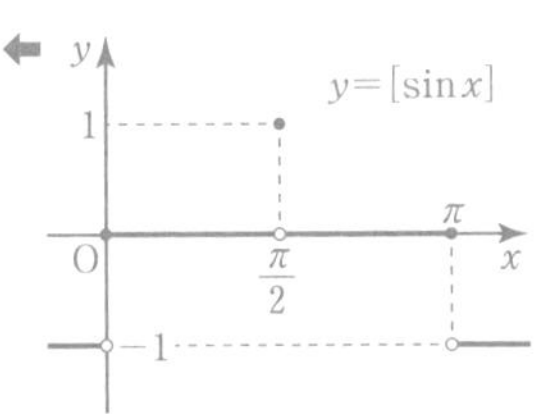

5 (証明) $f(x)=x-\left(\dfrac{1}{5}\right)^x$ とおくと，

関数 $f(x)$ は区間 $[0,\ 1]$ で連続で

$f(0)=0-\left(\dfrac{1}{5}\right)^0=0-1=-1<0$

$f(1)=1-\left(\dfrac{1}{5}\right)^1=1-\dfrac{1}{5}=\dfrac{4}{5}>0$

であるから，$f(0)$，$f(1)$ は異符号である。

よって，方程式 $f(x)=0$ すなわち $x-\left(\dfrac{1}{5}\right)^x=0$ は

$0<x<1$ の範囲に少なくとも 1 つの実数解をもつ。(終)

⬅中間値の定理より，関数 $f(x)$ が区間 $[a,\ b]$ で連続で，$f(a)$ と $f(b)$ が異符号ならば，方程式 $f(x)=0$ は $a<x<b$ の範囲に少なくとも 1 つの実数解をもつ。

14 微分法の復習 (p.36)

64 (1) $f(a)=a^2-1$，$f(b)=b^2-1$　より

$$\frac{f(b)-f(a)}{b-a}=\frac{(b^2-1)-(a^2-1)}{b-a}$$
$$=\frac{b^2-a^2}{b-a}=\frac{(b-a)(b+a)}{b-a}=\boldsymbol{a+b}$$

(2) $f(2)=3$，$f(2+h)=(2+h)^2-1=3+4h+h^2$　より

$$\frac{f(2+h)-f(2)}{(2+h)-2}=\frac{(3+4h+h^2)-3}{h}$$
$$=\frac{h(4+h)}{h}=\boldsymbol{4+h}$$

平均変化率
関数 $y=f(x)$ において，x の値が a から b まで変化するときの $f(x)$ の平均変化率は
$$\frac{f(b)-f(a)}{b-a}$$

65 $f'(x)=\lim_{h\to 0}\frac{f(x+h)-f(x)}{h}$

$$=\lim_{h\to 0}\frac{\{(x+h)^2+2\}-(x^2+2)}{h}$$
$$=\lim_{h\to 0}\frac{(x^2+2hx+h^2+2)-(x^2+2)}{h}$$
$$=\lim_{h\to 0}\frac{h(2x+h)}{h}=\lim_{h\to 0}(2x+h)=\boldsymbol{2x}$$

導関数の定義
関数 $y=f(x)$ の導関数 $f'(x)$ は
$$f'(x)=\lim_{h\to 0}\frac{f(x+h)-f(x)}{h}$$

66 (1) $y'=(x^3+5x)'$

$$=(x^3)'+(5x)'$$
$$=(x^3)'+5(x)'=\boldsymbol{3x^2+5}$$

(2) $y'=\left(\frac{1}{3}x^3+\frac{1}{2}x^2+x+1\right)'$

$$=\left(\frac{1}{3}x^3\right)'+\left(\frac{1}{2}x^2\right)'+(x)'+(1)'$$
$$=\frac{1}{3}(x^3)'+\frac{1}{2}(x^2)'+(x)'+(1)'=\boldsymbol{x^2+x+1}$$

$(x^n)'=nx^{n-1}$
$(n=1,\ 2,\ 3,\ \cdots)$
$(c)'=0$　(c は定数)
$\{kf(x)\}'=kf'(x)$
(k は定数)
$\{f(x)\pm g(x)\}'$
$=f'(x)\pm g'(x)$
(複号同順)

67 $f'(x)=3x^2+4x$

(1) $f'(1)=3\times 1^2+4\times 1=\boldsymbol{7}$

(2) $f'(-2)=3\times(-2)^2+4\times(-2)=\boldsymbol{4}$

⬅$f'(x)$ を求めてから数値を代入する。

15 微分係数と導関数 (p.38)

68 $f(1+h)-f(1)=\sqrt{(1+h)+2}-\sqrt{1+2}$

$$=\sqrt{3+h}-\sqrt{3}$$
$$=\frac{(\sqrt{3+h}-\sqrt{3})(\sqrt{3+h}+\sqrt{3})}{\sqrt{3+h}+\sqrt{3}}$$
$$=\frac{(3+h)-3}{\sqrt{3+h}+\sqrt{3}}=\frac{h}{\sqrt{3+h}+\sqrt{3}}$$

よって

$$f'(1)=\lim_{h\to 0}\frac{f(1+h)-f(1)}{h}$$
$$=\lim_{h\to 0}\frac{h}{\sqrt{3+h}+\sqrt{3}}\cdot\frac{1}{h}$$
$$=\lim_{h\to 0}\frac{1}{\sqrt{3+h}+\sqrt{3}}=\boldsymbol{\frac{1}{2\sqrt{3}}}$$

微分係数
$$f'(a)=\lim_{h\to 0}\frac{f(a+h)-f(a)}{h}$$

⬅分子の有理化
分母，分子に $\sqrt{3+h}+\sqrt{3}$ を掛ける。

⬅$\frac{\sqrt{3}}{6}$ と解答してもよい。

69 $f(x+h)-f(x)=\dfrac{1}{2(x+h)^2}-\dfrac{1}{2x^2}$

$$=\frac{x^2-(x+h)^2}{2x^2(x+h)^2}$$

$$=\frac{-h^2-2hx}{2x^2(x+h)^2}=\frac{-h(h+2x)}{2x^2(x+h)^2}$$

よって

$$f'(x)=\lim_{h\to 0}\frac{f(x+h)-f(x)}{h}$$

$$=\lim_{h\to 0}\frac{-h(h+2x)}{2x^2(x+h)^2}\cdot\frac{1}{h}$$

$$=\lim_{h\to 0}\frac{-(h+2x)}{2x^2(x+h)^2}=\frac{-2x}{2x^4}=-\boldsymbol{\frac{1}{x^3}}$$

導関数
$f'(x)=\lim_{h\to 0}\dfrac{f(x+h)-f(x)}{h}$

70 (1) $f(0+h)-f(0)=\sqrt{h+2}-\sqrt{2}$

$$=\frac{(\sqrt{h+2}-\sqrt{2})(\sqrt{h+2}+\sqrt{2})}{\sqrt{h+2}+\sqrt{2}}$$

$$=\frac{(h+2)-2}{\sqrt{h+2}+\sqrt{2}}=\frac{h}{\sqrt{h+2}+\sqrt{2}}$$

⬅分子の有理化
分母，分子に $\sqrt{h+2}+\sqrt{2}$ を掛ける。

よって

$$f'(0)=\lim_{h\to 0}\frac{f(0+h)-f(0)}{h}$$

$$=\lim_{h\to 0}\frac{h}{\sqrt{h+2}+\sqrt{2}}\cdot\frac{1}{h}$$

$$=\lim_{h\to 0}\frac{1}{\sqrt{h+2}+\sqrt{2}}=\boldsymbol{\frac{1}{2\sqrt{2}}}$$

⬅$\dfrac{\sqrt{2}}{4}$ と解答してもよい。

(2) $f(1+h)-f(1)=\dfrac{1}{3+h}-\dfrac{1}{3}=\dfrac{3-(3+h)}{3(3+h)}=\dfrac{-h}{3(3+h)}$

よって

$$f'(1)=\lim_{h\to 0}\frac{f(1+h)-f(1)}{h}$$

$$=\lim_{h\to 0}\frac{-h}{3(3+h)}\cdot\frac{1}{h}$$

$$=\lim_{h\to 0}\frac{-1}{3(3+h)}=-\boldsymbol{\frac{1}{9}}$$

71 (1) $f(x+h)-f(x)=2\sqrt{x+h}-2\sqrt{x}$

$$=\frac{2(\sqrt{x+h}-\sqrt{x})(\sqrt{x+h}+\sqrt{x})}{\sqrt{x+h}+\sqrt{x}}$$

$$=\frac{2h}{\sqrt{x+h}+\sqrt{x}}$$

⬅分子の有理化
分母，分子に $\sqrt{x+h}+\sqrt{x}$ を掛ける。

よって

$$f'(x)=\lim_{h\to 0}\frac{f(x+h)-f(x)}{h}$$

$$=\lim_{h\to 0}\frac{2h}{\sqrt{x+h}+\sqrt{x}}\cdot\frac{1}{h}$$

$$=\lim_{h\to 0}\frac{2}{\sqrt{x+h}+\sqrt{x}}=\frac{2}{2\sqrt{x}}=\boldsymbol{\frac{1}{\sqrt{x}}}$$

(2) $f'(x)=\dfrac{1}{\sqrt{x}}$ において，$x=3$ とすると

$$f'(3)=\boldsymbol{\frac{1}{\sqrt{3}}}$$

⬅$\dfrac{\sqrt{3}}{3}$ と解答してもよい。

JUMP 15

（証明）

$$\lim_{h\to+0}\frac{f(3+h)-f(3)}{h}=\lim_{h\to+0}\frac{|h|}{h}=\lim_{h\to+0}\frac{h}{h}=1$$

$$\lim_{h\to-0}\frac{f(3+h)-f(3)}{h}=\lim_{h\to-0}\frac{|h|}{h}=\lim_{h\to-0}\frac{-h}{h}=-1$$

となるから，$f'(3)$ は存在しない。

よって，関数 $f(x)=|x-3|$ は $x=3$ において微分可能でない。（終）

考え方　$h\to0$ のとき，$\dfrac{f(a+h)-f(a)}{h}$ の極限値が存在しないことを示す。

16 積・商の微分法（p.40）

関数の積の微分法
$\{f(x)g(x)\}'$
$=f'(x)g(x)+f(x)g'(x)$

関数の商の微分法
$\left\{\dfrac{f(x)}{g(x)}\right\}'$
$=\dfrac{f'(x)g(x)-f(x)g'(x)}{\{g(x)\}^2}$
とくに
$\left\{\dfrac{1}{g(x)}\right\}'=-\dfrac{g'(x)}{\{g(x)\}^2}$

72 (1) $y'=(x^2+1)'(3x-1)+(x^2+1)(3x-1)'$

$=2x\cdot(3x-1)+(x^2+1)\cdot3=\mathbf{9x^2-2x+3}$

（注） $y=3x^3-x^2+3x-1$ と展開してから微分して

$y'=9x^2-2x+3$ と求めることもできる。

(2) $y'=-\dfrac{(x+2)'}{(x+2)^2}=-\dfrac{\mathbf{1}}{\mathbf{(x+2)^2}}$

(3) $y'=\dfrac{(x^2+3)'(x-1)-(x^2+3)(x-1)'}{(x-1)^2}$

$=\dfrac{2x\cdot(x-1)-(x^2+3)\cdot1}{(x-1)^2}$

$=\dfrac{\mathbf{x^2-2x-3}}{\mathbf{(x-1)^2}}$

⬅ $\dfrac{(x-3)(x+1)}{(x-1)^2}$ と解答してもよい。

73 $y'=(2x^{-3})'=2\cdot(-3)\cdot x^{-3-1}=-6x^{-4}=-\dfrac{\mathbf{6}}{\mathbf{x^4}}$

x^n の導関数
n が整数のとき
$(x^n)'=nx^{n-1}$

74 (1) $y'=(x-5)'(x^2+3)+(x-5)(x^2+3)'$

$=1\cdot(x^2+3)+(x-5)\cdot2x$

$=\mathbf{3x^2-10x+3}$

⬅ $(f\cdot g)'=f'\cdot g+f\cdot g'$
（注）展開してから微分してもよい。

(2) $y'=\dfrac{(x)'(3x+2)-x(3x+2)'}{(3x+2)^2}$

$=\dfrac{3x+2-3x}{(3x+2)^2}=\dfrac{\mathbf{2}}{\mathbf{(3x+2)^2}}$

⬅ $\left(\dfrac{f}{g}\right)'=\dfrac{f'\cdot g-f\cdot g'}{g^2}$

(3) $y'=-\dfrac{(x^2+x+1)'}{(x^2+x+1)^2}$

$=-\dfrac{\mathbf{2x+1}}{\mathbf{(x^2+x+1)^2}}$

⬅ $\left(\dfrac{1}{g}\right)'=-\dfrac{g'}{g^2}$

75 (1) $y'=\left(-\dfrac{1}{2}x^{-4}\right)'$

$=-\dfrac{1}{2}\cdot(-4)x^{-4-1}=2x^{-5}=\dfrac{\mathbf{2}}{\mathbf{x^5}}$

⬅ $(x^n)'=nx^{n-1}$

⬅ $x^{-k}=\dfrac{1}{x^k}$

(2) $y'=(2x-3x^{-1}+4x^{-2})'$

$=2+3x^{-2}-8x^{-3}=\mathbf{2+\dfrac{3}{x^2}-\dfrac{8}{x^3}}$

⬅ $x^{-k}=\dfrac{1}{x^k}$

76 (1) $y'=\dfrac{(3x^2-2x-4)'(x^2+1)-(3x^2-2x-4)(x^2+1)'}{(x^2+1)^2}$

$=\dfrac{(6x-2)(x^2+1)-(3x^2-2x-4)\cdot2x}{(x^2+1)^2}$

$=\dfrac{\mathbf{2(x^2+7x-1)}}{\mathbf{(x^2+1)^2}}$

⬅ $\left(\dfrac{f}{g}\right)'=\dfrac{f'\cdot g-f\cdot g'}{g^2}$

別解 $y=\dfrac{3x^2-2x-4}{x^2+1}=\dfrac{3(x^2+1)-2x-7}{x^2+1}=-\dfrac{2x+7}{x^2+1}+3$

よって

$$y'=-\left(\frac{2x+7}{x^2+1}\right)'=-\frac{2(x^2+1)-(2x+7)\cdot 2x}{(x^2+1)^2}$$

$$=\frac{2x^2+14x-2}{(x^2+1)^2}=\boldsymbol{\frac{2(x^2+7x-1)}{(x^2+1)^2}}$$

⬅ $\left(\dfrac{f}{g}\right)'=\dfrac{f'\cdot g-f\cdot g'}{g^2}$

(2) $y'=(4x^2-x+3-5x^{-1})'$

$$=8x-1+0+5x^{-2}=\boldsymbol{8x-1+\frac{5}{x^2}}$$

⬅ $x^{-k}=\dfrac{1}{x^k}$

(3) $y'=\left(\dfrac{5}{6}x^{-1}+\dfrac{7}{6}x^{-2}-\dfrac{4}{3}x^{-3}\right)'$

$$=-\frac{5}{6}x^{-2}-\frac{7}{3}x^{-3}+4x^{-4}=\boldsymbol{-\frac{5}{6x^2}-\frac{7}{3x^3}+\frac{4}{x^4}}$$

⬅ $x^{-k}=\dfrac{1}{x^k}$

(4) 展開して整理すると

$$y=x-\frac{1}{x}=x-x^{-1}$$

よって

$$y'=(x-x^{-1})'=1+x^{-2}=\boldsymbol{1+\frac{1}{x^2}}$$

(注) この問題では，積の微分法を用いると計算が大変。

$$y'=(x+1)'\left(1-\frac{1}{x}\right)+(x+1)(1-x^{-1})'$$

$$=1\cdot\left(1-\frac{1}{x}\right)+(x+1)\cdot x^{-2}$$

$$=1-\frac{1}{x}+(x+1)\cdot\frac{1}{x^2}=\boldsymbol{1+\frac{1}{x^2}}$$

JUMP 16

考え方 展開して簡単な式に変形する。

展開して整理すると

$$y=1-\frac{1}{x^4}=1-x^{-4}$$

⬅ $(a-b)(a^3+a^2b+ab^2+b^3)=a^4-b^4$

よって

$$y'=(1-x^{-4})'=4x^{-5}=\boldsymbol{\frac{4}{x^5}}$$

17 合成関数・逆関数の微分法 (p.42)

> **合成関数の微分法**
> $\{f(g(x))\}'=f'(g(x))g'(x)$

77 (1) $y'=5(2x^3-3)^4\cdot(2x^3-3)'=\boldsymbol{30x^2(2x^3-3)^4}$

(2) $\dfrac{2}{\sqrt{x^3}}=2\cdot x^{-\frac{3}{2}}$ であるから

⬅ $\dfrac{1}{x^k}=x^{-k}$，$\sqrt[n]{x^m}=x^{\frac{m}{n}}$

> **x^r の導関数**
> r が有理数のとき
> $(x^r)'=rx^{r-1}$

$$y'=(2\cdot x^{-\frac{3}{2}})'$$

$$=2\cdot\left(-\frac{3}{2}x^{-\frac{5}{2}}\right)$$

$$=-3\cdot\frac{1}{x^{\frac{5}{2}}}=\boldsymbol{-\frac{3}{\sqrt{x^5}}}$$

⬅ $-\dfrac{3}{x^2\sqrt{x}}$ と解答してもよい。

78 (1) $y'=3(2x+1)^2\cdot(2x+1)'=\boldsymbol{6(2x+1)^2}$

⬅ $\{f(g(x))\}'=f'(g(x))g'(x)$

(2) $y'=3(4-3x^2)^2\cdot(4-3x^2)'=\boldsymbol{-18x(4-3x^2)^2}$

(3) $y'=\{(4x+3)^{-2}\}'$

$$=-2(4x+3)^{-3}\cdot(4x+3)'=\boldsymbol{-\frac{8}{(4x+3)^3}}$$

⬅ $\{f(g(x))\}'=f'(g(x))g'(x)$

(4) $\left(\dfrac{x^2+2}{2x}\right)^3=\left(\dfrac{x}{2}+\dfrac{1}{x}\right)^3=\left(\dfrac{x}{2}+x^{-1}\right)^3$ であるから

$$y'=3\left(\frac{x}{2}+x^{-1}\right)^2\left(\frac{x}{2}+x^{-1}\right)'$$

$$=3\left(\frac{x}{2}+\frac{1}{x}\right)^2\left(\frac{1}{2}-x^{-2}\right)$$

$$=3\left(\frac{x^2+2}{2x}\right)^2\cdot\frac{x^2-2}{2x^2}=\boldsymbol{\frac{3(x^2+2)^2(x^2-2)}{8x^4}}$$

⬅$\{f(g(x))\}'=f'(g(x))g'(x)$

別解 $y'=3\left(\dfrac{x^2+2}{2x}\right)^2\left(\dfrac{x^2+2}{2x}\right)'$

⬅$\{f(g(x))\}'=f'(g(x))g'(x)$

ここで

$$\left(\frac{x^2+2}{2x}\right)'=\frac{(x^2+2)'\cdot 2x-(x^2+2)\cdot(2x)'}{(2x)^2}$$

$$=\frac{2x^2-4}{4x^2}=\frac{x^2-2}{2x^2}$$

⬅$\left(\dfrac{f}{g}\right)'=\dfrac{f'\cdot g-f\cdot g'}{g^2}$

であるから

$$y'=3\left(\frac{x^2+2}{2x}\right)^2\frac{x^2-2}{2x^2}=\boldsymbol{\frac{3(x^2+2)^2(x^2-2)}{8x^4}}$$

79 $y=\sqrt[6]{x}$ を x について解くと $x=y^6$

であるから $\dfrac{dx}{dy}=6y^5$

⬅x を y で微分する。

よって $\dfrac{dy}{dx}=\dfrac{1}{\dfrac{dx}{dy}}=\dfrac{1}{6y^5}=\boldsymbol{\dfrac{1}{6\sqrt[6]{x^5}}}$

⬅$(\sqrt[6]{x})^5=\sqrt[6]{x^5}$

80 (1) $y'=(x^{\frac{1}{10}})'=\dfrac{1}{10}x^{-\frac{9}{10}}=\dfrac{1}{10x^{\frac{9}{10}}}=\boldsymbol{\dfrac{1}{10\sqrt[10]{x^9}}}$

⬅r が有理数のとき $(x^r)'=rx^{r-1}$

別解 $y=\sqrt[10]{x}$ を x について解くと $x=y^{10}$

であるから $\dfrac{dx}{dy}=10y^9$

⬅x を y で微分する。

よって $\dfrac{dy}{dx}=\dfrac{1}{\dfrac{dx}{dy}}=\dfrac{1}{10y^9}=\boldsymbol{\dfrac{1}{10\sqrt[10]{x^9}}}$

⬅$(\sqrt[10]{x})^9=\sqrt[10]{x^9}$

(2) $y'=(x^{-\frac{2}{3}})'$

$=-\dfrac{2}{3}x^{-\frac{5}{3}}=\boldsymbol{-\dfrac{2}{3\sqrt[3]{x^5}}}$

⬅r が有理数のとき $(x^r)'=rx^{r-1}$

⬅$-\dfrac{2}{3x\sqrt[3]{x^2}}$ と解答してもよい。

(3) $y'=\{(3x+1)^{\frac{2}{3}}\}'$

$=\dfrac{2}{3}(3x+1)^{-\frac{1}{3}}(3x+1)'=\boldsymbol{\dfrac{2}{\sqrt[3]{3x+1}}}$

⬅$\{f(g(x))\}'=f'(g(x))g'(x)$

JUMP 17

考え方 右辺を $(3x^2+2)^r$ (r は有理数) の形で表す。

$\sqrt[5]{\dfrac{1}{(3x^2+2)^3}}=\sqrt[5]{(3x^2+2)^{-3}}=(3x^2+2)^{-\frac{3}{5}}$ であるから

$y'=\{(3x^2+2)^{-\frac{3}{5}}\}'$

$=-\dfrac{3}{5}(3x^2+2)^{-\frac{8}{5}}\cdot(3x^2+2)'$

$=\boldsymbol{-\dfrac{18x}{5\sqrt[5]{(3x^2+2)^8}}}$

⬅$-\dfrac{18x}{5(3x^2+2)\sqrt[5]{(3x^2+2)^3}}$ や $-\dfrac{18x}{5}\sqrt[5]{\dfrac{1}{(3x^2+2)^8}}$ と解答してもよい。

まとめの問題　微分法①(p.44)

1 (1) $y'=(x+2)'(2x^2-3x+4)+(x+2)(2x^2-3x+4)'$
$=1\cdot(2x^2-3x+4)+(x+2)(4x-3)=\boldsymbol{6x^2+2x-2}$

⇐ $(f\cdot g)'=f'\cdot g+f\cdot g'$

(2) $y'=-\dfrac{(2x+3)'}{(2x+3)^2}=-\dfrac{\boldsymbol{2}}{\boldsymbol{(2x+3)^2}}$

⇐ $\left(\dfrac{1}{g}\right)'=-\dfrac{g'}{g^2}$

(3) $y'=\left(\dfrac{3}{4}x-\dfrac{5}{4}-\dfrac{1}{2}x^{-2}\right)'$
$=\dfrac{3}{4}-\dfrac{1}{2}\cdot(-2)x^{-3}=\boldsymbol{\dfrac{3}{4}+\dfrac{1}{x^3}}$

⇐ $x^{-k}=\dfrac{1}{x^k}$

(4) $y'=\dfrac{(2x^4-5x^2+1)'(x^2-3)-(2x^4-5x^2+1)(x^2-3)'}{(x^2-3)^2}$
$=\dfrac{(8x^3-10x)(x^2-3)-2x(2x^4-5x^2+1)}{(x^2-3)^2}$
$=\dfrac{4x^5-24x^3+28x}{(x^2-3)^2}=\boldsymbol{\dfrac{4x(x^4-6x^2+7)}{(x^2-3)^2}}$

⇐ $\left(\dfrac{f}{g}\right)'=\dfrac{f'\cdot g-f\cdot g'}{g^2}$

別解　$\dfrac{2x^4-5x^2+1}{x^2-3}=2x^2+1+\dfrac{4}{x^2-3}$　であるから
$y'=4x-\dfrac{4\cdot 2x}{(x^2-3)^2}=\dfrac{4x(x^2-3)^2-8x}{(x^2-3)^2}$
$=\dfrac{4x^5-24x^3+28x}{(x^2-3)^2}=\boldsymbol{\dfrac{4x(x^4-6x^2+7)}{(x^2-3)^2}}$

⇐ $x^2-3\,)\,2x^4-5x^2+1$ の割り算：商 $2x^2+1$
$2x^4-6x^2$
x^2+1
x^2-3
4

2 (1) $y'=4(3x^2-1)^3\cdot(3x^2-1)'=\boldsymbol{24x(3x^2-1)^3}$

⇐ $\{f(g(x))\}'=f'(g(x))g'(x)$

(2) $y'=\{(5-2x)^{\frac{1}{2}}\}'$
$=\dfrac{1}{2}(5-2x)^{-\frac{1}{2}}\cdot(5-2x)'=-\dfrac{\boldsymbol{1}}{\boldsymbol{\sqrt{5-2x}}}$

⇐ $\{f(g(x))\}'=f'(g(x))g'(x)$

(3) $y'=\{2(x^2+1)^{-2}\}'$
$=-4(x^2+1)^{-3}\cdot(x^2+1)'=-\dfrac{\boldsymbol{8x}}{\boldsymbol{(x^2+1)^3}}$

⇐ $\{f(g(x))\}'=f'(g(x))g'(x)$

別解　$y'=-\dfrac{2\{(x^2+1)^2\}'}{\{(x^2+1)^2\}^2}=-\dfrac{4(x^2+1)\cdot 2x}{(x^2+1)^4}=-\dfrac{\boldsymbol{8x}}{\boldsymbol{(x^2+1)^3}}$

⇐ $\left(\dfrac{1}{g}\right)'=-\dfrac{g'}{g^2}$

(4) $y'=\{(x^2+2x+3)^{\frac{2}{3}}\}'$
$=\dfrac{2}{3}(x^2+2x+3)^{-\frac{1}{3}}\cdot(x^2+2x+3)'$
$=\dfrac{2}{3}(x^2+2x+3)^{-\frac{1}{3}}\cdot(2x+2)=\dfrac{\boldsymbol{4(x+1)}}{\boldsymbol{3\sqrt[3]{x^2+2x+3}}}$

⇐ $\{f(g(x))\}'=f'(g(x))g'(x)$

(5) $y'=\{(x+4)^{\frac{3}{2}}\}'$
$=\dfrac{3}{2}(x+4)^{\frac{1}{2}}\cdot(x+4)'=\boldsymbol{\dfrac{3}{2}\sqrt{x+4}}$

⇐ $\{f(g(x))\}'=f'(g(x))g'(x)$

3 (1) $y'=\{(2x+1)^2\}'(3x+2)^3+(2x+1)^2\{(3x+2)^3\}'$
$=2(2x+1)(2x+1)'(3x+2)^3+(2x+1)^2\cdot 3(3x+2)^2(3x+2)'$
$=4(2x+1)(3x+2)^3+9(2x+1)^2(3x+2)^2$
$=\boldsymbol{(2x+1)(3x+2)^2(30x+17)}$

⇐ $f(x)=(2x+1)^2$
$g(x)=(3x+2)^2$
とみて積の微分法を用いる。

(2) $y'=(x^2)'\sqrt{x+3}+x^2\{(x+3)^{\frac{1}{2}}\}'$
$=2x\sqrt{x+3}+x^2\cdot\dfrac{1}{2}(x+3)^{-\frac{1}{2}}(x+3)'$
$=2x\sqrt{x+3}+\dfrac{x^2}{2\sqrt{x+3}}$
$=\dfrac{5x^2+12x}{2\sqrt{x+3}}=\dfrac{\boldsymbol{x(5x+12)}}{\boldsymbol{2\sqrt{x+3}}}$

⇐ $f(x)=x^2$
$g(x)=\sqrt{x+3}$
とみて積の微分法を用いる。

(3) $y=\sqrt[7]{x}$ を x について解くと　$x=y^7$

であるから　$\dfrac{dx}{dy}=7y^6$

よって　$\dfrac{dy}{dx}=\dfrac{1}{\dfrac{dx}{dy}}=\dfrac{1}{7y^6}=\boldsymbol{\dfrac{1}{7\sqrt[7]{x^6}}}$

別解　$y'=(x^{\frac{1}{7}})'=\dfrac{1}{7}x^{-\frac{6}{7}}=\dfrac{1}{7x^{\frac{6}{7}}}=\boldsymbol{\dfrac{1}{7\sqrt[7]{x^6}}}$

(4) $y'=\dfrac{\{(3-x)^{\frac{1}{2}}\}'\cdot(2x-1)-\sqrt{3-x}\cdot(2x-1)'}{(2x-1)^2}$

$=\dfrac{1}{(2x-1)^2}\left\{\dfrac{1}{2}(3-x)^{-\frac{1}{2}}\cdot(3-x)'\cdot(2x-1)-2\sqrt{3-x}\right\}$

$=\dfrac{1}{(2x-1)^2}\left\{\dfrac{-(2x-1)}{2\sqrt{3-x}}-2\sqrt{3-x}\right\}=\boldsymbol{\dfrac{2x-11}{2(2x-1)^2\sqrt{3-x}}}$

(5) $y'=\{(4-x^2)^{-\frac{1}{2}}\}'=-\dfrac{1}{2}(4-x^2)^{-\frac{3}{2}}\cdot(4-x^2)'$

$=-\dfrac{1}{2(\sqrt{4-x^2})^3}\cdot(-2x)=\boldsymbol{\dfrac{x}{(4-x^2)\sqrt{4-x^2}}}$

別解　$y'=-\dfrac{(\sqrt{4-x^2})'}{(\sqrt{4-x^2})^2}=-\dfrac{\{(4-x^2)^{\frac{1}{2}}\}'}{4-x^2}$

$=-\dfrac{\dfrac{1}{2}(4-x^2)^{-\frac{1}{2}}(4-x^2)'}{4-x^2}$

$=-\dfrac{\dfrac{1}{2}\cdot\dfrac{1}{\sqrt{4-x^2}}(-2x)}{4-x^2}=\boldsymbol{\dfrac{x}{(4-x^2)\sqrt{4-x^2}}}$

4 (1) $f(x+h)-f(x)=\dfrac{1}{x+h-2}-\dfrac{1}{x-2}$

$=\dfrac{(x-2)-(x+h-2)}{(x+h-2)(x-2)}$

$=\dfrac{-h}{(x+h-2)(x-2)}$

よって

$f'(x)=\lim\limits_{h\to 0}\dfrac{f(x+h)-f(x)}{h}$

$=\lim\limits_{h\to 0}\dfrac{-h}{(x+h-2)(x-2)}\cdot\dfrac{1}{h}$

$=\lim\limits_{h\to 0}\dfrac{-1}{(x+h-2)(x-2)}=\boldsymbol{-\dfrac{1}{(x-2)^2}}$

(2) $f'(x)=-\dfrac{1}{(x-2)^2}$ において，$x=5$ とすると

$f'(5)=-\dfrac{1}{(5-2)^2}=\boldsymbol{-\dfrac{1}{9}}$

18 三角関数の導関数 (p.46)

81 (1) $y'=\cos 5x\cdot(5x)'=\boldsymbol{5\cos 5x}$

(2) $y'=\dfrac{1}{\cos^2 3x}\cdot(3x)'=\boldsymbol{\dfrac{3}{\cos^2 3x}}$

(3) $y'=4\sin^3 x\cdot(\sin x)'=\boldsymbol{4\sin^3 x\cos x}$

⬅ x を y で微分する。

⬅ $(\sqrt[7]{x})^6=\sqrt[7]{x^6}$

⬅ $\left(\dfrac{f}{g}\right)'=\dfrac{f'\cdot g-f\cdot g'}{g^2}$

⬅ $\{f(g(x))\}'=f'(g(x))g'(x)$

⬅ $\left(\dfrac{1}{g}\right)'=-\dfrac{g'}{g^2}$

三角関数の導関数
$(\sin x)'=\cos x$
$(\cos x)'=-\sin x$
$(\tan x)'=\dfrac{1}{\cos^2 x}$

⬅ $\{f(g(x))\}'=f'(g(x))g'(x)$

82 (1) $y'=(x)'\cdot\cos x+x\cdot(\cos x)'=\boldsymbol{\cos x-x\sin x}$

(2) $y'=-\dfrac{(\cos x)'}{\cos^2 x}=\dfrac{\boldsymbol{\sin x}}{\boldsymbol{\cos^2 x}}$

別解 $y'=\{(\cos x)^{-1}\}'=-(\cos x)^{-2}\cdot(\cos x)'$

$=-\dfrac{-\sin x}{\cos^2 x}=\dfrac{\boldsymbol{\sin x}}{\boldsymbol{\cos^2 x}}$

⬅$(f\cdot g)'=f'\cdot g+f\cdot g'$

⬅$\left(\dfrac{1}{g}\right)'=-\dfrac{g'}{g^2}$

⬅$\{f(g(x))\}'=f'(g(x))g'(x)$

83 (1) $y'=\boldsymbol{2\cos x-3\sin x}$

(2) $y'=\cos\left(2x-\dfrac{\pi}{3}\right)\cdot\left(2x-\dfrac{\pi}{3}\right)'=\boldsymbol{2\cos\left(2x-\dfrac{\pi}{3}\right)}$

(3) $y'=3\tan^2 x\cdot(\tan x)'=\dfrac{\boldsymbol{3\tan^2 x}}{\boldsymbol{\cos^2 x}}$

⬅$\{f(g(x))\}'=f'(g(x))g'(x)$

84 (1) $y'=(x^2)'\cdot\cos x+x^2\cdot(\cos x)'=\boldsymbol{2x\cos x-x^2\sin x}$

(2) $y'=\dfrac{(\sin x)'\cdot x-\sin x\cdot(x)'}{x^2}=\dfrac{\boldsymbol{x\cos x-\sin x}}{\boldsymbol{x^2}}$

⬅$(f\cdot g)'=f'\cdot g+f\cdot g'$

⬅$\left(\dfrac{f}{g}\right)'=\dfrac{f'\cdot g-f\cdot g'}{g^2}$

85 (1) $y'=2\cdot 2\cos 3x\cdot(\cos 3x)'$

$=4\cos 3x\cdot(-\sin 3x)\cdot(3x)'=\boldsymbol{-12\cos 3x\sin 3x}$

(2) $y'=\{(\sin 2x)^{\frac{1}{2}}\}'=\dfrac{1}{2}(\sin 2x)^{-\frac{1}{2}}\cdot(\sin 2x)'$

$=\dfrac{1}{2\sqrt{\sin 2x}}\cdot\cos 2x\cdot(2x)'=\dfrac{\boldsymbol{\cos 2x}}{\boldsymbol{\sqrt{\sin 2x}}}$

(3) $y'=(\sin x)'\cdot\cos x+\sin x\cdot(\cos x)'$

$=\boldsymbol{\cos^2 x-\sin^2 x}$

別解 $y=\sin x\cos x=\dfrac{1}{2}\sin 2x$ であるから

$y'=\dfrac{1}{2}\cdot\cos 2x\cdot(2x)'=\boldsymbol{\cos 2x}$

(4) $y'=(\sin^2 x)'\cdot\cos^3 x+\sin^2 x\cdot(\cos^3 x)'$

$=\boldsymbol{2\sin x\cos^4 x-3\sin^3 x\cos^2 x}$

(5) $y'=\dfrac{(\cos x)'\cdot\sin^2 x-\cos x\cdot(\sin^2 x)'}{(\sin^2 x)^2}$

$=\dfrac{-\sin^3 x-2\sin x\cos^2 x}{\sin^4 x}=\boldsymbol{-\dfrac{\sin^2 x+2\cos^2 x}{\sin^3 x}}$

⬅$\{f(g(x))\}'=f'(g(x))g'(x)$

⬅$(f\cdot g)'=f'\cdot g+f\cdot g'$

(注) 2倍角の公式を用いて
$\cos^2 x-\sin^2 x=\cos 2x$
と変形して解答してもよい。

⬅$\left(\dfrac{f}{g}\right)'=\dfrac{f'\cdot g-f\cdot g'}{g^2}$

JUMP 18

$y'=(\sin^2 3x)'\cdot\cos^3 2x+\sin^2 3x\cdot(\cos^3 2x)'$

$=2\sin 3x\cdot(\sin 3x)'\cdot\cos^3 2x$

$\quad+\sin^2 3x\cdot 3\cos^2 2x\cdot(\cos 2x)'$

$=2\sin 3x\cdot\cos 3x\cdot(3x)'\cdot\cos^3 2x$

$\quad+3\sin^2 3x\cdot\cos^2 2x\cdot(-\sin 2x)\cdot(2x)'$

$=\boldsymbol{6\sin 3x\cos 3x\cos^3 2x-6\sin^2 3x\cos^2 2x\sin 2x}$

考え方 $f(x)=\sin^2 3x$, $g(x)=\cos^3 2x$ とみて積の微分法を用いる。

19 対数関数の導関数，対数微分法 (p.48)

対数関数の導関数

$(\log x)'=\dfrac{1}{x}$

$(\log_a x)'=\dfrac{1}{x\log a}$

86 (1) $y'=\dfrac{1}{2x+1}\cdot(2x+1)'=\dfrac{\boldsymbol{2}}{\boldsymbol{2x+1}}$

(2) $y'=4(\log x)^3\cdot(\log x)'=\dfrac{\boldsymbol{4(\log x)^3}}{\boldsymbol{x}}$

(3) $y'=\dfrac{1}{(x^2+1)\log 2}\cdot(x^2+1)'=\dfrac{\boldsymbol{2x}}{\boldsymbol{(x^2+1)\log 2}}$

⬅$\{f(g(x))\}'=f'(g(x))g'(x)$

2章 微分法

87 (1) $y'=\frac{1}{2-x}\cdot(2-x)'=\frac{-1}{2-x}=\boldsymbol{\frac{1}{x-2}}$

(2) $y'=\frac{1}{(2x+3)\log 3}\cdot(2x+3)'=\boldsymbol{\frac{2}{(2x+3)\log 3}}$

88 (1) $y'=(x^3)'\cdot\log x+x^3\cdot(\log x)'$

$=3x^2\log x+x^3\cdot\frac{1}{x}=\boldsymbol{x^2(3\log x+1)}$

(2) $y'=\frac{1}{\tan 2x}\cdot(\tan 2x)'$

$=\frac{1}{\tan 2x}\cdot\frac{1}{\cos^2 2x}\cdot(2x)'$

$=\frac{\cos 2x}{\sin 2x}\cdot\frac{2}{\cos^2 2x}=\boldsymbol{\frac{2}{\sin 2x\cos 2x}}$

89 $y=\frac{x^3}{(x-1)^2}$ の両辺の絶対値の自然対数をとると

$\log|y|=\log\left|\frac{x^3}{(x-1)^2}\right|$

$=\log\frac{|x|^3}{|x-1|^2}$

$=3\log|x|-2\log|x-1|$

両辺をそれぞれ x で微分すると

$\frac{y'}{y}=\frac{3}{x}-\frac{2}{x-1}$

$=\frac{3(x-1)-2x}{x(x-1)}=\frac{x-3}{x(x-1)}$

よって　$y'=\frac{x-3}{x(x-1)}\cdot y=\frac{x-3}{x(x-1)}\cdot\frac{x^3}{(x-1)^2}=\boldsymbol{\frac{x^2(x-3)}{(x-1)^3}}$

JUMP 19

$x>0$ のとき　$y=x^{\sin x}>0$

よって，$y=x^{\sin x}$ の両辺の自然対数をとると

$\log y=\log x^{\sin x}$

ゆえに　$\log y=(\sin x)\log x$

両辺をそれぞれ x で微分すると

$\frac{y'}{y}=(\sin x)'\cdot\log x+\sin x\cdot(\log x)'$

$=(\cos x)\log x+\frac{\sin x}{x}$

したがって

$y'=y\left\{(\cos x)\log x+\frac{\sin x}{x}\right\}$

$=\boldsymbol{x^{\sin x}\left\{(\cos x)\log x+\frac{\sin x}{x}\right\}}$

絶対値を含む対数関数の導関数

$(\log|x|)'=\frac{1}{x}$

$(\log_a|x|)'=\frac{1}{x\log a}$

$\{\log|f(x)|\}'=\frac{f'(x)}{f(x)}$

⬅$2\sin 2x\cos 2x=\sin 4x$ より $\frac{2}{\sin 2x\cos 2x}=\frac{4}{\sin 4x}$ と解答してもよい。

⬅$\left|\frac{b}{a}\right|=\frac{|b|}{|a|}$

⬅$\log\frac{M}{N}=\log M-\log N$

$\log M^p=p\log M$

⬅$\{\log|f(x)|\}'=\frac{f'(x)}{f(x)}$

$(\log|x|)'=\frac{1}{x}$

考え方　対数微分法を用いる。

⬅$(f\cdot g)'=f'\cdot g+f\cdot g'$

20 指数関数の導関数，x と y の方程式と導関数 (p.50)

90 (1) $y'=e^{2x+3}\cdot(2x+3)'=\boldsymbol{2e^{2x+3}}$

(2) $\boldsymbol{y'=7^x\log 7}$

(3) $y'=(x)'\cdot e^{2x}+x\cdot(e^{2x})'$

$=e^{2x}+x\{e^{2x}\cdot(2x)'\}$

$=e^{2x}+2xe^{2x}=\boldsymbol{(2x+1)e^{2x}}$

指数関数の導関数

$(e^x)'=e^x$

$(a^x)'=a^x\log a$

⬅$(f\cdot g)'=f'\cdot g+f\cdot g'$

91 (1) $y'=e^{3x^2+2x+1}\cdot(3x^2+2x+1)'$

$=(6x+2)e^{3x^2+2x+1}=\mathbf{2(3x+1)e^{3x^2+2x+1}}$

(2) $y=3^{2x+1}\cdot\log 3\cdot(2x+1)'$

$=\mathbf{2\cdot 3^{2x+1}\log 3}$

(3) $y'=(x^3)'\cdot e^{-2x}+x^3\cdot(e^{-2x})'$

$=3x^2e^{-2x}+x^3\cdot e^{-2x}\cdot(-2x)'$

$=3x^2e^{-2x}-2x^3e^{-2x}=\mathbf{(3-2x)x^2e^{-2x}}$

(4) $y'=(x)'\cdot 5^x+x\cdot(5^x)'$

$=5^x+x\cdot 5^x\log 5=\mathbf{5^x(x\log 5+1)}$

(5) $y'=\dfrac{(e^x)'x^2-e^x(x^2)'}{(x^2)^2}$

$=\dfrac{x^2e^x-2xe^x}{x^4}=\mathbf{\dfrac{(x-2)e^x}{x^3}}$

⬅$\{f(g(x))\}'=f'(g(x))g'(x)$

⬅$(f\cdot g)'=f'\cdot g+f\cdot g'$

⬅$\left(\dfrac{f}{g}\right)'=\dfrac{f'\cdot g-f\cdot g'}{g^2}$

92 (1) $2x^2+3y^2=6$ の両辺を x で微分すると

$$\frac{d}{dx}2x^2+\frac{d}{dx}3y^2=0$$

ここで

$$\frac{d}{dx}2x^2=4x$$

$$\frac{d}{dx}3y^2=\frac{d}{dy}3y^2\cdot\frac{dy}{dx}=6y\frac{dy}{dx}$$

⬅合成関数の微分法

であるから

$$4x+6y\frac{dy}{dx}=0$$

よって，$y\neq 0$ のとき $\mathbf{\dfrac{dy}{dx}=-\dfrac{2x}{3y}}$

(2) $\dfrac{x^2}{4}-\dfrac{y^2}{9}=1$ の両辺を x で微分すると

$$\frac{d}{dx}\frac{x^2}{4}-\frac{d}{dx}\frac{y^2}{9}=0$$

ここで

$$\frac{d}{dx}\frac{x^2}{4}=\frac{x}{2}$$

$$\frac{d}{dx}\frac{y^2}{9}=\frac{d}{dy}\frac{y^2}{9}\cdot\frac{dy}{dx}=\frac{2}{9}y\frac{dy}{dx}$$

⬅合成関数の微分法

であるから

$$\frac{x}{2}-\frac{2}{9}y\frac{dy}{dx}=0$$

よって，$y\neq 0$ のとき $\mathbf{\dfrac{dy}{dx}=\dfrac{9x}{4y}}$

JUMP 20

(1) $y'=e^{\sin x}\cdot(\sin x)'=\mathbf{e^{\sin x}\cos x}$

(2) $y'=(e^{-2x})'\cdot\sin 3x+e^{-2x}\cdot(\sin 3x)'$

$=e^{-2x}\cdot(-2x)'\cdot\sin 3x+e^{-2x}\cdot\cos 3x\cdot(3x)'$

$=-2e^{-2x}\sin 3x+3e^{-2x}\cos 3x$

$=\mathbf{e^{-2x}(-2\sin 3x+3\cos 3x)}$

(3) $y'=(e^x)'\cdot\log x+e^x\cdot(\log x)'$

$=e^x\cdot\log x+e^x\cdot\dfrac{1}{x}=\mathbf{e^x\left(\log x+\dfrac{1}{x}\right)}$

考え方　これまでに学習した積・商の微分法や合成関数の微分法と，いろいろな関数の導関数の求め方を組み合わせて考える。

21 媒介変数で表された関数の導関数，高次導関数 (p.52) —

> **媒介変数で表された関数の導関数**
> $\begin{cases} x=f(t) \\ y=g(t) \end{cases}$ のとき
> $$\frac{dy}{dx}=\frac{\frac{dy}{dt}}{\frac{dx}{dt}}=\frac{g'(t)}{f'(t)}$$

93 $\dfrac{dx}{dt}=2t$

$\dfrac{dy}{dt}=-6t^2+8t=2t(-3t+4)$

であるから

$$\frac{dy}{dx}=\frac{\frac{dy}{dt}}{\frac{dx}{dt}}=\frac{2t(-3t+4)}{2t}=\boldsymbol{-3t+4}$$

94 (1) $y'=-6x$ より

$y''=\boldsymbol{-6}$

(2) $y'=(x^2)'\cdot e^x+x^2\cdot(e^x)'$

$=2xe^x+x^2e^x=(x^2+2x)e^x$ より

$y''=(x^2+2x)'\cdot e^x+(x^2+2x)\cdot(e^x)'$

$=(2x+2)e^x+(x^2+2x)e^x$

$=\boldsymbol{(x^2+4x+2)e^x}$

⬅$(f\cdot g)'=f'\cdot g+f\cdot g'$

95 $\dfrac{dx}{d\theta}=-3\sin\theta$

$\dfrac{dy}{d\theta}=\cos\theta$

であるから

$$\frac{dy}{dx}=\frac{\frac{dy}{d\theta}}{\frac{dx}{d\theta}}=-\boldsymbol{\frac{\cos\theta}{3\sin\theta}}$$

⬅媒介変数が t 以外のときも同様に考えられる。

96 (1) $y'=e^{x+1}\cdot(x+1)'=e^{x+1}$ より

$y''=e^{x+1}\cdot(x+1)'=\boldsymbol{e^{x+1}}$

⬅$\{f(g(x))\}'=f'(g(x))g'(x)$

(2) $y'=\cos 2x\cdot(2x)'=2\cos 2x$ より

$y''=2\cdot(-\sin 2x)\cdot(2x)'=\boldsymbol{-4\sin 2x}$

(3) $y'=(x)'\cdot e^{2x}+x\cdot(e^{2x})'$

$=e^{2x}+x\cdot e^{2x}\cdot(2x)'$

$=e^{2x}+2xe^{2x}=(2x+1)e^{2x}$ より

$y''=(2x+1)'\cdot e^{2x}+(2x+1)\cdot(e^{2x})'$

$=2e^{2x}+(2x+1)\cdot e^{2x}\cdot(2x)'$

$=2e^{2x}+(4x+2)e^{2x}=\boldsymbol{4(x+1)e^{2x}}$

⬅$(f\cdot g)'=f'\cdot g+f\cdot g'$

97 $\dfrac{dx}{d\theta}=3\cos^2\theta(\cos\theta)'=-3\sin\theta\cos^2\theta$

$\dfrac{dy}{d\theta}=2\cdot 3\sin^2\theta(\sin\theta)'=6\sin^2\theta\cos\theta$

⬅$\{f(g(x))\}'=f'(g(x))g'(x)$

であるから

$$\frac{dy}{dx}=\frac{\frac{dy}{d\theta}}{\frac{dx}{d\theta}}=\frac{6\sin^2\theta\cos\theta}{-3\sin\theta\cos^2\theta}=-2\frac{\sin\theta}{\cos\theta}=\boldsymbol{-2\tan\theta}$$

⬅$\tan\theta=\dfrac{\sin\theta}{\cos\theta}$

$\theta=\dfrac{\pi}{3}$ のとき $\dfrac{dy}{dx}=-2\tan\dfrac{\pi}{3}=\boldsymbol{-2\sqrt{3}}$

98 (1) $y'=e^{5x}\cdot(5x)'=5e^{5x}$

$y''=5e^{5x}\cdot(5x)'=5^2e^{5x}$

$y'''=5^2e^{5x}\cdot(5x)'=5^3e^{5x}$

…………

より　$\boldsymbol{y^{(n)}=5^ne^{5x}}$

(2) $y'=2^{3x}\cdot\log 2\cdot(3x)'=(3\log 2)2^{3x}$

$y''=(3\log 2)\cdot(3\log 2)2^{3x}=(3\log 2)^2 2^{3x}$

$y'''=(3\log 2)^2\cdot(3\log 2)2^{3x}=(3\log 2)^3 2^{3x}$

…………

より　$\boldsymbol{y^{(n)}=(3\log 2)^n 2^{3x}}$

←$\{f(g(x))\}'=f'(g(x))g'(x)$

←$3\log 2$ は定数。

JUMP 21

考え方　y' を整理して，できるだけ簡単な形で表す。

$$y'=\{\log(\sqrt{x^2+1}-x)\}'$$

$$=\frac{1}{\sqrt{x^2+1}-x}\cdot(\sqrt{x^2+1}-x)'$$

$$=\frac{1}{\sqrt{x^2+1}-x}\cdot\{(x^2+1)^{\frac{1}{2}}-x\}'$$

$$=\frac{1}{\sqrt{x^2+1}-x}\cdot\left\{\frac{1}{2}(x^2+1)^{-\frac{1}{2}}\cdot 2x-1\right\}$$

$$=\frac{1}{\sqrt{x^2+1}-x}\cdot\left(\frac{x}{\sqrt{x^2+1}}-1\right)$$

$$=\frac{1}{\sqrt{x^2+1}-x}\cdot\frac{x-\sqrt{x^2+1}}{\sqrt{x^2+1}}$$

$$=-\frac{1}{\sqrt{x^2+1}}=-(x^2+1)^{-\frac{1}{2}}$$

←$\{\log f(x)\}'=\dfrac{f'(x)}{f(x)}$ $(f(x)>0)$

より

$$y''=\frac{1}{2}(x^2+1)^{-\frac{3}{2}}\cdot(x^2+1)'$$

$$=\frac{2x}{2\sqrt{(x^2+1)^3}}=\boldsymbol{\frac{x}{(x^2+1)\sqrt{x^2+1}}}$$

まとめの問題　微分法②（p.54）

1 (1) $y'=2\cos x+\cos 2x\cdot(2x)'$

$=\boldsymbol{2\cos x+2\cos 2x}$

←$(\sin x)'=\cos x$
$\{f(g(x))\}'=f'(g(x))g'(x)$

(2) $y'=2\sin x\cdot(\sin x)'-2\cos x$

$=\boldsymbol{2\sin x\cos x-2\cos x}$

←$\{f(g(x))\}'=f'(g(x))g'(x)$

(3) $y'=(x)'\cdot\cos x+x\cdot(\cos x)'-\cos x$

$=\cos x-x\sin x-\cos x=\boldsymbol{-x\sin x}$

←$(\cos x)'=-\sin x$
$(f\cdot g)'=f'\cdot g+f\cdot g'$

(4) $y'=-\dfrac{(\sin 3x)'}{\sin^2 3x}=-\dfrac{\cos 3x\cdot(3x)'}{\sin^2 3x}=\boldsymbol{-\dfrac{3\cos 3x}{\sin^2 3x}}$

←$\left(\dfrac{1}{g}\right)'=-\dfrac{g'}{g^2}$

(5) $y'=2\tan x\cdot(\tan x)'$

$=2\tan x\cdot\dfrac{1}{\cos^2 x}=\boldsymbol{\dfrac{2\sin x}{\cos^3 x}}$

←$(\tan x)'=\dfrac{1}{\cos^2 x}$
$\{f(g(x))\}'=f'(g(x))g'(x)$

2 (1) $y'=\dfrac{(2x+3)'}{2x+3}=\boldsymbol{\dfrac{2}{2x+3}}$

←$(\log x)'=\dfrac{1}{x}$

(2) $y'=(x)'\log 2x+x\cdot(\log 2x)'$

$=\log 2x+x\cdot\dfrac{1}{2x}\cdot(2x)'=\boldsymbol{\log 2x+1}$

←$(f\cdot g)'=f'\cdot g+f\cdot g'$

(3) $y'=\dfrac{1}{(5x+3)\log 3}\cdot(5x+3)'=\boldsymbol{\dfrac{5}{(5x+3)\log 3}}$

(4) $y'=\dfrac{(3-2x)'}{3-2x}=\dfrac{-2}{3-2x}=\boldsymbol{\dfrac{2}{2x-3}}$

(5) $y'=\dfrac{1}{(x^2-3)\log 10}\cdot(x^2-3)'=\boldsymbol{\dfrac{2x}{(x^2-3)\log 10}}$

⬅$(\log_a x)'=\dfrac{1}{x\log a}$

⬅$(\log|x|)'=\dfrac{1}{x}$

⬅$(\log_a|x|)'=\dfrac{1}{x\log a}$

3 (1) $y'=e^{3x+5}\cdot(3x+5)'=\boldsymbol{3e^{3x+5}}$

(2) $y'=(x^3)'e^{2x}+x^3(e^{2x})'$

$=3x^2e^{2x}+x^3\cdot 2e^{2x}=\boldsymbol{x^2(2x+3)e^{2x}}$

(3) $y'=(x)'3^x+x(3^x)'$

$=3^x+x\cdot 3^x\log 3=\boldsymbol{3^x(1+x\log 3)}$

⬅$(e^x)'=e^x$

⬅$(f\cdot g)'=f'\cdot g+f\cdot g'$

⬅$(f\cdot g)'=f'\cdot g+f\cdot g'$
$(a^x)'=a^x\log a$

4 $\dfrac{x^2}{2}-\dfrac{y^2}{3}=-1$ の両辺を x で微分すると

$$\frac{d}{dx}\frac{x^2}{2}-\frac{d}{dx}\frac{y^2}{3}=0$$

ここで

$$\frac{d}{dx}\frac{x^2}{2}=x$$

$$\frac{d}{dx}\frac{y^2}{3}=\frac{d}{dy}\frac{y^2}{3}\cdot\frac{dy}{dx}=\frac{2}{3}y\frac{dy}{dx}$$

であるから

$$x-\frac{2}{3}y\frac{dy}{dx}=0$$

よって，$y\neq 0$ のとき　$\dfrac{dy}{dx}=\dfrac{3x}{2y}$

⬅合成関数の微分法
$y=f(u)$, $u=g(x)$ のとき
$\dfrac{dy}{dx}=\dfrac{dy}{du}\cdot\dfrac{du}{dx}$

5 $\dfrac{dx}{dt}=-2\sin t$

$\dfrac{dy}{dt}=\cos 2t\cdot(2t)'=2\cos 2t$

であるから

$$\frac{dy}{dx}=\frac{\frac{dy}{dt}}{\frac{dx}{dt}}=\frac{2\cos 2t}{-2\sin t}=\boldsymbol{-\frac{\cos 2t}{\sin t}}$$

⬅$\{f(g(x))\}'=f'(g(x))g'(x)$

6 (1) $y'=(e^x)'\sin x+e^x(\sin x)'$

$=e^x\sin x+e^x\cos x$

$=e^x(\sin x+\cos x)$

より

$y''=(e^x)'(\sin x+\cos x)+e^x(\sin x+\cos x)'$

$=e^x(\sin x+\cos x)+e^x(\cos x-\sin x)$

$\boldsymbol{=2e^x\cos x}$

(2) $y'=(x^2)'\log x+x^2(\log x)'$

$=2x\log x+x^2\cdot\dfrac{1}{x}$

$=2x\log x+x=x(2\log x+1)$

より

$y''=(x)'(2\log x+1)+x(2\log x+1)'$

$=2\log x+1+x\cdot\dfrac{2}{x}=\boldsymbol{2\log x+3}$

⬅$(f\cdot g)'=f'\cdot g+f\cdot g'$

⬅$(f\cdot g)'=f'\cdot g+f\cdot g'$

⬅$(f\cdot g)'=f'\cdot g+f\cdot g'$

⬅$(f\cdot g)'=f'\cdot g+f\cdot g'$

22 接線・関数の増減の復習 (p.56)

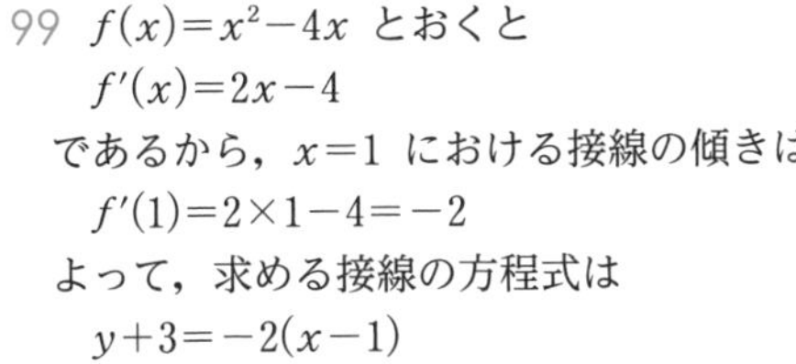

99 $f(x)=x^2-4x$ とおくと

$f'(x)=2x-4$

であるから，$x=1$ における接線の傾きは

$f'(1)=2\times1-4=-2$

よって，求める接線の方程式は

$y+3=-2(x-1)$

すなわち　$\boldsymbol{y=-2x-1}$

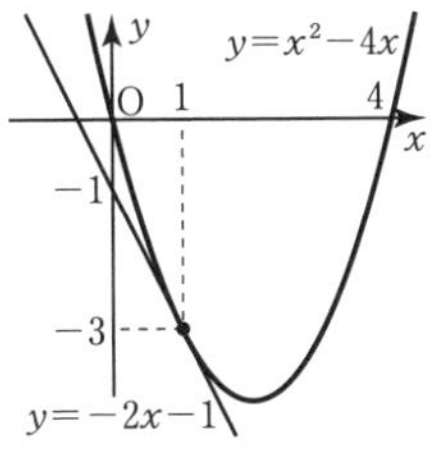

接線の方程式
$y=f(x)$ 上の点 $(a,\ f(a))$
における接線の方程式
$y-f(a)=f'(a)(x-a)$

100 $y'=3x^2-6x=3x(x-2)$

よって，$y'=0$ を解くと $x=0,\ 2$

ゆえに，増減表は次のようになる。

x	$\cdots$	0	$\cdots$	2	$\cdots$
y'	$+$	0	$-$	0	$+$
y	↗	4	↘	0	↗

したがって，y は

$x=0$ で　**極大値 4**

$x=2$ で　**極小値 0**　をとる。

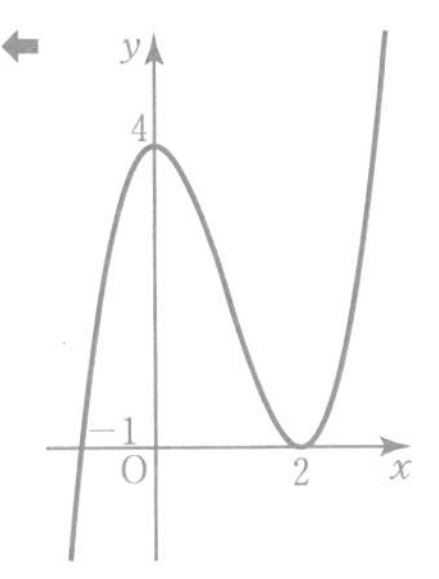

101 $y'=3x^2-3=3(x^2-1)=3(x+1)(x-1)$

よって，$y'=0$ を解くと $x=-1,\ 1$ で，

区間 $-2\leqq x\leqq3$ 内にある。

$x=-2$ のとき　$y=(-2)^3-3\times(-2)+3=1$

$x=-1$ のとき　$y=(-1)^3-3\times(-1)+3=5$

$x=1$　のとき　$y=1^3-3\times1+3=1$

$x=3$　のとき　$y=3^3-3\times3+3=21$

ゆえに，y の増減表は次のようになる。

x	-2	$\cdots$	-1	$\cdots$	1	$\cdots$	3
y'	／	$+$	0	$-$	0	$+$	／
y	1	↗	5	↘	1	↗	21

したがって，区間 $-2\leqq x\leqq3$ において，y は

$x=3$ のとき，**最大値 21**

$x=-2,\ 1$ のとき，**最小値 1**　をとる。

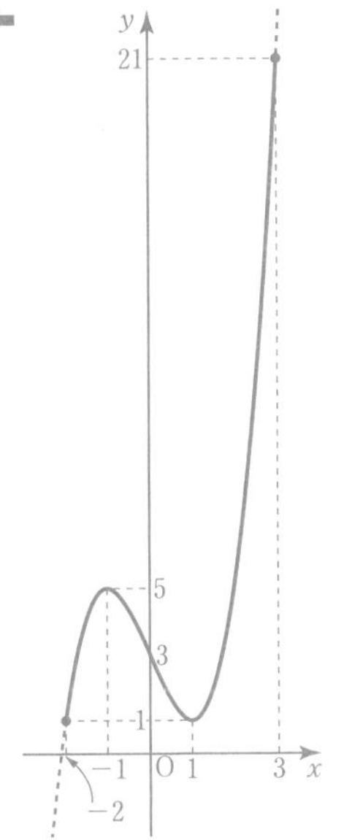

23 接線・法線の方程式 (p.58)

102 $f(x)=\dfrac{1}{x}$ とおくと

$f'(x)=-\dfrac{1}{x^2}$

であるから，$x=1$ における接線の傾きは

$f'(1)=-\dfrac{1}{1^2}=-1$

よって，点 A における接線の方程式は

$y-1=-1(x-1)$

すなわち　$\boldsymbol{y=-x+2}$

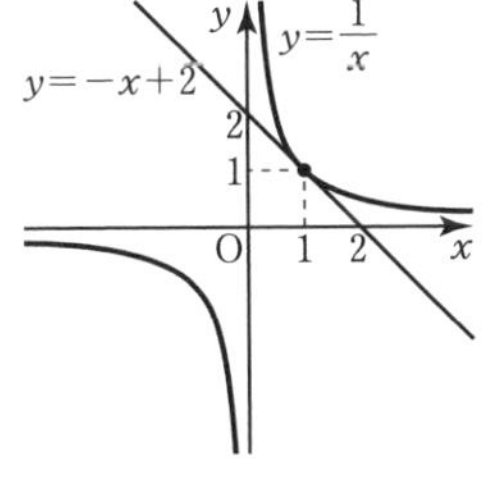

⬅ $(x^r)'=rx^{r-1}$

接線の方程式
$y=f(x)$ 上の点 $(a,\ f(a))$
における接線の方程式
$y-f(a)=f'(a)(x-a)$

103 (1) $f(x)=\sqrt{x}$ とおくと

$$f'(x)=(x^{\frac{1}{2}})'=\frac{1}{2}x^{-\frac{1}{2}}=\frac{1}{2\sqrt{x}}$$

←$(x^r)'=rx^{r-1}$

であるから，$x=4$ における接線の傾きは

$$f'(4)=\frac{1}{2\sqrt{4}}=\frac{1}{4}$$

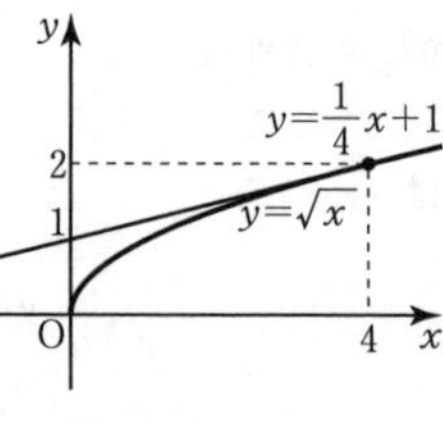

よって，点 A における接線の方程式は

$$y-2=\frac{1}{4}(x-4)$$

←$y-f(a)=f'(a)(x-a)$

すなわち　$\boldsymbol{y=\frac{1}{4}x+1}$

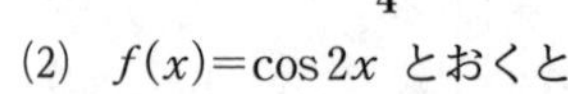

(2) $f(x)=\cos 2x$ とおくと

$$f'(x)=-\sin 2x\cdot(2x)'=-2\sin 2x$$

←$\{f(g(x))\}'=f'(g(x))g'(x)$

であるから，$x=\frac{3}{4}\pi$ における

接線の傾きは　$f'\left(\frac{3}{4}\pi\right)=2$

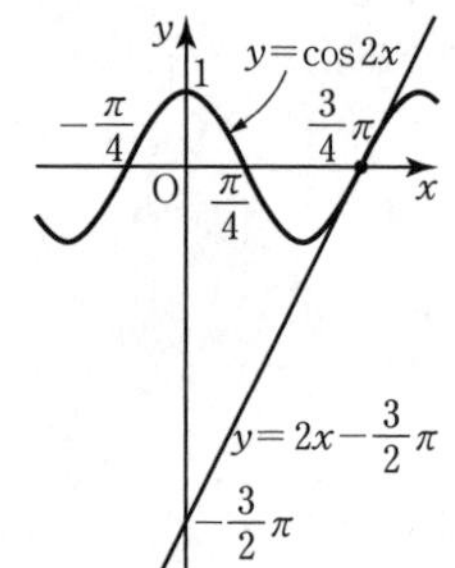

よって，点 A における接線の方程式は

$$y-0=2\left(x-\frac{3}{4}\pi\right)$$

←$y-f(a)=f'(a)(x-a)$

すなわち　$\boldsymbol{y=2x-\frac{3}{2}\pi}$

104 $f(x)=\sin x$ とおくと　$f'(x)=\cos x$

であるから，$x=\frac{\pi}{3}$ における接線の傾きは

$$f'\left(\frac{\pi}{3}\right)=\cos\frac{\pi}{3}=\frac{1}{2}$$

よって，法線の傾きは

$$-\frac{1}{f'\left(\frac{\pi}{3}\right)}=-\frac{1}{\frac{1}{2}}=-2$$

法線の方程式
$y=f(x)$ 上の点
$(a,\ f(a))$ における法線の方程式

$$y-f(a)=-\frac{1}{f'(a)}(x-a)$$
$$(f'(a)\neq 0)$$

←接線と法線は垂直に交わるから，法線の傾きを m とすると　$f'(a)\times m=-1$
ゆえに，$f'(a)\neq 0$ のとき
$$m=-\frac{1}{f'(a)}$$

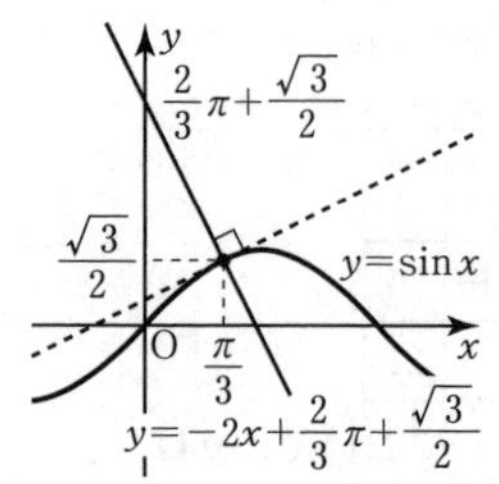

ゆえに，点 A における法線の方程式は

$$y-\frac{\sqrt{3}}{2}=-2\left(x-\frac{\pi}{3}\right)$$

すなわち　$\boldsymbol{y=-2x+\frac{2}{3}\pi+\frac{\sqrt{3}}{2}}$

105 $y=\frac{1}{x}$ より　$y'=-\frac{1}{x^2}$

曲線上の接点の座標を $\left(a,\ \frac{1}{a}\right)$ とすると，接線の方程式は

←接点の x 座標を a とおく。

$$y-\frac{1}{a}=-\frac{1}{a^2}(x-a)$$

←$y-f(a)=f'(a)(x-a)$

この接線の傾きが -4 であるから　$-\frac{1}{a^2}=-4$

よって　$a^2=\frac{1}{4}$　すなわち　$a=\pm\frac{1}{2}$

$a=\frac{1}{2}$ のとき，接線の方程式は

←$a=\pm\frac{1}{2}$ のそれぞれの場合について，接線の方程式を求める。

$$y-\frac{1}{\frac{1}{2}}=-\frac{1}{\left(\frac{1}{2}\right)^2}\left(x-\frac{1}{2}\right)$$

すなわち　$y=-4x+4$

$a=-\dfrac{1}{2}$ のとき，接線の方程式は

$$y-\frac{1}{-\frac{1}{2}}=-\frac{1}{\left(-\frac{1}{2}\right)^2}\left\{x-\left(-\frac{1}{2}\right)\right\}$$

すなわち　$y=-4x-4$

以上より

$\boldsymbol{y=-4x+4,\ y=-4x-4}$

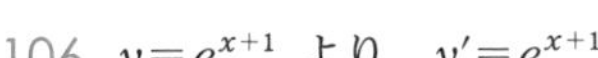

106　$y=e^{x+1}$ より　$y'=e^{x+1}$

曲線上の接点の座標を $(a,\ e^{a+1})$ とすると，接線の方程式は

$y-e^{a+1}=e^{a+1}(x-a)$

この接線が原点を通るから

$0-e^{a+1}=e^{a+1}(0-a)$

よって　$e^{a+1}(a-1)=0$

$e^{a+1}>0$ より　$a-1=0$

すなわち　$a=1$

ゆえに，求める接線の方程式は

$y-e^2=e^2(x-1)$

すなわち　$\boldsymbol{y=e^2x}$

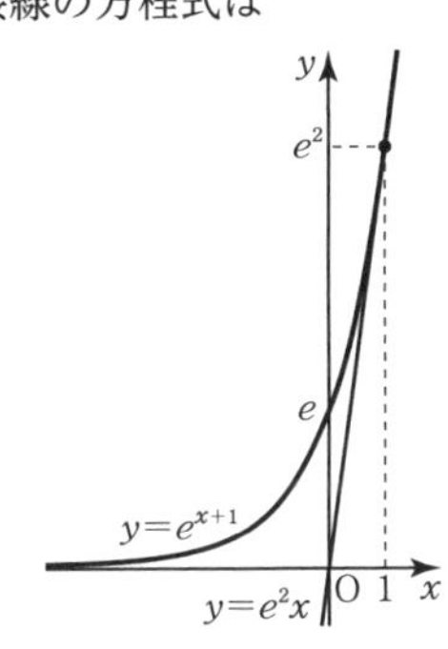

⬅接点の x 座標を a とおく。

⬅$y-f(a)=f'(a)(x-a)$

JUMP 23

考え方　垂直な 2 直線の傾きの積が -1 であることを利用する。

2 曲線の共有点の x 座標は

$a\sin x=a\cos x$

の実数解である。

$a>0$ より　$\sin x=\cos x$

$x=\dfrac{\pi}{2}$ のとき，$\sin\dfrac{\pi}{2}=1$，$\cos\dfrac{\pi}{2}=0$

より，この方程式は成り立たない。

よって，$x\neq\dfrac{\pi}{2}$ であり，このとき $\cos x\neq 0$ であるから，

両辺を $\cos x$ で割ると　$\dfrac{\sin x}{\cos x}=1$　すなわち　$\tan x=1$

$0\leqq x\leqq\dfrac{\pi}{2}$ の範囲でこれを解くと　$x=\dfrac{\pi}{4}$

ゆえに，2 曲線は $x=\dfrac{\pi}{4}$ で共有点をもつ。

⬅$0\leqq x\leqq\dfrac{\pi}{2}$ の範囲で $\cos x=0$ となるのは $x=\dfrac{\pi}{2}$ のときであるから，このときに方程式が成り立たないことを確認すれば，両辺を $\cos x$ で割ることができる。

$f(x)=a\sin x$ とおくと　$f'(x)=a\cos x$　であるから

$$f'\left(\frac{\pi}{4}\right)=a\cos\frac{\pi}{4}=\frac{a}{\sqrt{2}}$$

$g(x)=a\cos x$ とおくと　$g'(x)=-a\sin x$　であるから

$$g'\left(\frac{\pi}{4}\right)=-a\sin\frac{\pi}{4}=-\frac{a}{\sqrt{2}}$$

以上より，$x=\dfrac{\pi}{4}$ における 2 曲線の接線の傾きはそれぞれ

$$\frac{a}{\sqrt{2}},\ -\frac{a}{\sqrt{2}}$$

この 2 曲線の接線が直交するから

$$\frac{a}{\sqrt{2}}\times\left(-\frac{a}{\sqrt{2}}\right)=-1$$

したがって　$a^2=2$

$a>0$ より　$\boldsymbol{a=\sqrt{2}}$

3 章　微分法の応用

24 2次曲線と接線，平均値の定理(p.60)

107 $\dfrac{x^2}{3}+\dfrac{y^2}{6}=1$ の両辺を x で微分すると

$$\frac{2x}{3}+\frac{2yy'}{6}=0$$

よって，$y\neq0$ のとき　$y'=-\dfrac{2x}{y}$

ゆえに，点 A(1, 2) における

接線の傾きは

$$-\frac{2\times1}{2}=-1$$

したがって，求める接線の方程式は

$$y-2=-1(x-1)$$

すなわち　$\boldsymbol{y=-x+3}$

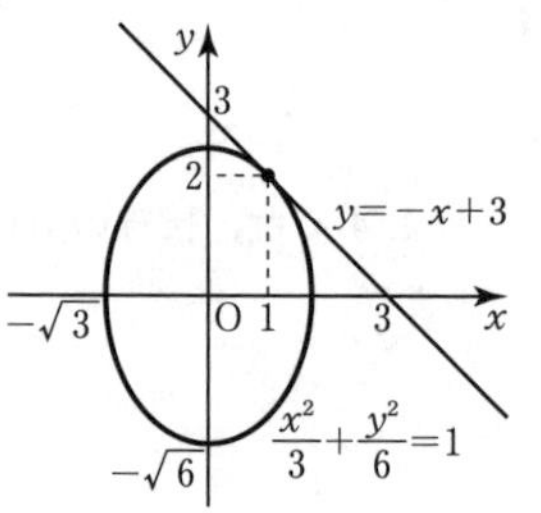

⇐点 $(x_1,\ y_1)$ を通り，傾きが m の直線の方程式は $y-y_1=m(x-x_1)$

108 (1) $x^2+y^2=10$ の両辺を x で微分すると

$$2x+2yy'=0$$

よって，$y\neq0$ のとき　$y'=-\dfrac{x}{y}$

ゆえに，点 A(−3, 1) における

接線の傾きは

$$-\frac{-3}{1}=3$$

したがって，求める接線の方程式は

$$y-1=3(x+3)$$

すなわち　$\boldsymbol{y=3x+10}$

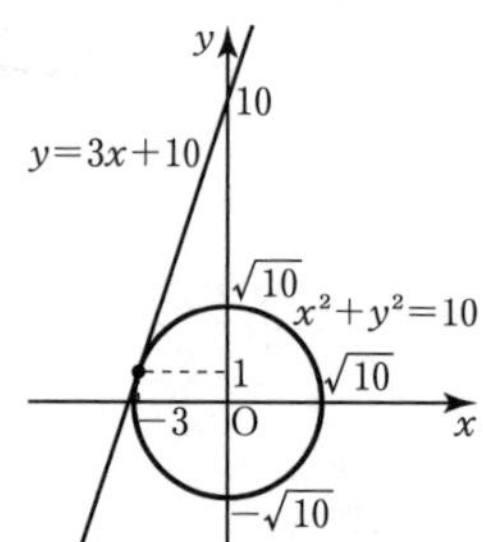

⇐$y-y_1=m(x-x_1)$

(2) $\dfrac{x^2}{2}-\dfrac{y^2}{3}=1$ の両辺を x で微分すると

$$x-\frac{2yy'}{3}=0$$

よって，$y\neq0$ のとき　$y'=\dfrac{3x}{2y}$

ゆえに，点 A$(2,\ \sqrt{3})$ における

接線の傾きは

$$\frac{3\times2}{2\times\sqrt{3}}=\sqrt{3}$$

したがって，求める接線の方程式は

$$y-\sqrt{3}=\sqrt{3}(x-2)$$

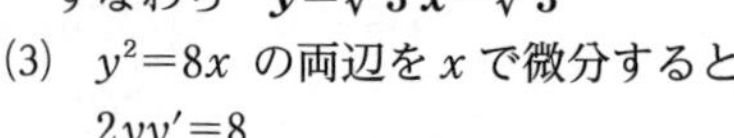
すなわち　$\boldsymbol{y=\sqrt{3}x-\sqrt{3}}$

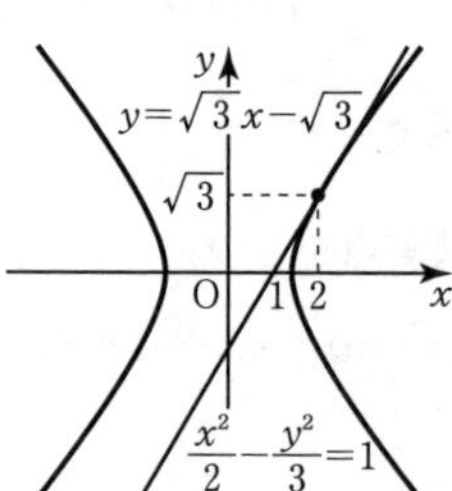

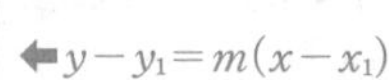
⇐$y-y_1=m(x-x_1)$

(3) $y^2=8x$ の両辺を x で微分すると

$$2yy'=8$$

よって，$y\neq0$ のとき　$y'=\dfrac{4}{y}$

ゆえに，点 A(2, 4) における

接線の傾きは

$$\frac{4}{4}=1$$

したがって，求める接線の方程式は

$$y-4=1(x-2)$$

すなわち　$\boldsymbol{y=x+2}$

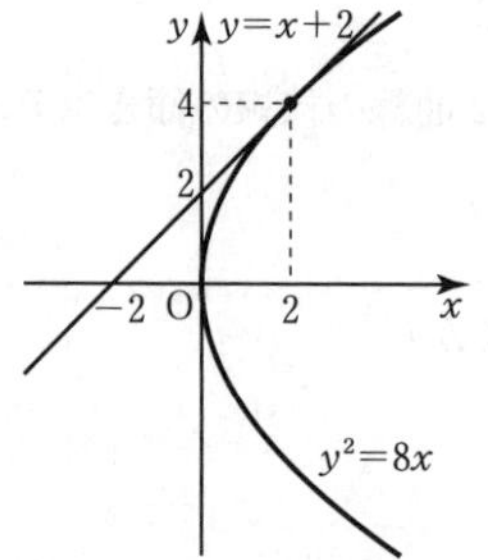

⇐$y-y_1=m(x-x_1)$

109 $f(x)=x^3$ は区間 $[2,\ 5]$ で連続で，区間 $(2,\ 5)$ で微分可能であるから，平均値の定理より

$$\frac{f(5)-f(2)}{5-2}=f'(c),\ 2<c<5$$

を満たす実数 c が存在する。

$$\frac{f(5)-f(2)}{5-2}=\frac{5^3-2^3}{5-2}=\frac{117}{3}=39$$

$f'(x)=3x^2$ より $f'(c)=3c^2$

よって $39=3c^2$ より $c^2=13$

$2<c<5$ より $c=\boldsymbol{\sqrt{13}}$

平均値の定理
関数 $f(x)$ が
区間 $[a,\ b]$ で連続，
区間 $(a,\ b)$ で微分可能
であるとき，
$$\frac{f(b)-f(a)}{b-a}=f'(c),$$
$a<c<b$
を満たす実数 c が存在する。

110 $f(x)=\log x$ は区間 $[1,\ 2]$ で連続で，区間 $(1,\ 2)$ で微分可能であるから，平均値の定理より

$$\frac{f(2)-f(1)}{2-1}=f'(c),\ 1<c<2$$

を満たす実数 c が存在する。

$$\frac{f(2)-f(1)}{2-1}=\frac{\log 2-\log 1}{2-1}=\log 2$$

$f'(x)=\dfrac{1}{x}$ より $f'(c)=\dfrac{1}{c}$

よって $\log 2=\dfrac{1}{c}$ より $c=\boldsymbol{\dfrac{1}{\log 2}}$

← $\sqrt{e}<2<e$ より
$\log\sqrt{e}<\log 2<\log e$
$\dfrac{1}{2}<\log 2<1$
よって $1<\dfrac{1}{\log 2}<2$

JUMP 24

考え方 まず，円の方程式 $x^2+y^2=r^2$ の両辺を x で微分して，点Aにおける接線の傾きを，x_1，y_1 を用いて表す。

（証明） $x^2+y^2=r^2$ の両辺を x で微分すると $2x+2yy'=0$

よって，$y\neq 0$ のとき $y'=-\dfrac{x}{y}$

ゆえに，$y_1\neq 0$ のとき，点 $\mathrm{A}(x_1,\ y_1)$ における接線の傾きは $-\dfrac{x_1}{y_1}$

このとき，点Aにおける接線の方程式は

$$y-y_1=-\frac{x_1}{y_1}(x-x_1)$$

すなわち

$y_1y-y_1{}^2=-x_1x+x_1{}^2$

$x_1x+y_1y=x_1{}^2+y_1{}^2$ ……①

と表せる。

ここで，点 $\mathrm{A}(x_1,\ y_1)$ は円 $x^2+y^2=r^2$ 上の点であるから

$x_1{}^2+y_1{}^2=r^2$

これを①に代入して $x_1x+y_1y=r^2$ ……②

また，$y_1=0$ のとき

接点の座標は $(r,\ 0)$，$(-r,\ 0)$

接線の方程式は $x=r$，$-r$

これは，②で $(x_1,\ y_1)=(r,\ 0)$，$(-r,\ 0)$ を代入したものと一致する。

したがって，②は $y_1=0$ のときも成り立つ。（終）

25 関数の増加・減少と極大・極小(p.62)

111 $y'=12x^3-12x^2=12x^2(x-1)$

であるから，$y'=0$ を解くと $x=0,\ 1$

右の増減表より，y は

$x=1$ で**極小値 1** をとる。

x	…	0	…	1	…
y'	−	0	−	0	+
y	↘	2	↘	1	↗

← $x^2\geqq 0$ より，y' の符号は $x-1$ の符号と一致する。

3章 微分法の応用

112 $y'=\dfrac{-4x}{(x^2+1)^2}$

であるから，$y'=0$ を解くと　$x=0$

右の増減表より，y は

$x=0$ で**極大値 2**　をとる。

x	$\cdots$	0	$\cdots$
y'	$+$	0	$-$
y	↗	2	↘

⬅ $\left(\dfrac{1}{g}\right)'=-\dfrac{g'}{g^2}$

⬅ $(x^2+1)^2>0$ より，y' の符号は $-4x$ の符号と一致する。

113 $y=\dfrac{x^2+2x+1}{x}=x+2+\dfrac{1}{x}$ より

$y'=1-\dfrac{1}{x^2}$

であるから，$y'=0$ を解くと

$x=-1,\ 1$

また，定義域は　$x\neq 0$

x	$\cdots$	-1	$\cdots$	0	$\cdots$	1	$\cdots$
y'	$+$	0	$-$	／	$-$	0	$+$
y	↗	0	↘	／	↘	4	↗

上の増減表より，y は

$x=-1$ で**極大値 0**

$x=1$　で**極小値 4**　をとる。

⬅ $y=\dfrac{x^2+2x+1}{x}$ について，商の微分法より

$y'=\dfrac{2(x+1)x-(x+1)^2\cdot 1}{x^2}$

$=\dfrac{x^2-1}{x^2}=\dfrac{(x+1)(x-1)}{x^2}$

としてもよい。

⬅ $x^2>0$ より，y' の符号は $(x+1)(x-1)$ の符号と一致する。

114 $y'=e^x+(x-3)e^x=(x-2)e^x$

$e^x>0$ であるから，$y'=0$ を解くと　$x=2$

右の増減表より，y は

$x=2$ で**極小値 $-e^2$**　をとる。

x	$\cdots$	2	$\cdots$
y'	$-$	0	$+$
y	↘	$-e^2$	↗

⬅ $e^x>0$ より，y' の符号は $x-2$ の符号と一致する。

115 (1)　$4-x^2\geqq 0$ より　$x^2\leqq 4$

すなわち　**$-2\leqq x\leqq 2$**

⬅無理関数 $y=\sqrt{4-x^2}$ の定義域は $4-x^2\geqq 0$ を満たす x の値の範囲。

(2)　$y'=\{x+(4-x^2)^{\frac{1}{2}}\}'$

$=1+\dfrac{1}{2}(4-x^2)^{-\frac{1}{2}}(4-x^2)'$

$=1+\dfrac{-2x}{2\sqrt{4-x^2}}$

$=1-\dfrac{x}{\sqrt{4-x^2}}=\boldsymbol{\dfrac{\sqrt{4-x^2}-x}{\sqrt{4-x^2}}}$

⬅ $\{f(g(x))\}'=f'(g(x))g'(x)$

⬅ $1-\dfrac{x}{\sqrt{4-x^2}}$ と解答してもよい。

(3)　$y'=0$ とすると　$\sqrt{4-x^2}=x$

両辺を 2 乗すると　$4-x^2=x^2$　すなわち　$x^2=2$

ここで，$\sqrt{4-x^2}\geqq 0$ より　$x\geqq 0$

よって　**$x=\sqrt{2}$**

(4)

x	-2	$\cdots$	$\sqrt{2}$	$\cdots$	2
y'	／	$+$	0	$-$	／
y	-2	↗	$2\sqrt{2}$	↘	2

⬅ $\sqrt{4-x^2}-x$ の符号は，$y=\sqrt{4-x^2}$ と $y=x$ のグラフの位置関係から考えることができる。

(5)　(4)の増減表より，y は

$x=\sqrt{2}$ で**極大値 $2\sqrt{2}$**　をとる。

116 $y'=e^{x^2}\cdot 2x=2xe^{x^2}$

$e^{x^2}>0$ より，$y'=0$ を解くと $x=0$

右の増減表より，y は

$x=0$ で**極小値 1**　をとる。

x	$\cdots$	0	$\cdots$
y'	$-$	0	$+$
y	↘	1	↗

⬅ $\{f(g(x))\}'=f'(g(x))g'(x)$

JUMP 25

(1) $y'=2\cos 2x+2\cos x=2(2\cos^2 x-1)+2\cos x$

$=2(2\cos^2 x-1+\cos x)=2(2\cos x-1)(\cos x+1)$

$0\leqq x\leqq 2\pi$ の範囲で $y'=0$ を解くと

$\cos x=\dfrac{1}{2},\ -1$ すなわち $x=\dfrac{\pi}{3},\ \pi,\ \dfrac{5}{3}\pi$

x	0	…	$\dfrac{\pi}{3}$	…	π	…	$\dfrac{5}{3}\pi$	…	2π
y'	/	+	0	−	0	−	0	+	/
y	0	↗	$\dfrac{3\sqrt{3}}{2}$	↘	0	↘	$-\dfrac{3\sqrt{3}}{2}$	↗	0

上の増減表より，y は

$x=\dfrac{\pi}{3}$ で**極大値** $\dfrac{3\sqrt{3}}{2}$

$x=\dfrac{5}{3}\pi$ で**極小値** $-\dfrac{3\sqrt{3}}{2}$ をとる。

(2) $x<\dfrac{3}{2}$ のとき $y=-2x+3$

$x\geqq\dfrac{3}{2}$ のとき $y=2x-3$

であるから，$y=|2x-3|$ は

$x=\dfrac{3}{2}$ を境に減少から増加に変わる。

よって，y は

$x=\dfrac{3}{2}$ で**極小値 0** をとる。

考え方 $y'=0$ となるとき，y が極値をとるとは限らない。また，y が微分可能でないときでも，y は極値をとることがある。

⬅$x=\pi$ のとき，$y'=0$ となるが，その前後ではつねに $y'<0$ である。このとき，y は極値をとらない。

⬅$y=|2x-3|$ は $x=\dfrac{3}{2}$ で微分可能ではないが，極値をとる。

26 関数のグラフ(p.64)

117 $y'=1-2\cos x,\ y''=2\sin x$

$0<x<2\pi$ の範囲で

$y'=0$ を解くと $\cos x=\dfrac{1}{2}$ より $x=\dfrac{\pi}{3},\ \dfrac{5}{3}\pi$

$y''=0$ を解くと $\sin x=0$ より $x=\pi$

よって，y の増減およびグラフの凹凸は，次の表のようになる。

x	0	…	$\dfrac{\pi}{3}$	…	π	…	$\dfrac{5}{3}\pi$	…	2π
y'	/	−	0	+	+	+	0	−	/
y''	/	+	+	+	0	−	−	−	/
y	0	⤷	$\dfrac{\pi}{3}-\sqrt{3}$	⤴	π	⤻	$\dfrac{5}{3}\pi+\sqrt{3}$	⤵	2π

ゆえに，y は

$x-\dfrac{\pi}{3}$ で**極小値** $\dfrac{\pi}{3}-\sqrt{3}$

$x=\dfrac{5}{3}\pi$ で**極大値** $\dfrac{5}{3}\pi+\sqrt{3}$

をとる。

変曲点は $(\pi,\ \pi)$ である。

以上より，グラフは右の図のようになる。

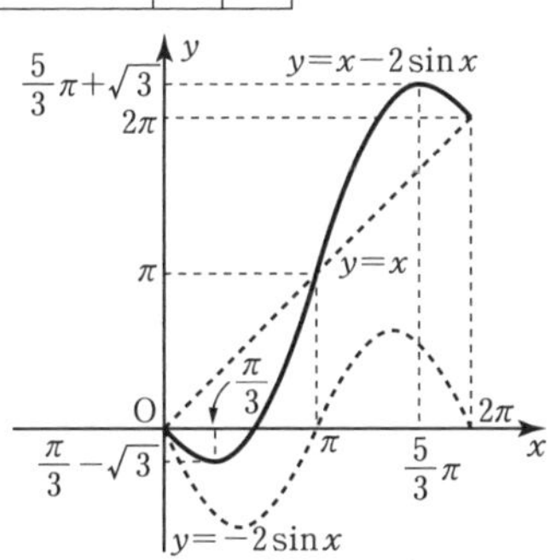

曲線の凹凸

$y''>0$

⟹ グラフは下に凸

$y''<0$

⟹ グラフは上に凸

$f''(x)$ の符号と極大・極小

$f''(x)$ が連続であるとき，

① $f'(a)=0$，$f''(a)>0$ ならば $f(a)$ は極小値。

② $f'(a)=0$，$f''(a)<0$ ならば $f(a)$ は極大値。

3章 微分法の応用

118 $f(x)=e^{-3x^2}$ とおくと

$f(-x)=e^{-3(-x)^2}=e^{-3x^2}=f(x)$

であるから，関数 $y=e^{-3x^2}$ のグラフは y 軸に関して対称である。
そこで，$x \geqq 0$ について考える。

⬅$f(-x)=f(x)$ がつねに成り立つとき，グラフは y 軸に関して対称である。

$y=e^{-3x^2}$ より

$y'=e^{-3x^2}\cdot(-6x)=-6xe^{-3x^2}$

$y''=(-6)e^{-3x^2}+(-6x)e^{-3x^2}(-6x)=6(6x^2-1)e^{-3x^2}$

⬅$(f\cdot g)'=f'\cdot g+f\cdot g'$

$e^{-3x^2}>0$ より，

$y'=0$ を解くと　$x=0$

$y''=0$ を解くと　$6x^2-1=0$

すなわち　$x=\dfrac{1}{\sqrt{6}}$

⬅$x \geqq 0$ について考えているから，$x=-\dfrac{1}{\sqrt{6}}$ は不適。

よって，y の増減およびグラフの凸凹は，右のようになる。

x	0	…	$\dfrac{1}{\sqrt{6}}$	…
y'	0	$-$	$-$	$-$
y''	$-$	$-$	0	$+$
y	1	⤵	$\dfrac{1}{\sqrt{e}}$	⤷

ゆえに，y は

$x=0$ で**極大値 1**　をとる。

変曲点は $\left(\dfrac{1}{\sqrt{6}},\ \dfrac{1}{\sqrt{e}}\right)$，$\left(-\dfrac{1}{\sqrt{6}},\ \dfrac{1}{\sqrt{e}}\right)$

また，$\displaystyle\lim_{x\to\infty}e^{-3x^2}=0$ であるから，
x 軸はこの関数のグラフの漸近線である。
以上より，グラフは右の図のようになる。

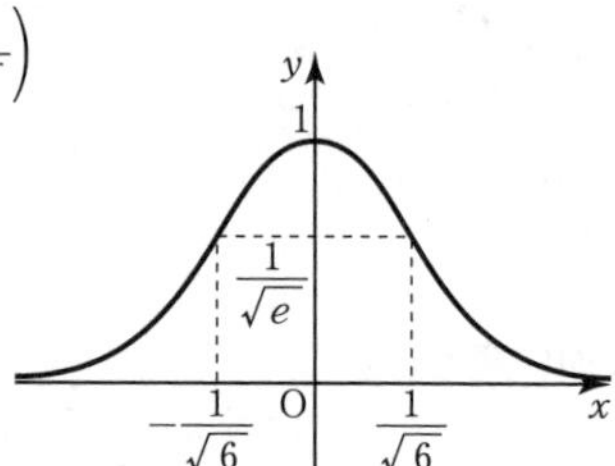

119 $y'=2e^x+(2x+1)e^x$

$=e^x(2+2x+1)=(2x+3)e^x$

$y''=2e^x+(2x+3)e^x=(2x+5)e^x$

⬅$(f\cdot g)'=f'\cdot g+f\cdot g'$

$e^x>0$ より，$y'=0$ を解くと

$2x+3=0$　すなわち　$x=-\dfrac{3}{2}$

$e^x>0$ より，$y''=0$ を解くと

$2x+5=0$　すなわち　$x=-\dfrac{5}{2}$

よって，y の増減およびグラフの凹凸は，次の表のようになる。

x	…	$-\dfrac{5}{2}$	…	$-\dfrac{3}{2}$	…
y'	$-$	$-$	$-$	0	$+$
y''	$-$	0	$+$	$+$	$+$
y	⤵	$-\dfrac{4}{e^2\sqrt{e}}$	⤷	$-\dfrac{2}{e\sqrt{e}}$	⤴

ゆえに，y は

$x=-\dfrac{3}{2}$ で**極小値** $-\dfrac{2}{e\sqrt{e}}$ をとる。

変曲点は $\left(-\dfrac{5}{2},\ -\dfrac{4}{e^2\sqrt{e}}\right)$ である。

また，$\displaystyle\lim_{x\to-\infty}xe^x=0$ を用いると

$\displaystyle\lim_{x\to-\infty}y=\lim_{x\to-\infty}(2x+1)e^x=2\lim_{x\to-\infty}xe^x+\lim_{x\to-\infty}e^x=0$

であるから，x 軸はこの関数のグラフの漸近線である。
以上より，グラフは上の図のようになる。

JUMP 26

$y'=\dfrac{2(x-1)(x-2)-(x-1)^2\cdot 1}{(x-2)^2}=\dfrac{(x-1)(x-3)}{(x-2)^2}$

$y''=\dfrac{(2x-4)(x-2)^2-2(x-1)(x-3)(x-2)}{(x-2)^4}=\dfrac{2}{(x-2)^3}$

$y'=0$ を解くと　$x=1,\ 3$

$y''=0$ となる x の値はない。

定義域が $x\neq 2$ であるから，y の増減およびグラフの凹凸は，次の表のようになる。

x	…	1	…	2	…	3	…
y'	+	0	−	／	−	0	+
y''	−	−	−	／	+	+	+
y	↗	0	↘	／	↘	4	↗

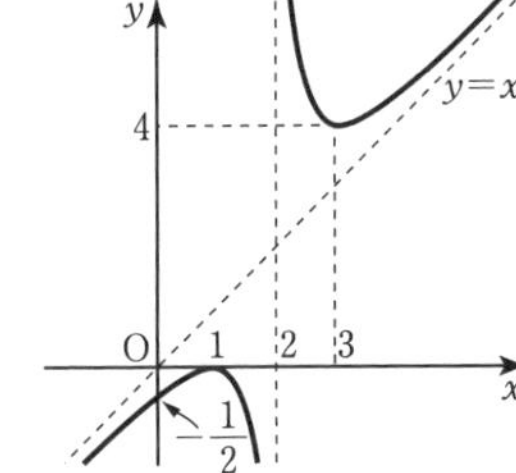

よって，y は

$x=1$ で**極大値 0**

$x=3$ で**極小値 4**　をとる。

変曲点はない。

また，$\lim_{x\to 2-0} y=-\infty$，$\lim_{x\to 2+0} y=\infty$ であるから，

直線 $x=2$ はこの関数のグラフの漸近線である。

さらに，$y=\dfrac{(x-1)^2}{x-2}$ は $y=x+\dfrac{1}{x-2}$ と変形でき，

$\lim_{x\to -\infty}(y-x)=\lim_{x\to -\infty}\dfrac{1}{x-2}=0$，$\lim_{x\to \infty}(y-x)=\lim_{x\to\infty}\dfrac{1}{x-2}=0$

であるから，直線 $y=x$ もこのグラフの漸近線である。

以上より，グラフは上の図のようになる。

考え方　関数 $y=f(x)$ の漸近線について，次のことが成り立つ。

① $\lim_{x\to\infty} f(x)=c$ または $\lim_{x\to -\infty} f(x)=c$ ならば，直線 $y=c$ は漸近線

② $\lim_{x\to k+0} f(x)=\infty$，$\lim_{x\to k+0} f(x)=-\infty$，$\lim_{x\to k-0} f(x)=\infty$，$\lim_{x\to k-0} f(x)=-\infty$ の少なくとも1つが成り立つならば，直線 $x=k$ は漸近線

③ $\lim_{x\to\infty}\{f(x)-(ax+b)\}=0$ または $\lim_{x\to -\infty}\{f(x)-(ax+b)\}=0$ ならば，直線 $y=ax+b$ は漸近線

27 最大値・最小値 (p.66)

120　$y'=4x^3-12x^2+8x=4x(x^2-3x+2)=4x(x-1)(x-2)$

$0<x<3$ の範囲で $y'=0$ を解くと　$x=1,\ 2$

よって，y の増減表は，右のようになる。

ゆえに，y は

$x=3$　のとき　**最大値 9**

$x=0,2$ のとき　**最小値 0**

をとる。

x	0	…	1	…	2	…	3
y'	／	+	0	−	0	+	／
y	0	↗	1	↘	0	↗	9

⬅定義域の両端での関数の値と極値を調べる。

121　$y'=1\cdot\sqrt{x}+(x-1)\cdot\dfrac{1}{2}x^{-\frac{1}{2}}$

$=\sqrt{x}+\dfrac{x-1}{2\sqrt{x}}=\dfrac{2x+x-1}{2\sqrt{x}}=\dfrac{3x-1}{2\sqrt{x}}$

⬅$(f\cdot g)'=f'\cdot g+f\cdot g'$

$0<x<2$ の範囲で $y'=0$ を解くと

$3x-1=0$　より　$x=\dfrac{1}{3}$

よって，y の増減表は，右のようになる。

ゆえに，y は

$x=2$　のとき　**最大値 $\sqrt{2}$**

$x=\dfrac{1}{3}$　のとき　**最小値 $-\dfrac{2\sqrt{3}}{9}$**

をとる。

x	0	…	$\frac{1}{3}$	…	2
y'	／	−	0	+	／
y	0	↘	$-\frac{2\sqrt{3}}{9}$	↗	$\sqrt{2}$

⬅$2\sqrt{x}>0$ より，y' の符号は $3x-1$ の符号と一致する。

3章　微分法の応用

122 $y'=-1+\sin x$

$0<x<2\pi$ の範囲で $y'=0$ を解くと

$\sin x=1$ より $x=\dfrac{\pi}{2}$

よって，y の増減表は，右のようになる。

x	0	$\cdots$	$\dfrac{\pi}{2}$	$\cdots$	2π
y'	／	$-$	0	$-$	／
y	-1	↘	$-\dfrac{\pi}{2}$	↘	$-2\pi-1$

ゆえに，y は

$x=0$ のとき **最大値 -1**

$x=2\pi$ のとき **最小値 $-2\pi-1$**

をとる。

123 $y'=2\sin x\cos x$

⬅$\{f(g(x))\}'=f'(g(x))g'(x)$

$0<x<2\pi$ の範囲で $y'=0$ を解くと $x=\dfrac{\pi}{2}$，π，$\dfrac{3}{2}\pi$

⬅$\sin x=0$ より $x=\pi$

$\cos x=0$ より $x=\dfrac{\pi}{2}$，$\dfrac{3}{2}\pi$

よって，y の増減表は，次のようになる。

x	0	$\cdots$	$\dfrac{\pi}{2}$	$\cdots$	π	$\cdots$	$\dfrac{3}{2}\pi$	$\cdots$	2π
y'	／	$+$	0	$-$	0	$+$	0	$-$	／
y	0	↗	1	↘	0	↗	1	↘	0

ゆえに，y は

$x=\dfrac{\pi}{2}, \dfrac{3}{2}\pi$ のとき **最大値 1**

$x=0, \pi, 2\pi$ のとき **最小値 0** をとる。

124 $y'=e^{2x}\cdot 2-2e^x=2e^x(e^x-1)$

⬅$\{f(g(x))\}'=f'(g(x))g'(x)$

$-1<x<1$ の範囲で $y'=0$ を解くと $e^x>0$ より

$e^x=1$ すなわち $x=0$

よって，y の増減表は，次のようになる。

x	-1	$\cdots$	0	$\cdots$	1
y'	／	$-$	0	$+$	／
y	$\dfrac{-2e+1}{e^2}$	↘	-1	↗	e^2-2e

ここで，$2<e<3$ より $-2e+1<0$

また $e^2-2e=e(e-2)>0$

であるから $\dfrac{-2e+1}{e^2}<e^2-2e$

ゆえに，y は

$x=1$ のとき **最大値 e^2-2e**

$x=0$ のとき **最小値 -1** をとる。

JUMP 27

考え方 表面積は 2 つの底面積と 3 つの側面積の和である。

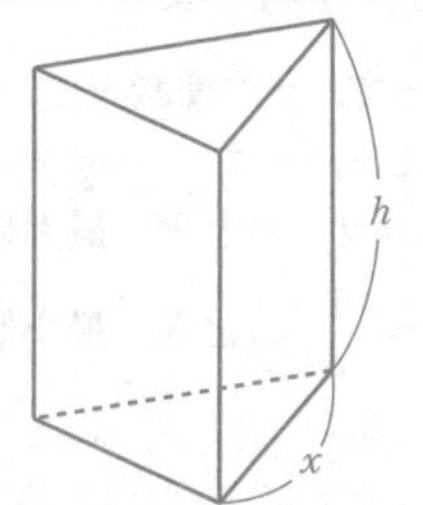

底面の正三角形の 1 辺の長さを x とすると

$(\text{底面積})=\dfrac{1}{2}\cdot x\cdot\dfrac{\sqrt{3}}{2}x=\dfrac{\sqrt{3}}{4}x^2$

高さを h とすると体積が 16 であるから

$\dfrac{\sqrt{3}}{4}x^2h=16$

よって $h=\dfrac{64}{\sqrt{3}x^2}$

このとき，表面積 S は

$$S=\frac{\sqrt{3}}{4}x^2\times2+xh\times3$$
$$=\frac{\sqrt{3}}{2}x^2+3x\cdot\frac{64}{\sqrt{3}x^2}=\frac{\sqrt{3}}{2}x^2+\frac{64\sqrt{3}}{x}$$

であるから

$$S'=\sqrt{3}x+\frac{-64\sqrt{3}}{x^2}=\frac{\sqrt{3}x^3-64\sqrt{3}}{x^2}$$
$$=\frac{\sqrt{3}(x^3-64)}{x^2}=\frac{\sqrt{3}(x-4)(x^2+4x+16)}{x^2}$$

ここで

$x^2>0$

$x^2+4x+16=(x+2)^2+12>0$

より，$x>0$ の範囲で $S'=0$ を解くと

$x=4$

右の増減表より，表面積が最小になるときの底面の1辺の長さは　4

x	0	$\cdots$	4	$\cdots$
S'	／	$-$	0	$+$
S	／	↘	極小	↗

⬅x は正三角形の1辺の長さ。

⬅S' の符号は $x-4$ の符号と一致する。

28 方程式・不等式への応用 (p.68)

125 （証明）$f(x)=\sqrt{e^x}-\left(1+\frac{x}{2}\right)$ とおくと

$f(x)=e^{\frac{1}{2}x}-\frac{x}{2}-1$　であるから

$$f'(x)=e^{\frac{1}{2}x}\cdot\frac{1}{2}-\frac{1}{2}=\frac{1}{2}(e^{\frac{1}{2}x}-1)$$

⬅$\{f(g(x))\}'=f'(g(x))g'(x)$

$x>0$ のとき　$e^{\frac{1}{2}x}>1$　であるから　$f'(x)>0$

よって，$f(x)$ は区間 $x\geqq0$ で増加する。

ここで，$f(0)=\sqrt{e^0}-1-\frac{0}{2}=0$ であるから

$x>0$ のとき　$f(x)>0$

⬅$f(x)>f(0)$

ゆえに，$\sqrt{e^x}-1-\frac{x}{2}>0$ より　$\sqrt{e^x}>1+\frac{x}{2}$　（終）

126 $f(x)=\frac{1}{x^2+1}$ とおくと　$f'(x)=-\frac{2x}{(x^2+1)^2}$

⬅$\left(\frac{1}{g}\right)'=-\frac{g'}{g^2}$

$f'(x)=0$ を解くと　$x=0$

よって，$f(x)$ の増減表は，次のようになる。

x	$\cdots$	0	$\cdots$
$f'(x)$	$+$	0	$-$
$f(x)$	↗	1	↘

⬅$(x^2+1)^2>0$ より，$f'(x)$ の符号は $-2x$ の符号と一致する。

また　$f(x)=\frac{1}{x^2+1}>0$,

$$\lim_{x\to-\infty}\frac{1}{x^2+1}=0,\ \lim_{x\to\infty}\frac{1}{x^2+1}=0$$

⬅$y=0$（x 軸）が漸近線。

ゆえに，グラフは右の図のようになる。

したがって，求める実数解の個数は

$k\leqq0$, $1<k$ のとき　0個

$k=1$ のとき　1個

$0<k<1$ のとき　2個

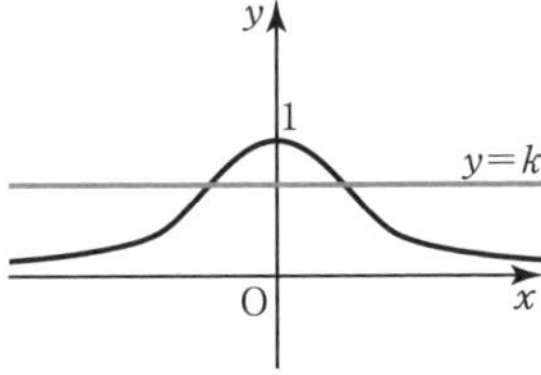

⬅この方程式の実数解の個数は，$y=\frac{1}{x^2+1}$ のグラフと直線 $y=k$ の共有点の個数に一致する。

3 章 微分法の応用

127 （証明） $f(x)=\log x-\dfrac{x-1}{x}$ とおくと

$$f'(x)=\frac{1}{x}-\frac{1\cdot x-(x-1)\cdot 1}{x^2}=\frac{1}{x}-\frac{1}{x^2}=\frac{x-1}{x^2}$$

⬅ $\left(\dfrac{x-1}{x}\right)'$ について $\left(\dfrac{f}{g}\right)'=\dfrac{f'\cdot g-f\cdot g'}{g^2}$

$x>1$ のとき　$\dfrac{x-1}{x^2}>0$　であるから　$f'(x)>0$

よって，$f(x)$ は $x \geqq 1$ で増加する。

ここで，$f(1)=\log 1-\dfrac{1-1}{1}=0$ であるから

　$x>1$ のとき　$f(x)>0$

⬅ $f(x)>f(1)$

ゆえに，$\log x-\dfrac{x-1}{x}>0$ より　$\log x>\dfrac{x-1}{x}$　（終）

128 $f(x)=x+\dfrac{1}{x}$ とおくと

$$f'(x)=1-\frac{1}{x^2}=\frac{x^2-1}{x^2}=\frac{(x+1)(x-1)}{x^2}$$

⬅ $\left(\dfrac{1}{x}\right)'=-\dfrac{1}{x^2}$

$f'(x)=0$ を解くと　$x=\pm 1$

定義域は $x \neq 0$ であるから，$f(x)$ の増減表は，次のようになる。

x	$\cdots$	-1	$\cdots$	0	$\cdots$	1	$\cdots$
$f'(x)$	$+$	0	$-$	／	$-$	0	$+$
$f(x)$	↗	-2	↘	／	↘	2	↗

また　$\displaystyle\lim_{x\to+0}\left(x+\frac{1}{x}\right)=\infty$,

$\displaystyle\lim_{x\to-0}\left(x+\frac{1}{x}\right)=-\infty$,

$\displaystyle\lim_{x\to\infty}\left(x+\frac{1}{x}\right)=\infty$,

$\displaystyle\lim_{x\to-\infty}\left(x+\frac{1}{x}\right)=-\infty$

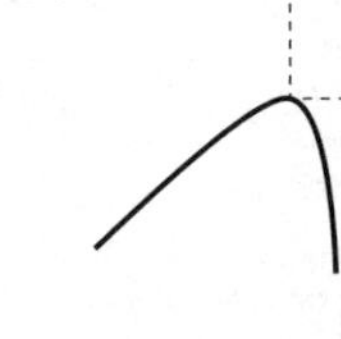

よって，グラフは右の図のようになる。

ゆえに，求める実数解の個数は

$-2<k<2$ のとき　0個

$k=\pm 2$ のとき　1個

$k<-2$，$2<k$ のとき　2個

⬅この方程式の実数解の個数は，$y=x+\dfrac{1}{x}$ のグラフと直線 $y=k$ の共有点の個数に一致する。

JUMP 28

考え方　方程式を $f(x)=k$ の形に変形して，$y=f(x)$ のグラフと直線 $y=k$ の共有点の個数を考える。

$x^3-kx^2+4=0$　より　$x^3+4=kx^2$

$x=0$ のとき　$x^3+4=4$，$kx^2=0$

より，この方程式は成り立たない。

よって，$x \neq 0$ であるから，両辺を x^2 で割ると

$$x+\frac{4}{x^2}=k$$

⬅文字定数を分離する。

$f(x)=x+\dfrac{4}{x^2}$ とおくと

$$f'(x)=1-\frac{8x}{x^4}=1-\frac{8}{x^3}=\frac{x^3-8}{x^3}$$

$$=\frac{(x-2)(x^2+2x+4)}{x^3}$$

⬅ $\left(\dfrac{1}{g}\right)'=-\dfrac{g'}{g^2}$

ここで，$x^2+2x+4=(x+1)^2+3>0$ であるから，

$f'(x)=0$ を解くと　$x=2$

定義域 $x \neq 0$ であるから，$f(x)$ の増減表は，次のようになる。

x	$\cdots$	0	$\cdots$	2	$\cdots$
$f'(x)$	$+$	／	$-$	0	$+$
$f(x)$	↗	／	↘	3	↗

また

$$\lim_{x\to+0}\left(x+\frac{4}{x^2}\right)=\infty,\quad \lim_{x\to-0}\left(x+\frac{4}{x^2}\right)=\infty,$$

$$\lim_{x\to\infty}\left(x+\frac{4}{x^2}\right)=\infty,\quad \lim_{x\to-\infty}\left(x+\frac{4}{x^2}\right)=-\infty$$

よって，グラフは右の図のようになる。

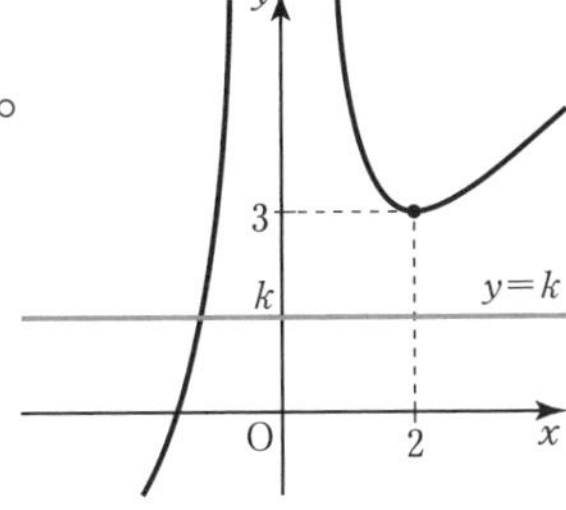

ゆえに，求める実数解の個数は

$k<3$ のとき　1 個

$k=3$ のとき　2 個

$3<k$ のとき　3 個

⬅この方程式の実数解の個数は，$y=x+\frac{4}{x^2}$ のグラフと直線 $y=k$ の共有点の個数に一致する。

29 速度・加速度，近似式（p.70）

129 点 P の $t=2$ における位置 x は

$x=t^3-2t^2+3$ より　$x=2^3-2\times2^2+3=\mathbf{3}$

点 P の $t=2$ における速度 v は

$v=\dfrac{dx}{dt}=3t^2-4t$ より　$v=3\times2^2-4\times2=\mathbf{4}$

点 P の $t=2$ における加速度 α は

$\alpha=\dfrac{d^2x}{dt^2}=6t-4$ より　$\alpha=6\times2-4=\mathbf{8}$

数直線上の速度・加速度
速度 v は
$$v=\frac{dx}{dt}=f'(t)$$
加速度 α は
$$\alpha=\frac{dv}{dt}=\frac{d^2x}{dt^2}=f''(t)$$

130 $f(x)=(1+x)^k$ とおくと　$f'(x)=k(1+x)^{k-1}$

x が 0 に近いとき，$f(x)\fallingdotseq f(0)+f'(0)x$ より

$(1+x)^k\fallingdotseq(1+0)^k+k(1+0)^{k-1}\cdot x=1+kx$

ここで，$1001.2=1000(1+0.0012)$ であるから

$$\sqrt[3]{1001.2}=\{1000(1+0.0012)\}^{\frac{1}{3}}$$
$$=10\times(1+0.0012)^{\frac{1}{3}}$$
$$\fallingdotseq10\left(1+\frac{1}{3}\times0.0012\right)=\mathbf{10.004}$$

近似式①
x が 0 に近いとき
$f(x)\fallingdotseq f(0)+f'(0)x$

131 点 P の時刻 t における速度を $\vec{v}$，加速度を $\vec{\alpha}$ とする。

$\vec{v}$ の成分は　$\dfrac{dx}{dt}=e^t-e^{-t}$，$\dfrac{dy}{dt}=e^t+e^{-t}$　であるから

$\boldsymbol{\vec{v}=(e^t-e^{-t},\ e^t+e^{-t})}$

よって，速さ $|\vec{v}|$ は

$$|\vec{v}|=\sqrt{(e^t-e^{-t})^2+(e^t+e^{-t})^2}$$
$$=\sqrt{(e^{2t}-2+e^{-2t})+(e^{2t}+2+e^{-2t})}$$
$$=\boldsymbol{\sqrt{2(e^{2t}+e^{-2t})}}$$

$\vec{\alpha}$ の成分は　$\dfrac{d^2x}{dt^2}=e^t+e^{-t}$，$\dfrac{d^2y}{dt^2}=e^t-e^{-t}$　であるから

$\boldsymbol{\vec{\alpha}=(e^t+e^{-t},\ e^t-e^{-t})}$

よって，加速度の大きさ $|\vec{\alpha}|$ は

$$|\vec{\alpha}|=\sqrt{(e^t+e^{-t})^2+(e^t-e^{-t})^2}$$
$$=\sqrt{(e^{2t}+2+e^{-2t})+(e^{2t}-2+e^{-2t})}$$
$$=\boldsymbol{\sqrt{2(e^{2t}+e^{-2t})}}$$

平面上の速度・加速度
速度 $\vec{v}$ は
$$\vec{v}=\left(\frac{dx}{dt},\ \frac{dy}{dt}\right)$$
速さ $|\vec{v}|$ は
$$|\vec{v}|=\sqrt{\left(\frac{dx}{dt}\right)^2+\left(\frac{dy}{dt}\right)^2}$$
加速度 $\vec{\alpha}$ は
$$\vec{\alpha}=\left(\frac{d^2x}{dt^2},\ \frac{d^2y}{dt^2}\right)$$
加速度の大きさは
$$|\vec{\alpha}|=\sqrt{\left(\frac{d^2x}{dt^2}\right)^2+\left(\frac{d^2y}{dt^2}\right)^2}$$

132 $f(x)=\tan x$ とおくと　$f'(x)=\dfrac{1}{\cos^2 x}$

h が 0 に近いとき，$f(a+h)\fallingdotseq f(a)+f'(a)h$ より

$$\tan(a+h)\fallingdotseq \tan a+\frac{h}{\cos^2 a}$$

ここで，$31°=\dfrac{31}{180}\pi=\dfrac{\pi}{6}+\dfrac{\pi}{180}$ であるから

$$\tan 31°=\tan\left(\frac{\pi}{6}+\frac{\pi}{180}\right)$$

$$\fallingdotseq \tan\frac{\pi}{6}+\frac{\pi}{180}\cdot\frac{1}{\cos^2\frac{\pi}{6}}=\frac{1}{\sqrt{3}}+\frac{\pi}{180}\cdot\frac{1}{\left(\frac{\sqrt{3}}{2}\right)^2}=\boldsymbol{\frac{\sqrt{3}}{3}+\frac{\pi}{135}}$$

近似式②
h が 0 に近いとき
$f(a+h)$
$\fallingdotseq f(a)+f'(a)h$

⬅$a=\dfrac{\pi}{6}$，$h=\dfrac{\pi}{180}$

JUMP 29

考え方　h が 0 に近いとき
$f(a+h)\fallingdotseq f(a)+f'(a)h$
となることを利用する。

$f(x)=\sqrt{x}$ とおくと　$f'(x)=(x^{\frac{1}{2}})'=\dfrac{1}{2}x^{-\frac{1}{2}}=\dfrac{1}{2\sqrt{x}}$

h が 0 に近いとき，$f(a+h)\fallingdotseq f(a)+f'(a)h$ より

$$\sqrt{a+h}\fallingdotseq\sqrt{a}+\frac{1}{2\sqrt{a}}\cdot h$$

ここで，$25.4=25+0.4$ であるから

$$\sqrt{25.4}\fallingdotseq\sqrt{25}+\frac{1}{2\sqrt{25}}\times 0.4=5+\frac{0.4}{10}=\mathbf{5.04}$$

⬅$a=25$，$h=0.4$

まとめの問題　微分法の応用(p.72)

1　(1)　$f(x)=\sqrt{x+4}$ とおくと

$$f'(x)=\{(x+4)^{\frac{1}{2}}\}'=\frac{1}{2}(x+4)^{-\frac{1}{2}}=\frac{1}{2\sqrt{x+4}}$$

であるから，$x=0$ における接線の傾きは

$$f'(0)=\frac{1}{2\sqrt{0+4}}=\frac{1}{4}$$

よって，P(0, 2) における接線の方程式は

$y-2=\dfrac{1}{4}x$　すなわち　$\boldsymbol{y=\dfrac{1}{4}x+2}$

⬅$y-f(a)=f'(a)(x-a)$

(2)　$x=5$ における接線の傾きは

$$f'(5)=\frac{1}{2\sqrt{5+4}}=\frac{1}{6}$$

よって，法線の傾きは

$$-\frac{1}{f'(5)}=-\frac{1}{\frac{1}{6}}=-6$$

ゆえに，Q(5, 3) における法線の方程式は

$y-3=-6(x-5)$　すなわち　$\boldsymbol{y=-6x+33}$

⬅$y-f(a)=-\dfrac{1}{f'(a)}(x-a)$

2　$y'=1-2\cdot\dfrac{1}{2}x^{-\frac{1}{2}}=1-\dfrac{1}{\sqrt{x}}=\dfrac{\sqrt{x}-1}{\sqrt{x}}$

であるから，$y'=0$ を解くと

$\sqrt{x}=1$　すなわち　$x=1$

また，定義域は $x\geqq 0$

右の増減表より，y は

$x=1$ で**極小値 -1**　をとる。

x	0	…	1	…
y'	／	−	0	+
y	0	↘	−1	↗

3 $y'=1+2\cos 2x$, $y''=-4\sin 2x$

$0<x<\pi$ すなわち $0<2x<2\pi$ の範囲で

$y'=0$ を解くと $\cos 2x=-\dfrac{1}{2}$ より

$2x=\dfrac{2}{3}\pi$, $\dfrac{4}{3}\pi$ すなわち $x=\dfrac{\pi}{3}$, $\dfrac{2}{3}\pi$

$y''=0$ を解くと $\sin 2x=0$ より

$2x=\pi$ すなわち $x=\dfrac{\pi}{2}$

よって，y の増減およびグラフの凹凸は，次の表のようになる。

x	0	$\cdots$	$\dfrac{\pi}{3}$	$\cdots$	$\dfrac{\pi}{2}$	$\cdots$	$\dfrac{2}{3}\pi$	$\cdots$	π
y'	／	$+$	0	$-$	$-$	$-$	0	$+$	／
y''	／	$-$	$-$	$-$	0	$+$	$+$	$+$	／
y	0	↗	$\dfrac{\pi}{3}+\dfrac{\sqrt{3}}{2}$	↘	$\dfrac{\pi}{2}$	↘	$\dfrac{2}{3}\pi-\dfrac{\sqrt{3}}{2}$	↗	π

ゆえに，y は

$x=\dfrac{\pi}{3}$ で **極大値** $\boldsymbol{\dfrac{\pi}{3}+\dfrac{\sqrt{3}}{2}}$

$x=\dfrac{2}{3}\pi$ で**極小値** $\boldsymbol{\dfrac{2}{3}\pi-\dfrac{\sqrt{3}}{2}}$

をとる。

変曲点は $\boldsymbol{\left(\dfrac{\pi}{2},\ \dfrac{\pi}{2}\right)}$ である。

以上より，グラフは右の図のようになる。

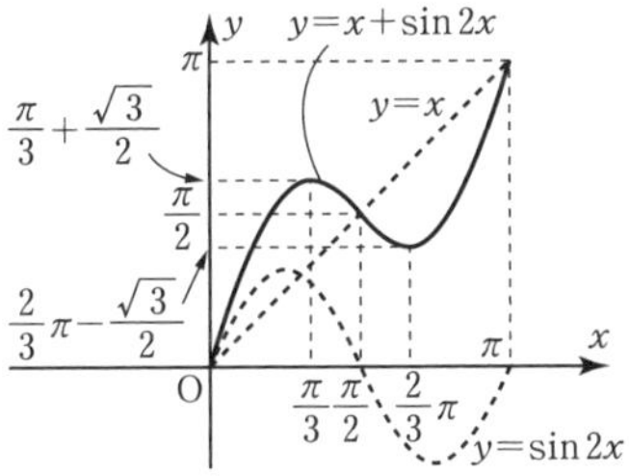

←$\{f(g(x))\}'=f'(g(x))g'(x)$

4 $y'=\dfrac{4(x^2+1)-4x\cdot 2x}{(x^2+1)^2}$

$=\dfrac{-4x^2+4}{(x^2+1)^2}=-\dfrac{4(x+1)(x-1)}{(x^2+1)^2}$

←$\left(\dfrac{f}{g}\right)'=\dfrac{f'\cdot g-f\cdot g'}{g^2}$

$-2<x<2$ の範囲で $y'=0$ を解くと $x=\pm 1$

よって，y の増減表は，次のようになる。

x	-2	$\cdots$	-1	$\cdots$	1	$\cdots$	2
y'	／	$-$	0	$+$	0	$-$	／
y	$-\dfrac{8}{5}$	↘	-2	↗	2	↘	$\dfrac{8}{5}$

ゆえに，y は

$x=-1$ のとき **最小値 -2**

$x=1$ のとき **最大値 2** をとる。

5 (証明) $f(x)=\dfrac{1+x}{2}-\log(x+1)$ とおくと

$f'(x)=\dfrac{1}{2}-\dfrac{1}{x+1}=\dfrac{x-1}{2(x+1)}$

$f'(x)=0$ を解くと $x=1$

よって，$f(x)$ の増減表は，右のようになる。

x	0	$\cdots$	1	$\cdots$
$f'(x)$	／	$-$	0	$+$
$f(x)$	／	↘	$1-\log 2$	↗

ここで，$1-\log 2>0$ であるから

$x>0$ のとき $f(x)>0$

←$f(x)\geqq 1-\log 2$

ゆえに $\log(x+1)<\dfrac{1+x}{2}$ (終)

6 $f(x)=x\log x$ とおくと

$$f'(x)=1\cdot\log x+x\cdot\frac{1}{x}=\log x+1$$

⬅$(f\cdot g)'=f'\cdot g+f\cdot g'$

$f'(x)=0$ を解くと　$\log x=-1$　より　$x=e^{-1}=\dfrac{1}{e}$

定義域は $x>0$ であるから，$f(x)$ の増減表は次のようになる。

x	0	$\cdots$	$\frac{1}{e}$	$\cdots$
y'	／	$-$	0	$+$
y	／	↘	$-\frac{1}{e}$	↗

また　$\displaystyle\lim_{x\to+0}x\log x=0$，$\displaystyle\lim_{x\to\infty}x\log x=\infty$

よって，グラフは右の図のようになる。

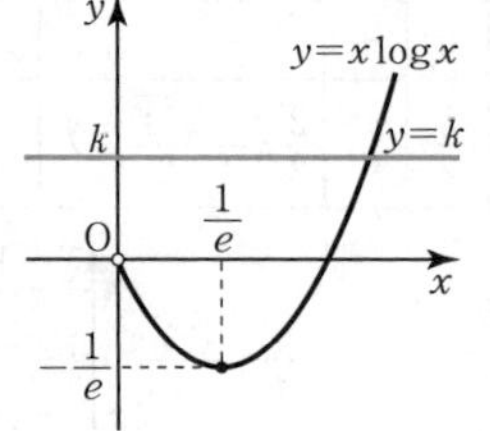

ゆえに，求める実数解の個数は

$k<-\dfrac{1}{e}$ のとき　　0 個

$k=-\dfrac{1}{e}$，$k\geqq 0$ のとき　1 個

$-\dfrac{1}{e}<k<0$ のとき　　2 個

⬅この方程式の実数解の個数は，$y=x\log x$ のグラフと直線 $y=k$ の共有点の個数に一致する。

7 点 P の時刻 t における速度を $\vec{v}$，加速度を $\vec{\alpha}$ とする。

$\vec{v}$ の成分は

⬅$\vec{v}=\left(\dfrac{dx}{dt},\ \dfrac{dy}{dt}\right)$

$$\frac{dx}{dt}=-2\sin\frac{3}{2}\pi t\cdot\frac{3}{2}\pi=-3\pi\sin\frac{3}{2}\pi t$$

$$\frac{dy}{dt}=2\cos\frac{3}{2}\pi t\cdot\frac{3}{2}\pi=3\pi\cos\frac{3}{2}\pi t$$

であるから

$$\vec{v}=\left(\boldsymbol{-3\pi\sin\frac{3}{2}\pi t,\ 3\pi\cos\frac{3}{2}\pi t}\right)$$

よって，速度 $|\vec{v}|$ は

$$|\vec{v}|=\sqrt{\left(-3\pi\sin\frac{3}{2}\pi t\right)^2+\left(3\pi\cos\frac{3}{2}\pi t\right)^2}$$

$$=\sqrt{9\pi^2\left(\sin^2\frac{3}{2}\pi t+\cos^2\frac{3}{2}\pi t\right)}=\boldsymbol{3\pi}$$

$\vec{\alpha}$ の成分は

⬅$\vec{\alpha}=\left(\dfrac{d^2x}{dt^2},\ \dfrac{d^2y}{dt^2}\right)$

$$\frac{d^2x}{dt^2}=-3\pi\cos\frac{3}{2}\pi t\cdot\frac{3}{2}\pi=-\frac{9}{2}\pi^2\cos\frac{3}{2}\pi t$$

$$\frac{d^2y}{dt^2}=-3\pi\sin\frac{3}{2}\pi t\cdot\frac{3}{2}\pi=-\frac{9}{2}\pi^2\sin\frac{3}{2}\pi t$$

であるから

$$\vec{\alpha}=\left(\boldsymbol{-\frac{9}{2}\pi^2\cos\frac{3}{2}\pi t,\ -\frac{9}{2}\pi^2\sin\frac{3}{2}\pi t}\right)$$

よって，加速度の大きさ $|\vec{\alpha}|$ は

$$|\vec{\alpha}|=\sqrt{\left(-\frac{9}{2}\pi^2\cos\frac{3}{2}\pi t\right)^2+\left(-\frac{9}{2}\pi^2\sin\frac{3}{2}\pi t\right)^2}$$

$$=\sqrt{\frac{81}{4}\pi^4\left(\cos^2\frac{3}{2}\pi t+\sin^2\frac{3}{2}\pi t\right)}=\boldsymbol{\frac{9}{2}\pi^2}$$

(注)　不定積分では，C は積分定数を表すものとする。

30 積分法の復習(p.74)

133 (1) $\int(x^2-2x+4)\,dx=\int x^2\,dx-2\int x\,dx+4\int dx$

$=\frac{1}{3}x^3-2\times\frac{1}{2}x^2+4x+C$

$=\boldsymbol{\frac{1}{3}x^3-x^2+4x+C}$

(2) $\int(x-2)(2x+3)\,dx=\int(2x^2-x-6)\,dx$

$=2\int x^2\,dx-\int x\,dx-6\int dx$

$=2\times\frac{1}{3}x^3-\frac{1}{2}x^2-6x+C$

$=\boldsymbol{\frac{2}{3}x^3-\frac{1}{2}x^2-6x+C}$

134 (1) $\int_{-1}^{2}(3x^2+2x-5)\,dx=3\int_{-1}^{2}x^2\,dx+2\int_{-1}^{2}x\,dx-5\int_{-1}^{2}dx$

$=3\left[\frac{1}{3}x^3\right]_{-1}^{2}+2\left[\frac{1}{2}x^2\right]_{-1}^{2}-5\left[x\right]_{-1}^{2}$

$=\{2^3-(-1)^3\}+\{2^2-(-1)^2\}-5\{2-(-1)\}$

$=\boldsymbol{-3}$

(2) $\int_{1}^{4}(x-1)(x-4)\,dx=\int_{1}^{4}(x^2-5x+4)\,dx$

$=\int_{1}^{4}x^2\,dx-5\int_{1}^{4}x\,dx+4\int_{1}^{4}dx$

$=\left[\frac{1}{3}x^3\right]_{1}^{4}-5\left[\frac{1}{2}x^2\right]_{1}^{4}+4\left[x\right]_{1}^{4}$

$=\frac{1}{3}(4^3-1^3)-\frac{5}{2}(4^2-1^2)+4(4-1)=\boldsymbol{-\frac{9}{2}}$

別解　$\int_{1}^{4}(x-1)(x-4)\,dx=-\frac{1}{6}(4-1)^3=-\frac{27}{6}=\boldsymbol{-\frac{9}{2}}$

135 区間 $0\leqq x\leqq 1$ で $y>0$ であるから

$S=\int_{0}^{1}(-x^2+4)\,dx$

$=-\left[\frac{1}{3}x^3\right]_{0}^{1}+4\left[x\right]_{0}^{1}$

$=-\frac{1}{3}(1^3-0^3)+4(1-0)=\boldsymbol{\frac{11}{3}}$

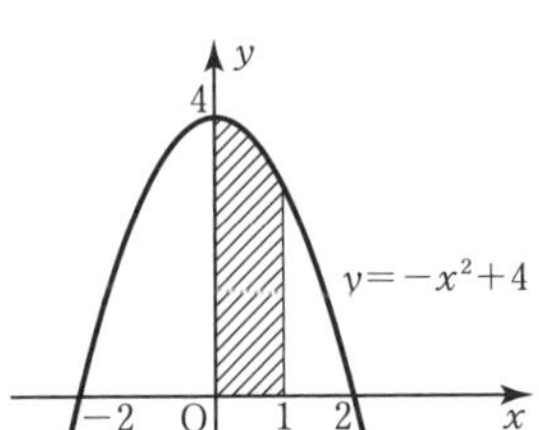

136 放物線 $y=x^2-1$ と直線 $y=x+1$ の共有点の x 座標は

$x^2-1=x+1$　より　$x^2-x-2=0$

$(x+1)(x-2)=0$　より　$x=-1,\ 2$

区間 $-1\leqq x\leqq 2$ で

$x+1\geqq x^2-1$ であるから

$S=\int_{-1}^{2}\{(x+1)-(x^2-1)\}\,dx$

$=\int_{-1}^{2}(-x^2+x+2)\,dx$

$=-\left[\frac{1}{3}x^3\right]_{-1}^{2}+\left[\frac{1}{2}x^2\right]_{-1}^{2}+2\left[x\right]_{-1}^{2}$

$=-\frac{1}{3}\{2^3-(-1)^3\}+\frac{1}{2}\{2^2-(-1)^2\}+2\{2-(-1)\}=\boldsymbol{\frac{9}{2}}$

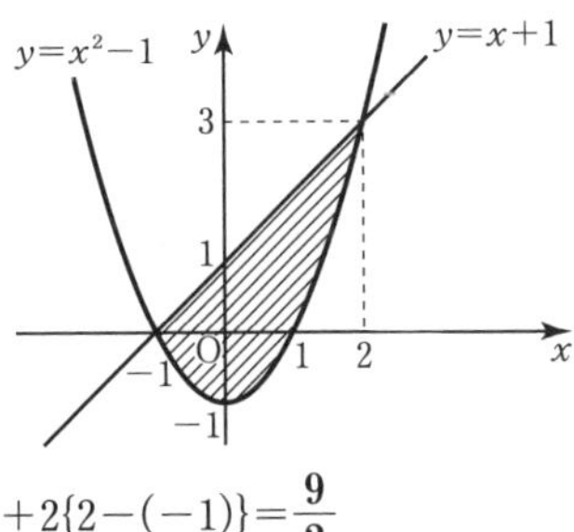

x^n の不定積分
$n=0,\ 1,\ 2,\ \cdots$ のとき
$\int x^n\,dx=\frac{1}{n+1}x^{n+1}+C$

不定積分の公式
$\int kf(x)\,dx$
$=k\int f(x)\,dx$
(k は定数)
$\int\{f(x)\pm g(x)\}\,dx$
$=\int f(x)\,dx\pm\int g(x)\,dx$
(複号同順)

定積分
$\int_a^b f(x)\,dx=\left[F(x)\right]_a^b$
$=F(b)-F(a)$

⬅展開してから積分する。

⬅$\int_\alpha^\beta(x-\alpha)(x-\beta)\,dx$
$=-\frac{1}{6}(\beta-\alpha)^3$

⬅$y=f(x)$ が区間 $a\leqq x\leqq b$ で $f(x)\geqq 0$ のとき
$S=\int_a^b f(x)\,dx$

⬅$y=f(x)$，$y=g(x)$ が区間 $a\leqq x\leqq b$ で $f(x)\geqq g(x)$ のとき
$S=\int_a^b\{f(x)-g(x)\}\,dx$

別解 $S=\int_{-1}^{2}\{(x+1)-(x^2-1)\}dx=-\int_{-1}^{2}(x^2-x-2)dx$

$=-\int_{-1}^{2}(x+1)(x-2)dx=\frac{1}{6}\{2-(-1)\}^3=\mathbf{\frac{9}{2}}$

← $\int_{\alpha}^{\beta}(x-\alpha)(x-\beta)dx=-\frac{1}{6}(\beta-\alpha)^3$

31 x^{α} の不定積分 (p.76)

x^{α} の不定積分
$\alpha \neq -1$ のとき
$\int x^{\alpha}dx=\frac{1}{\alpha+1}x^{\alpha+1}+C$
$\alpha=-1$ のとき
$\int \frac{1}{x}dx=\log|x|+C$

137 (1) $\int\frac{1}{x^5}dx=\int x^{-5}dx=\frac{1}{-5+1}x^{-5+1}+C$

$=-\frac{1}{4}x^{-4}+C=\mathbf{-\frac{1}{4x^4}+C}$

(2) $\int\sqrt[4]{x^3}\,dx=\int x^{\frac{3}{4}}dx=\frac{1}{\frac{3}{4}+1}x^{\frac{3}{4}+1}+C$

$=\frac{4}{7}x^{\frac{7}{4}}+C=\mathbf{\frac{4}{7}x\sqrt[4]{x^3}+C}$

← $x^{\frac{7}{4}}=x^{1+\frac{3}{4}}=x\sqrt[4]{x^3}$

(3) $\int\frac{x^4+1}{x}dx=\int\left(x^3+\frac{1}{x}\right)dx$

$=\int x^3dx+\int\frac{1}{x}dx=\mathbf{\frac{1}{4}x^4+\log|x|+C}$

(4) $\int\frac{4t-1}{t^2}dt=\int\left(\frac{4}{t}-\frac{1}{t^2}\right)dt$

← 変数が x 以外のときも，x のときと同様に計算できる。

$=\int\frac{4}{t}dt-\int\frac{1}{t^2}dt=\int\frac{4}{t}dt-\int t^{-2}dt$

← $\int t^{-2}dt$ について
$\frac{1}{-2+1}t^{-2+1}=-t^{-1}$

$=4\log|t|-(-t^{-1})+C=\mathbf{4\log|t|+\frac{1}{t}+C}$

138 (1) $\int\frac{1}{x^6}dx=\int x^{-6}dx=\frac{1}{-6+1}x^{-6+1}+C$

$=-\frac{1}{5}x^{-5}+C=\mathbf{-\frac{1}{5x^5}+C}$

(2) $\int\frac{1}{\sqrt[3]{x}}dx=\int x^{-\frac{1}{3}}dx=\frac{1}{-\frac{1}{3}+1}x^{-\frac{1}{3}+1}+C$

← $\frac{1}{\sqrt[3]{x}}=\frac{1}{x^{\frac{1}{3}}}=x^{-\frac{1}{3}}$

$=\frac{3}{2}x^{\frac{2}{3}}+C=\mathbf{\frac{3}{2}\sqrt[3]{x^2}+C}$

(3) $\int\frac{2x^2-3x+1}{x^2}dx=\int\left(2-\frac{3}{x}+\frac{1}{x^2}\right)dx$

$=2\int dx-\int\frac{3}{x}dx+\int\frac{1}{x^2}dx$

← $\int\frac{1}{x^2}dx=\int x^{-2}dx$ について
$\frac{1}{-2+1}x^{-2+1}=-x^{-1}$

$=2x-3\log|x|+(-x^{-1})+C$

$=\mathbf{2x-3\log|x|-\frac{1}{x}+C}$

(4) $\int\frac{t-1}{\sqrt{t}}dt=\int\frac{t-1}{t^{\frac{1}{2}}}dt=\int(t^{\frac{1}{2}}-t^{-\frac{1}{2}})dt=\int t^{\frac{1}{2}}dt-\int t^{-\frac{1}{2}}dt$

$=\frac{2}{3}t^{\frac{3}{2}}-2t^{\frac{1}{2}}+C$

$=\mathbf{\frac{2}{3}t\sqrt{t}-2\sqrt{t}+C}$

← $\int t^{\frac{1}{2}}dt$ について
$\frac{1}{\frac{1}{2}+1}t^{\frac{1}{2}+1}=\frac{2}{3}t^{\frac{3}{2}}$
$\int t^{-\frac{1}{2}}dt$ について
$\frac{1}{-\frac{1}{2}+1}t^{-\frac{1}{2}+1}=2t^{\frac{1}{2}}$

139 (1) $\int x\sqrt[3]{x^2}\,dx=\int x^{1+\frac{2}{3}}dx=\int x^{\frac{5}{3}}dx$

$=\frac{1}{\frac{5}{3}+1}x^{\frac{5}{3}+1}+C=\frac{3}{8}x^{\frac{8}{3}}+C=\mathbf{\frac{3}{8}x^2\sqrt[3]{x^2}+C}$

← $x^{\frac{8}{3}}=x^{2+\frac{2}{3}}=x^2\sqrt[3]{x^2}$

(2) $\int\frac{x^3+x^2-x+3}{x^2}dx=\int\left(x+1-\frac{1}{x}+\frac{3}{x^2}\right)dx$

$=\int x\,dx+\int dx-\int\frac{1}{x}dx+\int\frac{3}{x^2}dx$

$=\frac{1}{2}x^2+x-\log|x|+3\cdot(-x^{-1})+C$

$=\boldsymbol{\frac{1}{2}x^2+x-\log|x|-\frac{3}{x}+C}$

⇐ $\int\frac{3}{x^2}dx=3\int x^{-2}dx$ について $3\cdot\frac{1}{-2+1}x^{-2+1}=3\cdot(-x^{-1})$

(3) $\int\frac{(2\sqrt{x}-1)^2}{x}dx=\int\frac{4x-4\sqrt{x}+1}{x}dx$

$=\int\left(4-4x^{-\frac{1}{2}}+\frac{1}{x}\right)dx$

$=4\int dx-4\int x^{-\frac{1}{2}}dx+\int\frac{1}{x}dx$

$=4x-4\cdot2x^{\frac{1}{2}}+\log|x|+C$

$=\boldsymbol{4x-8\sqrt{x}+\log x+C}$

⇐ $\int 4x^{-\frac{1}{2}}dx=4\int x^{-\frac{1}{2}}dx$ について $4\cdot\frac{1}{-\frac{1}{2}+1}x^{-\frac{1}{2}+1}=4\cdot2x^{\frac{1}{2}}$

(注) $\frac{(2\sqrt{x}-1)^2}{x}$ の定義域は $x>0$ であるから $|x|=x$

⇐ $\sqrt{\ }$ の中は $x\geqq0$, 分母は $x\neq0$

(4) $\int\left(2y-\frac{1}{\sqrt{y}}\right)^2dy=\int\left(4y^2-4\sqrt{y}+\frac{1}{y}\right)dy$

$=4\int y^2dy-4\int y^{\frac{1}{2}}dy+\int\frac{1}{y}dy$

$=4\cdot\frac{1}{3}y^3-4\cdot\frac{2}{3}y^{\frac{3}{2}}+\log|y|+C$

$=\boldsymbol{\frac{4}{3}y^3-\frac{8}{3}y\sqrt{y}+\log y+C}$

⇐ $\int 4y^{\frac{1}{2}}dy=4\int y^{\frac{1}{2}}dy$ について $4\cdot\frac{1}{\frac{1}{2}+1}y^{\frac{1}{2}+1}=4\cdot\frac{2}{3}y^{\frac{3}{2}}$

⇐ $\left(2y-\frac{1}{\sqrt{y}}\right)^2$ の定義域は $y>0$

JUMP 31

$\left(1+x+\frac{1}{\sqrt{x}}\right)\left(1-x-\frac{1}{\sqrt{x}}\right)=\left\{1+\left(x+\frac{1}{\sqrt{x}}\right)\right\}\left\{1-\left(x+\frac{1}{\sqrt{x}}\right)\right\}$

$=1^2-\left(x+\frac{1}{\sqrt{x}}\right)^2$

$=1-\left(x^2+2\sqrt{x}+\frac{1}{x}\right)$

$=1-x^2-2x^{\frac{1}{2}}-\frac{1}{x}$

考え方 展開を考えるとき，同じ部分がないかさがす。

であるから

$\int\left(1+x+\frac{1}{\sqrt{x}}\right)\left(1-x-\frac{1}{\sqrt{x}}\right)dx=\int dx-\int x^2dx-2\int x^{\frac{1}{2}}dx-\int\frac{1}{x}dx$

$=x-\frac{1}{3}x^3-2\cdot\frac{2}{3}x^{\frac{3}{2}}-\log|x|+C$

$=\boldsymbol{x-\frac{1}{3}x^3-\frac{4}{3}x\sqrt{x}-\log x+C}$

⇐ $\int x^{\frac{1}{2}}dx$ について $\frac{1}{\frac{1}{2}+1}x^{\frac{1}{2}+1}=\frac{2}{3}x^{\frac{3}{2}}$

⇐ $\left(1+x+\frac{1}{\sqrt{x}}\right)\left(1-x-\frac{1}{\sqrt{x}}\right)$ の定義域は $x>0$

32 三角関数・指数関数の不定積分 (p.78)

140 (1) $\int(\cos x+\sin x)dx=\int\cos x\,dx+\int\sin x\,dx$

$=\boldsymbol{\sin x-\cos x+C}$

(2) $\int(3\sin x-4\cos x)dx=3\int\sin x\,dx-4\int\cos x\,dx$

$=\boldsymbol{-3\cos x-4\sin x+C}$

(3) $\int\frac{3}{\cos^2x}dx=3\int\frac{1}{\cos^2x}dx=\boldsymbol{3\tan x+C}$

三角関数の不定積分

$\int\sin x\,dx=-\cos x+C$

$\int\cos x\,dx=\sin x+C$

$\int\frac{1}{\cos^2x}dx=\tan x+C$

4章 積分法

141 (1) $\int 7^x dx = \dfrac{7^x}{\log 7} + C$

(2) $\int (e^x + 3^x)\,dx = \int e^x dx + \int 3^x dx = e^x + \dfrac{3^x}{\log 3} + C$

(3) $\int (5e^x - 3\cdot 2^x)\,dx = 5\int e^x dx - 3\int 2^x dx = 5e^x - \dfrac{3}{\log 2}2^x + C$

指数関数の不定積分

$\int e^x dx = e^x + C$

$\int a^x dx = \dfrac{a^x}{\log a} + C$

142 (1) $\int (3\sin x + 2\cos x)\,dx = 3\int \sin x\,dx + 2\int \cos x\,dx$

$= -3\cos x + 2\sin x + C$

(2) $\int \left(\cos x + \dfrac{2}{\cos^2 x}\right) dx = \int \cos x\,dx + 2\int \dfrac{1}{\cos^2 x} dx$

$= \sin x + 2\tan x + C$

(3) $\int \dfrac{1}{\sin x}\left(\sin^2 x - \dfrac{\tan x}{\cos x}\right) dx = \int \left(\sin x - \dfrac{\dfrac{\sin x}{\cos x}}{\sin x \cos x}\right) dx$

$= \int \left(\sin x - \dfrac{1}{\cos^2 x}\right) dx$

$= \int \sin x\,dx - \int \dfrac{1}{\cos^2 x} dx$

$= -\cos x - \tan x + C$

(4) $\int \left\{2e^x + \left(\dfrac{3}{2}\right)^x\right\} dx = 2\int e^x dx + \int \left(\dfrac{3}{2}\right)^x dx = 2e^x + \dfrac{1}{\log \dfrac{3}{2}}\left(\dfrac{3}{2}\right)^x + C$

(5) $\int 4^{x+1} dx = \int 4^x \cdot 4\,dx = 4\int 4^x dx = \dfrac{4}{\log 4}4^x + C = \dfrac{2}{\log 2}4^x + C$

⬅$\log 4 = \log 2^2$
$= 2\log 2$
であるから
$\dfrac{4}{\log 4} = \dfrac{2}{\log 2}$

143 (1) $\int (4 - \tan x)\cos x\,dx = \int \left(4\cos x - \dfrac{\sin x}{\cos x}\cdot \cos x\right) dx$

$= \int (4\cos x - \sin x)\,dx$

$= 4\int \cos x\,dx - \int \sin x\,dx$

$= 4\sin x + \cos x + C$

(2) $\int (\tan^2 x + 1)\,dx = \int \dfrac{1}{\cos^2 x} dx = \tan x + C$

⬅$\tan^2 x + 1 = \dfrac{1}{\cos^2 x}$

(3) $\int 3^x \log 3\,dx = \log 3 \int 3^x dx = \log 3 \cdot \dfrac{3^x}{\log 3} + C = 3^x + C$

⬅$\log 3$ は定数

(4) $\int e^x(1 + e^{-x})\,dx = \int (e^x + 1)\,dx = \int e^x dx + \int dx = e^x + x + C$

⬅$e^x \cdot e^{-x} = e^{x+(-x)} = e^0 = 1$

(5) $\int 2(e^{x-2} + 5^x)\,dx = \int (2e^{-2}e^x + 2\cdot 5^x)\,dx$

$= 2e^{-2}\int e^x dx + 2\int 5^x dx$

$= 2e^{-2}\cdot e^x + \dfrac{2}{\log 5}5^x + C = 2e^{x-2} + \dfrac{2}{\log 5}5^x + C$

JUMP 32

考え方　$\tan x$，$\sin 2x$ を $\sin x$，$\cos x$ で表す。

$\dfrac{\tan x}{\sin 2x} + \dfrac{1 - \cos^2 x}{1 - \sin^2 x} = \dfrac{\dfrac{\sin x}{\cos x}}{2\sin x \cos x} + \dfrac{1 - \cos^2 x}{\cos^2 x}$

$= \dfrac{1}{2\cos^2 x} + \dfrac{1}{\cos^2 x} - 1 = \dfrac{3}{2\cos^2 x} - 1$

⬅$\sin 2x = 2\sin x \cos x$
（2 倍角の公式）
$\sin^2 x + \cos^2 x = 1$ より
$1 - \sin^2 x = \cos^2 x$

であるから

$\int \left(\dfrac{\tan x}{\sin 2x} + \dfrac{1 - \cos^2 x}{1 - \sin^2 x}\right) dx = \dfrac{3}{2}\int \dfrac{1}{\cos^2 x} dx - \int dx = \dfrac{3}{2}\tan x - x + C$

33 置換積分法(1) (p.80)

144 $2x-3=t$ とおくと

$x=\frac{1}{2}t+\frac{3}{2}$ より $\frac{dx}{dt}=\frac{1}{2}$

よって

$$\int(2x-3)^5dx=\int t^5\cdot\frac{1}{2}dt=\frac{1}{2}\int t^5dt$$

$$=\frac{1}{2}\cdot\frac{1}{6}t^6+C=\mathbf{\frac{1}{12}(2x-3)^6+C}$$

← $dx=\frac{1}{2}dt$

別解 $\int(2x-3)^5dx=\frac{1}{2}\cdot\frac{1}{6}(2x-3)^6+C$

$$=\mathbf{\frac{1}{12}(2x-3)^6+C}$$

置換積分法
$x=g(t)$ のとき
$\int f(x)dx$
$=\int f(g(t))g'(t)dt$
$=\int f(g(t))\frac{dx}{dt}dt$

$f(ax+b)$ の不定積分
$F'(x)=f(x)$，$a\neq0$
のとき
$\int f(ax+b)dx$
$=\frac{1}{a}F(ax+b)+C$

145 $\sqrt{x+1}=t$ とおくと $x+1=t^2$

すなわち $x=t^2-1$ より $\frac{dx}{dt}=2t$

よって

$$\int\frac{x}{\sqrt{x+1}}dx=\int\frac{t^2-1}{t}\cdot2t\,dt=2\int(t^2-1)dt$$

← $dx=2t\,dt$

$$=2\left(\frac{1}{3}t^3-t\right)+C=\frac{2}{3}t(t^2-3)+C$$

←共通因数でくくる。

$$=\mathbf{\frac{2}{3}\sqrt{x+1}(x-2)+C}$$

←最後に x の式に戻す。

146 (1) $4x+3=t$ とおくと $x=\frac{1}{4}t-\frac{3}{4}$ より $\frac{dx}{dt}=\frac{1}{4}$

よって

$$\int\frac{1}{4x+3}dx=\int\frac{1}{t}\cdot\frac{1}{4}dt=\frac{1}{4}\int\frac{1}{t}dt$$

← $dx=\frac{1}{4}dt$

$$=\frac{1}{4}\log|t|+C=\mathbf{\frac{1}{4}\log|4x+3|+C}$$

←最後に x の式に戻す。

別解 $\int\frac{1}{4x+3}dx=\mathbf{\frac{1}{4}\log|4x+3|+C}$

← $\int f(ax+b)dx=\frac{1}{a}F(ax+b)+C$

(2) $2x-5=t$ とおくと $x=\frac{1}{2}t+\frac{5}{2}$ より $\frac{dx}{dt}=\frac{1}{2}$

よって

$$\int\sin(2x-5)dx=\int\sin t\cdot\frac{1}{2}dt=\frac{1}{2}\int\sin t\,dt$$

← $dx=\frac{1}{2}dt$

$$=-\frac{1}{2}\cos t+C=\mathbf{-\frac{1}{2}\cos(2x-5)+C}$$

←最後に x の式に戻す。

別解 $\int\sin(2x-5)dx=\mathbf{-\frac{1}{2}\cos(2x-5)+C}$

← $\int f(ax+b)dx=\frac{1}{a}F(ax+b)+C$

147 (1) $x-2=t$ とおくと $x=t+2$ より $\frac{dx}{dt}=1$

よって

$$\int x(x-2)^4dx=\int(t+2)t^4\cdot1\,dt=\int(t^5+2t^4)dt$$

← $dx=1\,dt$

$$=\frac{1}{6}t^6+\frac{2}{5}t^5+C=\frac{1}{30}t^5(5t+12)+C$$

←共通因数でくくる。

$$=\mathbf{\frac{1}{30}(x-2)^5(5x+2)+C}$$

←最後に x の式に戻す。

(2) $\sqrt{x-1}=t$ とおくと　$x-1=t^2$

すなわち　$x=t^2+1$　より　$\dfrac{dx}{dt}=2t$

よって

$$\int x\sqrt{x-1}\,dx=\int(t^2+1)t\cdot 2t\,dt=2\int(t^4+t^2)\,dt$$

$$=2\left(\frac{1}{5}t^5+\frac{1}{3}t^3\right)+C=\frac{2}{15}t^3(3t^2+5)+C$$

$$=\frac{2}{15}(x-1)\sqrt{x-1}(3x+2)+C$$

$$=\boldsymbol{\frac{2}{15}(x-1)(3x+2)\sqrt{x-1}+C}$$

⬅$dx=2t\,dt$

⬅共通因数でくくる。

⬅$t^3=t^2\cdot t=(x-1)\sqrt{x-1}$
$3t^2+5=3(x-1)+5$
$=3x+2$

148 (1) $7x+3=t$ とおくと　$x=\dfrac{1}{7}t-\dfrac{3}{7}$　より　$\dfrac{dx}{dt}=\dfrac{1}{7}$

よって

$$\int\frac{1}{(7x+3)^3}\,dx=\int\frac{1}{t^3}\cdot\frac{1}{7}\,dt=\frac{1}{7}\int t^{-3}\,dt$$

$$=\frac{1}{7}\cdot\left(-\frac{1}{2}t^{-2}\right)+C=\boldsymbol{-\frac{1}{14(7x+3)^2}+C}$$

⬅$dx=\dfrac{1}{7}\,dt$

⬅最後に x の式に戻す。

別解

$$\int\frac{1}{(7x+3)^3}\,dx=\int(7x+3)^{-3}\,dx$$

$$=\frac{1}{7}\cdot\left\{-\frac{1}{2}(7x+3)^{-2}\right\}+C$$

$$=\boldsymbol{-\frac{1}{14(7x+3)^2}+C}$$

⬅$\displaystyle\int f(ax+b)\,dx=\frac{1}{a}F(ax+b)+C$

(2) $-3x+4=t$ とおくと　$x=-\dfrac{1}{3}t+\dfrac{4}{3}$　より　$\dfrac{dx}{dt}=-\dfrac{1}{3}$

よって

$$\int\frac{2}{\cos^2(-3x+4)}\,dx=\int\frac{2}{\cos^2 t}\cdot\left(-\frac{1}{3}\right)dt=-\frac{2}{3}\int\frac{1}{\cos^2 t}\,dt$$

$$=-\frac{2}{3}\tan t+C$$

$$=\boldsymbol{-\frac{2}{3}\tan(-3x+4)+C}$$

⬅$dx=\left(-\dfrac{1}{3}\right)dt$

⬅最後に x の式に戻す。

別解

$$\int\frac{2}{\cos^2(-3x+4)}\,dx=2\int\frac{1}{\cos^2(-3x+4)}\,dx$$

$$=2\cdot\left(-\frac{1}{3}\right)\tan(-3x+4)+C$$

$$=\boldsymbol{-\frac{2}{3}\tan(-3x+4)+C}$$

⬅$\displaystyle\int f(ax+b)\,dx=\frac{1}{a}F(ax+b)+C$

(3) $x+3=t$ とおくと　$x=t-3$　より　$\dfrac{dx}{dt}=1$

よって

$$\int\frac{x}{(x+3)^2}\,dx=\int\frac{t-3}{t^2}\cdot 1\,dt=\int\left(\frac{1}{t}-\frac{3}{t^2}\right)dt$$

$$=\log|t|-3\cdot\left(-\frac{1}{t}\right)+C$$

$$=\boldsymbol{\log|x+3|+\frac{3}{x+3}+C}$$

⬅$dx=1\,dt$

⬅最後に x の式に戻す。

(4) $\sqrt{1-2x}=t$ とおくと　$1-2x=t^2$

すなわち　$x=-\dfrac{1}{2}t^2+\dfrac{1}{2}$　より　$\dfrac{dx}{dt}=-t$

よって

$$\int\frac{x}{\sqrt{1-2x}}dx=\int\frac{\frac{-t^2+1}{2}}{t}\cdot(-t)\,dt=\frac{1}{2}\int(t^2-1)\,dt$$

$$=\frac{1}{2}\left(\frac{1}{3}t^3-t\right)+C=\frac{1}{6}t(t^2-3)+C$$

$$=\frac{1}{6}\sqrt{1-2x}(-2x-2)+C$$

$$=\boldsymbol{-\frac{1}{3}(x+1)\sqrt{1-2x}+C}$$

⬅$dx=(-t)\,dt$

⬅共通因数でくくる。

⬅$-2x-2=-2(x+1)$

JUMP 33

$\sqrt[3]{x+1}=t$ とおくと　$x+1=t^3$

すなわち　$x=t^3-1$　より　$\dfrac{dx}{dt}=3t^2$

よって

$$\int\frac{x+3}{\sqrt[3]{x+1}}dx=\int\frac{(t^3-1)+3}{t}\cdot3t^2\,dt=3\int(t^4+2t)\,dt$$

$$=3\left(\frac{1}{5}t^5+t^2\right)+C=\frac{3}{5}t^2(t^3+5)+C$$

$$=\boldsymbol{\frac{3}{5}\sqrt[3]{(x+1)^2}(x+6)+C}$$

考え方　$\sqrt[3]{x+1}=t$ とおいて，置換積分法を用いる。

⬅$dx=3t^2\,dt$

⬅共通因数でくくる。

⬅$t^2=(\sqrt[3]{x+1})^2=\sqrt[3]{(x+1)^2}$

$f(g(x))g'(x)$ の不定積分
$t=g(x)$ のとき
$\int f(g(x))g'(x)\,dx$
$=\int f(t)\,dt$

34 置換積分法(2) (p.82)

149 (1)　$\sin x=t$ とおくと　$\dfrac{dt}{dx}=\cos x$

よって

$$\int\sin^4 x\cos x\,dx=\int t^4\,dt$$

$$=\frac{1}{5}t^5+C=\boldsymbol{\frac{1}{5}\sin^5 x+C}$$

⬅$\cos x\,dx=dt$

(2)　$x^3+2x=t$ とおくと　$\dfrac{dt}{dx}=3x^2+2$

よって

$$\int(x^3+2x)^2(3x^2+2)\,dx=\int t^2\,dt$$

$$=\frac{1}{3}t^3+C=\boldsymbol{\frac{1}{3}(x^3+2x)^3+C}$$

⬅$(3x^2+2)\,dx=dt$

150 (1)　$\displaystyle\int\frac{3x^2+2x}{x^3+x^2}dx=\int\frac{(x^3+x^2)'}{x^3+x^2}dx$

$$=\boldsymbol{\log|x^3+x^2|+C}$$

(2)　$\displaystyle\int\frac{e^x}{e^x+3}dx=\int\frac{(e^x+3)'}{e^x+3}dx$

$$=\log|e^x+3|=\boldsymbol{\log(e^x+3)+C}$$

$\dfrac{g'(x)}{g(x)}$ の不定積分
$\int\dfrac{g'(x)}{g(x)}dx$
$=\log|g(x)|+C$

⬅$e^x>0$ より $e^x+3>0$
よって　$|e^x+3|=e^x+3$

151 (1)　$x^3+2x^2+1=t$ とおくと　$\dfrac{dt}{dx}=3x^2+4x$

よって

$$\int(x^3+2x^2+1)^2(3x^2+4x)\,dx=\int t^2\,dt$$

$$=\frac{1}{3}t^3+C=\boldsymbol{\frac{1}{3}(x^3+2x^2+1)^3+C}$$

⬅$(3x^2+4x)\,dx=dt$

(2) $\cos x=t$ とおくと $\dfrac{dt}{dx}=-\sin x$

よって

$$\int 6\cos^5 x\sin x\,dx=-6\int\cos^5 x(-\sin x)\,dx$$
$$=-6\int t^5\,dt=-6\cdot\frac{1}{6}t^6+C=\boldsymbol{-\cos^6 x+C}$$

⬅$(-\sin x)\,dx=dt$

(3) $e^x+1=t$ とおくと $\dfrac{dt}{dx}=e^x$

よって

$$\int(e^x+1)^2 e^x\,dx=\int t^2\,dt=\frac{1}{3}t^3+C=\boldsymbol{\frac{1}{3}(e^x+1)^3+C}$$

⬅$e^x\,dx=dt$

(4) $$\int\frac{3x^2-2x-2}{x^3-x^2-2x}\,dx=\int\frac{(x^3-x^2-2x)'}{x^3-x^2-2x}\,dx$$
$$=\boldsymbol{\log|x^3-x^2-2x|+C}$$

152 (1) $\tan x=t$ とおくと $\dfrac{dt}{dx}=\dfrac{1}{\cos^2 x}$

よって

$$\int\tan^2 x\frac{1}{\cos^2 x}\,dx=\int t^2\,dt=\frac{1}{3}t^3+C=\boldsymbol{\frac{1}{3}\tan^3 x+C}$$

⬅$\dfrac{1}{\cos^2 x}\,dx=dt$

(2) $x^2+x=t$ とおくと $\dfrac{dt}{dx}=2x+1$

よって

$$\int(2x+1)\sqrt{x^2+x}\,dx=\int\sqrt{x^2+x}(2x+1)\,dx=\int\sqrt{t}\,dt$$
$$=\frac{2}{3}t^{\frac{3}{2}}+C=\boldsymbol{\frac{2}{3}(x^2+x)\sqrt{x^2+x}+C}$$

⬅$(2x+1)\,dx=dt$

(3) $\log(x+1)=t$ とおくと $\dfrac{dt}{dx}=\dfrac{1}{x+1}$

よって

$$\int\frac{\log(x+1)}{x+1}\,dx=\int\log(x+1)\cdot\frac{1}{x+1}\,dx=\int t\,dt$$
$$=\frac{1}{2}t^2+C=\boldsymbol{\frac{1}{2}\{\log(x+1)\}^2+C}$$

⬅$\dfrac{1}{x+1}\,dx=dt$

(4) $$\int\frac{\cos x}{1-\sin x}\,dx=-\int\frac{-\cos x}{1-\sin x}\,dx=-\int\frac{(1-\sin x)'}{1-\sin x}\,dx$$
$$=-\log|1-\sin x|+C$$
$$=\boldsymbol{-\log(1-\sin x)+C}$$

⬅$\sin x\leqq 1,\ 1-\sin x\neq 0$ より
$\sin x<1$
すなわち $1-\sin x>0$
よって
$|1-\sin x|=1-\sin x$

別解 $\sin x=t$ とおくと $\dfrac{dt}{dx}=\cos x$

よって

$$\int\frac{\cos x}{1-\sin x}\,dx=\int\frac{1}{1-\sin x}\cdot\cos x\,dx=\int\frac{1}{1-t}\,dt$$
$$=-\log|1-t|+C=-\log|1-\sin x|+C$$
$$=\boldsymbol{-\log(1-\sin x)+C}$$

⬅$\cos x\,dx=dt$

⬅$\displaystyle\int f(ax+b)\,dx=\frac{1}{a}F(ax+b)+C$

JUMP 34

考え方 分母に着目して
$\dfrac{\log x+1}{x\log x}=\dfrac{\log x+1}{\log x}\cdot\dfrac{1}{x}$
と考える。

$\log x=t$ とおくと $\dfrac{dt}{dx}=\dfrac{1}{x}$

よって

$$\int\frac{\log x+1}{x\log x}\,dx=\int\frac{\log x+1}{\log x}\cdot\frac{1}{x}\,dx=\int\frac{t+1}{t}\,dt=\int\left(1+\frac{1}{t}\right)dt$$
$$=t+\log|t|+C=\boldsymbol{\log x+\log|\log x|+C}$$

⬅$\dfrac{1}{x}\,dx=dt$

別解　$\displaystyle\int\frac{\log x+1}{x\log x}dx=\int\frac{\log x}{x\log x}dx+\int\frac{1}{x\log x}dx$

$\displaystyle=\int\frac{1}{x}dx+\int\frac{(\log x)'}{\log x}dx=\mathbf{\log x+\log|\log x|+C}$

←$(x\log x)'=\log x+1$ より
$\displaystyle\int\frac{\log x+1}{x\log x}dx=\int\frac{(x\log x)'}{x\log x}dx=\log|x\log x|+C=\log x+\log|\log x|+C$
としてもよい。

35 部分積分法（p.84）

153 (1) $\displaystyle\int 2x\sin x\,dx=\int 2x(-\cos x)'dx$

$\displaystyle=2x(-\cos x)-\int(2x)'(-\cos x)dx$

$\displaystyle=-2x\cos x+\int 2\cos x\,dx$

$\mathbf{=-2x\cos x+2\sin x+C}$

←$f(x)=2x,\ g'(x)=\sin x$
$f'(x)=2,\ g(x)=-\cos x$

(2) $\displaystyle\int(4x+1)\log x\,dx=\int(2x^2+x)'\log x\,dx$

$\displaystyle=(2x^2+x)\log x-\int(2x^2+x)(\log x)'dx$

$\displaystyle=x(2x+1)\log x-\int(2x^2+x)\cdot\frac{1}{x}dx$

$\displaystyle=x(2x+1)\log x-\int(2x+1)dx$

$\mathbf{=x(2x+1)\log x-x^2-x+C}$

←$f(x)=\log x,\ g'(x)=4x+1$
$f'(x)=\dfrac{1}{x},\ g(x)=2x^2+x$

部分積分法
$\displaystyle\int f(x)g'(x)dx=f(x)g(x)-\int f'(x)g(x)dx$

154 (1) $\displaystyle\int(5x+1)e^x dx=\int(5x+1)(e^x)'dx$

$\displaystyle=(5x+1)e^x-\int(5x+1)'e^x dx$

$\displaystyle=(5x+1)e^x-\int 5e^x dx$

$=(5x+1)e^x-5e^x+C=\mathbf{(5x-4)e^x+C}$

←$f(x)=5x+1,\ g'(x)=e^x$
$f'(x)=5,\ g(x)=e^x$

(2) $\displaystyle\int(2x+1)\cos x\,dx=\int(2x+1)(\sin x)'dx$

$\displaystyle=(2x+1)\sin x-\int(2x+1)'\sin x\,dx$

$\displaystyle=(2x+1)\sin x-\int 2\sin x\,dx$

$\mathbf{=(2x+1)\sin x+2\cos x+C}$

←$f(x)=2x+1,\ g'(x)=\cos x$
$f'(x)=2,\ g(x)=\sin x$

(3) $\displaystyle\int x^2\log x\,dx=\int\left(\frac{1}{3}x^3\right)'\log x\,dx$

$\displaystyle=\frac{1}{3}x^3\log x-\int\frac{1}{3}x^3(\log x)'dx$

$\displaystyle=\frac{1}{3}x^3\log x-\frac{1}{3}\int x^3\cdot\frac{1}{x}dx$

$\displaystyle=\frac{1}{3}x^3\log x-\frac{1}{3}\int x^2dx=\mathbf{\frac{1}{3}x^3\log x-\frac{1}{9}x^3+C}$

←$f(x)=\log x,\ g'(x)=x^2$
$f'(x)=\dfrac{1}{x},\ g(x)=\dfrac{1}{3}x^3$

(参考)　部分積分法 $\displaystyle\int f(x)g'(x)dx=f(x)g(x)-\int f'(x)g(x)dx$ では，$f'(x)g(x)$ が積分しやすくなるように $f(x)$ と $g'(x)$ を決めるとよい。その目安として，次の関数の性質がよく用いられる。

- x^n（n は自然数）は，n 回微分すると定数になる。
- $\sin x$，$\cos x$ は，微分・積分するたびに sin，cos のくり返し。
- e^x は，何回微分しても e^x のまま。
- $\log x$ は微分すると $\dfrac{1}{x}$ になる。

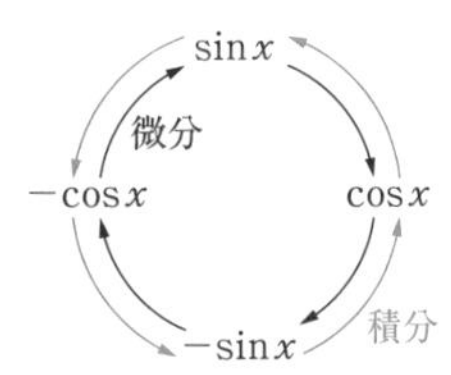

4章 積分法

155 (1) $\int(2x+1)e^{2x}dx=\int(2x+1)\left(\frac{1}{2}e^{2x}\right)'dx$

$$=(2x+1)\cdot\frac{1}{2}e^{2x}-\int(2x+1)'\cdot\frac{1}{2}e^{2x}dx$$

$$=\frac{1}{2}(2x+1)e^{2x}-\int e^{2x}dx$$

$$=\frac{1}{2}(2x+1)e^{2x}-\frac{1}{2}e^{2x}+C$$

$$=\frac{1}{2}\cdot 2xe^{2x}=\boldsymbol{xe^{2x}+C}$$

⬅ $f(x)=2x+1$, $g'(x)=e^{2x}$
$f'(x)=2$, $g(x)=\frac{1}{2}e^{2x}$

(2) $\int\frac{x+2}{\cos^2 x}dx=\int(x+2)(\tan x)'dx$

$$=(x+2)\tan x-\int(x+2)'\tan x\,dx$$

$$=(x+2)\tan x-\int\tan x\,dx$$

$$=(x+2)\tan x-\int\frac{\sin x}{\cos x}dx$$

$$=(x+2)\tan x+\int\frac{(\cos x)'}{\cos x}dx$$

$$=\boldsymbol{(x+2)\tan x+\log|\cos x|+C}$$

⬅ $f(x)=x+2, g'(x)=\frac{1}{\cos^2 x}$
$f'(x)=1$, $g(x)=\tan x$

⬅ $\tan x$ を積分するには
$\tan x=\frac{\sin x}{\cos x}=-\frac{(\cos x)'}{\cos x}$
と変形して
$\int\frac{g'(x)}{g(x)}dx=\log|g(x)|+C$
を用いる。

(3) $\int\log 2x\,dx=\int 1\cdot\log 2x\,dx$

$$=\int(x)'(\log 2x)\,dx$$

$$=x\log 2x-\int x(\log 2x)'\,dx$$

$$=x\log 2x-\int x\left(\frac{1}{2x}\cdot 2\right)dx$$

$$=x\log 2x-\int dx$$

$$=\boldsymbol{x\log 2x-x+C}$$

⬅ $\log 2x=1\cdot(\log 2x)$
$=(x)'(\log 2x)$
と考える。

JUMP 35

$\int\log(x+2)\,dx=\int 1\cdot\log(x+2)\,dx$

$$=\int(x+2)'\log(x+2)\,dx$$

$$=(x+2)\log(x+2)-\int(x+2)\{\log(x+2)\}'\,dx$$

$$=(x+2)\log(x+2)-\int(x+2)\cdot\frac{1}{x+2}dx$$

$$=(x+2)\log(x+2)-\int dx$$

$$=\boldsymbol{(x+2)\log(x+2)-x+C}$$

考え方 $\log(x+2)$ の真数 $x+2$ に着目して,
$\log(x+2)$
$=1\cdot\log(x+2)$
$=(x+2)'\cdot\log(x+2)$
と考える。

36 いろいろな関数の不定積分 (p.86)

156 $\frac{2x^2-x+2}{x-1}=\frac{(x-1)(2x+1)+3}{x-1}=2x+1+\frac{3}{x-1}$

よって

$$\int\frac{2x^2-x+2}{x-1}dx=\int\left(2x+1+\frac{3}{x-1}\right)dx$$

$$=\boldsymbol{x^2+x+3\log|x-1|+C}$$

⬅
$$\begin{array}{r} 2x+1 \\ x-1\,\overline{)\,2x^2-\ x+2} \\ \underline{2x^2-2x} \\ x+2 \\ \underline{x-1} \\ 3 \end{array}$$

157 $\int \sin^2 2x\,dx = \frac{1}{2}\int(1-\cos 4x)\,dx$

$$= \frac{1}{2}\left(x-\frac{1}{4}\sin 4x\right)+C = \boldsymbol{\frac{1}{2}x-\frac{1}{8}\sin 4x+C}$$

⬅ $\sin^2\alpha = \frac{1-\cos 2\alpha}{2}$

158 (1) $\frac{2x-1}{x+1} = \frac{(x+1)\cdot 2-3}{x+1} = 2-\frac{3}{x+1}$

よって

$$\int \frac{2x-1}{x+1}\,dx = \int\left(2-\frac{3}{x+1}\right)dx$$

$$= \boldsymbol{2x-3\log|x+1|+C}$$

⬅ $x+1 \overline{)\,2x-1\,}$ 商 2；$2x+2$；-3

(2) $\frac{1}{(x+1)(x+2)} = \frac{1}{x+1}-\frac{1}{x+2}$

⬅部分分数に分ける。

よって

$$\int \frac{1}{(x+1)(x+2)}\,dx = \int\left(\frac{1}{x+1}-\frac{1}{x+2}\right)dx$$

$$= \log|x+1|-\log|x+2|+C$$

$$= \boldsymbol{\log\left|\frac{x+1}{x+2}\right|+C}$$

⬅ $\log M-\log N = \log\frac{M}{N}$

159 (1) $\int(\cos^2 x+\sin x\cos x)\,dx = \int\left(\frac{1+\cos 2x}{2}+\frac{\sin 2x}{2}\right)dx$

$$= \frac{1}{2}\int(1+\cos 2x+\sin 2x)\,dx$$

$$= \frac{1}{2}\left(x+\frac{1}{2}\sin 2x-\frac{1}{2}\cos 2x\right)+C$$

$$= \boldsymbol{\frac{1}{2}x+\frac{1}{4}\sin 2x-\frac{1}{4}\cos 2x+C}$$

⬅ $\cos^2 x = \frac{1+\cos 2x}{2}$

$\sin x\cos x = \frac{\sin 2x}{2}$

(2) $\int \sin 5x\cos x\,dx = \int\frac{1}{2}\{\sin(5x+x)+\sin(5x-x)\}\,dx$

$$= \frac{1}{2}\int(\sin 6x+\sin 4x)\,dx$$

$$= \frac{1}{2}\left(-\frac{1}{6}\cos 6x-\frac{1}{4}\cos 4x\right)+C$$

$$= \boldsymbol{-\frac{1}{12}\cos 6x-\frac{1}{8}\cos 4x+C}$$

⬅ $\sin\alpha\cos\beta$

$= \frac{1}{2}\{\sin(\alpha+\beta)$

$+\sin(\alpha-\beta)\}$

160 (1) $\frac{x^2+3x+4}{x-2} = \frac{(x-2)(x+5)+14}{x-2} = x+5+\frac{14}{x-2}$

よって

$$\int \frac{x^2+3x+4}{x-2}\,dx = \int\left(x+5+\frac{14}{x-2}\right)dx$$

$$= \boldsymbol{\frac{1}{2}x^2+5x+14\log|x-2|+C}$$

⬅ $x-2 \overline{)\,x^2+3x+4\,}$ 商 $x+5$；x^2-2x；$5x+4$；$5x-10$；14

(2) $\frac{1}{x(x+2)} = \frac{1}{2}\left(\frac{1}{x}-\frac{1}{x+2}\right)$

よって

$$\int \frac{1}{x(x+2)}\,dx = \int\frac{1}{2}\left(\frac{1}{x}-\frac{1}{x+2}\right)dx$$

$$= \frac{1}{2}(\log|x|-\log|x+2|)+C$$

$$= \boldsymbol{\frac{1}{2}\log\left|\frac{x}{x+2}\right|+C}$$

⬅ $\frac{1}{x} = \frac{x+2}{x(x+2)}$,

$\frac{1}{x+2} = \frac{x}{x(x+2)}$ より

$\frac{1}{x}-\frac{1}{x+2} = \frac{(x+2)-x}{x(x+2)}$

$= \frac{2}{x(x+2)}$

⬅ $\log M-\log N = \log\frac{M}{N}$

(3) $\int(\cos 2x-\sin x)^2 dx$

$=\int(\cos^2 2x-2\sin x\cos 2x+\sin^2 x)dx$

$=\int\left[\frac{1+\cos 4x}{2}-2\cdot\frac{1}{2}\{\sin(x+2x)+\sin(x-2x)\}+\frac{1-\cos 2x}{2}\right]dx$

$=\int\left(\frac{1}{2}+\frac{\cos 4x}{2}-\sin 3x-\sin(-x)+\frac{1}{2}-\frac{\cos 2x}{2}\right)dx$

$=\int\left(1+\frac{\cos 4x}{2}-\sin 3x+\sin x-\frac{\cos 2x}{2}\right)dx$

$=x+\frac{1}{2}\cdot\frac{1}{4}\sin 4x-\frac{1}{3}(-\cos 3x)-\cos x-\frac{1}{2}\cdot\frac{1}{2}\sin 2x+C$

$=\boldsymbol{x+\frac{1}{8}\sin 4x+\frac{1}{3}\cos 3x-\cos x-\frac{1}{4}\sin 2x+C}$

⬅$\cos^2\alpha=\frac{1+\cos 2\alpha}{2}$

$\sin\alpha\cos\beta=\frac{1}{2}\{\sin(\alpha+\beta)+\sin(\alpha-\beta)\}$

$\sin^2\alpha=\frac{1-\cos 2\alpha}{2}$

JUMP 36

$\frac{x}{x^2-5x+4}=\frac{x}{(x-1)(x-4)}=\frac{A}{x-1}+\frac{B}{x-4}$

を満たす定数 A，B を求める。

$\frac{A}{x-1}+\frac{B}{x-4}=\frac{A(x-4)+B(x-1)}{(x-1)(x-4)}=\frac{(A+B)x-4A-B}{(x-1)(x-4)}$

であるから

$\frac{x}{(x-1)(x-4)}=\frac{(A+B)x-4A-B}{(x-1)(x-4)}$

この式の両辺の分子を比べて，$A+B=1$，$-4A-B=0$ を解くと

$A=-\frac{1}{3}$，$B=\frac{4}{3}$

よって

$\int\frac{x}{x^2-5x+4}dx=\int\left(-\frac{1}{3}\cdot\frac{1}{x-1}+\frac{4}{3}\cdot\frac{1}{x-4}\right)dx$

$=\frac{1}{3}\int\left(\frac{4}{x-4}-\frac{1}{x-1}\right)dx$

$=\frac{1}{3}(4\log|x-4|-\log|x-1|)+C$

$=\frac{1}{3}(\log|x-4|^4-\log|x-1|)+C$

$=\boldsymbol{\frac{1}{3}\log\frac{(x-4)^4}{|x-1|}+C}$

考え方　分母 x^2-5x+4 を因数分解して，部分分数に分解する。

⬅$\frac{1}{3}$ でくくる。

⬅$r\log M=\log M^r$

⬅指数の 4 は偶数であるから $|x-4|^4=(x-4)^4$

まとめの問題　積分法①(p.88)

1 (1) $\int\frac{1}{\sqrt[5]{t^3}}dt=\int t^{-\frac{3}{5}}dt=\frac{1}{-\frac{3}{5}+1}t^{-\frac{3}{5}+1}+C$

$=\frac{5}{2}t^{\frac{2}{5}}+C=\boldsymbol{\frac{5}{2}\sqrt[5]{t^2}+C}$

(2) $\int\frac{(\sqrt{x}-2)^2}{x}dx=\int\frac{x-4\sqrt{x}+4}{x}dx$

$=\int\left(1-4x^{-\frac{1}{2}}+\frac{4}{x}\right)dx$

$=x-4\cdot 2x^{\frac{1}{2}}+4\log|x|+C$

$=\boldsymbol{x-8\sqrt{x}+4\log x+C}$

$\alpha\neq-1$ のとき
$\int x^\alpha dx=\frac{1}{\alpha+1}x^{\alpha+1}+C$
$\alpha=-1$ のとき
$\int\frac{1}{x}dx=\log|x|+C$

⬅$\frac{(\sqrt{x}-2)^2}{x}$ の定義域は $x>0$

2 (1) $\int(3\sin x-\cos x)\,dx=\mathbf{-3\cos x-\sin x+C}$

(2) $\int\frac{1+2\cos^3 x}{\cos^2 x}dx=\int\left(\frac{1}{\cos^2 x}+2\cos x\right)dx$

$=\mathbf{\tan x+2\sin x+C}$

(3) $\int(e^{x+2}-2^x)\,dx=\int(e^2\cdot e^x-2^x)\,dx$

$=e^2\cdot e^x-\frac{2^x}{\log 2}+C=\boldsymbol{e^{x+2}-\frac{2^x}{\log 2}+C}$

別解 $\int(e^{x+2}-2^x)\,dx=\frac{1}{1}e^{x+2}-\frac{2^x}{\log 2}+C$

$=\boldsymbol{e^{x+2}-\frac{2^x}{\log 2}+C}$

$\int\sin x\,dx=-\cos x+C$

$\int\cos x\,dx=\sin x+C$

$\int\frac{1}{\cos^2 x}dx=\tan x+C$

$\int e^x dx=e^x+C$

$\int a^x dx=\frac{a^x}{\log a}+C$

⬅$\int e^{x+2}dx$ について

$\int f(ax+b)\,dx$

$=\frac{1}{a}F(ax+b)+C$

3 (1) $4x+1=t$ とおくと　$x=\frac{1}{4}t-\frac{1}{4}$　より　$\frac{dx}{dt}=\frac{1}{4}$

よって　$\int\frac{1}{\sqrt{4x+1}}dx=\int\frac{1}{\sqrt{t}}\cdot\frac{1}{4}dt=\frac{1}{4}\int t^{-\frac{1}{2}}dt$

$=\frac{1}{4}\cdot 2t^{\frac{1}{2}}+C=\boldsymbol{\frac{1}{2}\sqrt{4x+1}+C}$

別解 $\int\frac{1}{\sqrt{4x+1}}dx=\int(4x+1)^{-\frac{1}{2}}dx$

$=\frac{1}{4}\cdot 2(4x+1)^{\frac{1}{2}}+C=\boldsymbol{\frac{1}{2}\sqrt{4x+1}+C}$

(2) $2x+5=t$ とおくと　$x=\frac{1}{2}t-\frac{5}{2}$　より　$\frac{dx}{dt}=\frac{1}{2}$

よって　$\int\cos(2x+5)\,dx=\int\cos t\cdot\frac{1}{2}dt$

$=\frac{1}{2}\sin t+C=\boldsymbol{\frac{1}{2}\sin(2x+5)+C}$

別解 $\int\cos(2x+5)\,dx=\boldsymbol{\frac{1}{2}\sin(2x+5)+C}$

$x=g(t)$ のとき

$\int f(x)\,dx$

$=\int f(g(t))g'(t)\,dt$

$=\int f(g(t))\frac{dx}{dt}dt$

⬅$\int f(ax+b)\,dx$

$=\frac{1}{a}F(ax+b)+C$

⬅$dx=\frac{1}{2}dt$

⬅最後に x の式に戻す。

⬅$\int f(ax+b)\,dx$

$=\frac{1}{a}F(ax+b)+C$

4 (1) $2-x=t$ とおくと　$x=-t+2$　より　$\frac{dx}{dt}=-1$

よって

$\int 3x(2-x)^4\,dx=\int 3(-t+2)t^4\cdot(-1)\,dt=3\int(t^5-2t^4)\,dt$　⬅$dx=(-1)\,dt$

$=3\left(\frac{1}{6}t^6-\frac{2}{5}t^5\right)+C=\frac{1}{10}t^5(5t-12)+C$　⬅共通因数でくくる。

$=\frac{1}{10}(2-x)^5(-5x-2)+C$　⬅最後に x の式に戻す。

$=\boldsymbol{\frac{1}{10}(x-2)^5(5x+2)+C}$　⬅$-5x-2=-(5x+2)$　$(2-x)^5=-(x-2)^5$

(2) $\sqrt{x-3}=t$ とおくと　$x-3=t^2$

すなわち　$x=t^2+3$　より　$\frac{dx}{dt}=2t$

よって

$\int\frac{2x}{\sqrt{x-3}}dx=\int\frac{2(t^2+3)}{t}\cdot 2t\,dt=4\int(t^2+3)\,dt$　⬅$dx=2t\,dt$

$=4\left(\frac{1}{3}t^3+3t\right)+C=\frac{4}{3}t(t^2+9)+C$　⬅共通因数でくくる。

$=\boldsymbol{\frac{4}{3}\sqrt{x-3}(x+6)+C}$　⬅最後に x の式に戻す。

5 (1) $\cos x=t$ とおくと $\dfrac{dt}{dx}=-\sin x$

よって

$$\int\sin x\cos^4 x\,dx=-\int\cos^4 x(-\sin x)\,dx$$
$$=-\int t^4\,dt$$
$$=-\frac{1}{5}t^5+C=\boldsymbol{-\frac{1}{5}\cos^5 x+C}$$

⬅$(-\sin x)\,dx=dt$

(2) $-x^2=t$ とおくと $\dfrac{dt}{dx}=-2x$

よって

$$\int xe^{-x^2}dx=-\frac{1}{2}\int e^{-x^2}(-2x)\,dx$$
$$=-\frac{1}{2}\int e^t\,dt$$
$$=-\frac{1}{2}e^t+C=\boldsymbol{-\frac{1}{2}e^{-x^2}+C}$$

⬅$(-2x)\,dx=dt$

(3) $$\int\frac{4x}{2x^2+1}dx=\int\frac{(2x^2+1)'}{2x^2+1}dx=\boldsymbol{\log(2x^2+1)+C}$$

⬅$x^2\geqq 0$ より $2x^2+1>0$
よって $|2x^2+1|=2x^2+1$

6 (1) $$\int(x+1)\cos x\,dx=\int(x+1)(\sin x)'\,dx$$
$$=(x+1)\sin x-\int(x+1)'\sin x\,dx$$
$$=(x+1)\sin x-\int\sin x\,dx$$
$$\boldsymbol{=(x+1)\sin x+\cos x+C}$$

⬅$f(x)=x+1,\ g'(x)=\cos x$
$f'(x)=1,\ g(x)=\sin x$

(2) $$\int(4x-3)e^x\,dx=\int(4x-3)(e^x)'\,dx$$
$$=(4x-3)e^x-\int(4x-3)'e^x\,dx$$
$$=(4x-3)e^x-\int 4e^x\,dx$$
$$=(4x-3)e^x-4e^x+C$$
$$\boldsymbol{=(4x-7)e^x+C}$$

⬅$f(x)=4x-3,\ g'(x)=e^x$
$f'(x)=4,\ g(x)=e^x$

$$\int f(x)g'(x)\,dx=f(x)g(x)-\int f'(x)g(x)\,dx$$

(3) $$\int 4x^2\log x\,dx=\int\left(\frac{4}{3}x^3\right)'\log x\,dx$$
$$=\frac{4}{3}x^3\log x-\int\frac{4}{3}x^3(\log x)'\,dx$$
$$=\frac{4}{3}x^3\log x-\frac{4}{3}\int x^3\cdot\frac{1}{x}\,dx$$
$$=\frac{4}{3}x^3\log x-\frac{4}{3}\int x^2\,dx$$
$$\boldsymbol{=\frac{4}{3}x^3\log x-\frac{4}{9}x^3+C}$$

⬅$f(x)=\log x,\ g'(x)=4x^2$
$f'(x)=\dfrac{1}{x},\ g(x)=\dfrac{4}{3}x^3$

7 (1) $$\frac{1}{x^2+4x+3}=\frac{1}{(x+1)(x+3)}=\frac{1}{2}\left(\frac{1}{x+1}-\frac{1}{x+3}\right)$$

⬅部分分数に分ける。
$$\frac{1}{x+1}-\frac{1}{x+3}=\frac{(x+3)-(x+1)}{(x+1)(x+3)}=\frac{2}{(x+1)(x+3)}$$

よって

$$\int\frac{1}{x^2+4x+3}dx=\int\frac{1}{2}\left(\frac{1}{x+1}-\frac{1}{x+3}\right)dx$$
$$=\frac{1}{2}(\log|x+1|-\log|x+3|)+C$$
$$\boldsymbol{=\frac{1}{2}\log\left|\frac{x+1}{x+3}\right|+C}$$

⬅$\log M-\log N=\log\dfrac{M}{N}$

(2) $\int(\cos x-1)\cos x\,dx=\int(\cos^2 x-\cos x)\,dx$

$=\int\left(\frac{1+\cos 2x}{2}-\cos x\right)dx$

$=\frac{1}{2}x+\frac{1}{2}\cdot\frac{1}{2}\sin 2x-\sin x+C$

$=\boldsymbol{\frac{1}{2}x+\frac{1}{4}\sin 2x-\sin x+C}$

⬅ $\cos^2 x=\frac{1+\cos 2x}{2}$

(3) $\int\cos x\cos 5x\,dx=\int\frac{1}{2}\{\cos(5x+x)+\cos(5x-x)\}\,dx$

$=\frac{1}{2}\int(\cos 6x+\cos 4x)\,dx$

$=\frac{1}{2}\left(\frac{1}{6}\sin 6x+\frac{1}{4}\sin 4x\right)+C$

$=\boldsymbol{\frac{1}{12}\sin 6x+\frac{1}{8}\sin 4x+C}$

⬅ $\cos\alpha\cos\beta$
$=\frac{1}{2}\{\cos(\alpha+\beta)$
$+\cos(\alpha-\beta)\}$

37 定積分(1) (p.90)

定積分
$F'(x)=f(x)$ のとき
$\int_a^b f(x)\,dx=\Big[F(x)\Big]_a^b$
$=F(b)-F(a)$

161 (1) $\int_1^2\frac{1}{x^3}dx=\int_1^2 x^{-3}dx=\left[-\frac{1}{2x^2}\right]_1^2$

$=-\frac{1}{2}\left(\frac{1}{4}-1\right)=\boldsymbol{\frac{3}{8}}$

(2) $\int_0^2 2e^x dx=2\int_0^2 e^x dx=2\Big[e^x\Big]_0^2=\boldsymbol{2(e^2-1)}$

(3) $\int_0^{\frac{\pi}{4}}(\sin x-\cos x)\,dx=\int_0^{\frac{\pi}{4}}\sin x\,dx-\int_0^{\frac{\pi}{4}}\cos x\,dx$

$=\Big[-\cos x\Big]_0^{\frac{\pi}{4}}-\Big[\sin x\Big]_0^{\frac{\pi}{4}}$

$=-\left(\frac{1}{\sqrt{2}}-1\right)-\left(\frac{1}{\sqrt{2}}-0\right)=\boldsymbol{1-\sqrt{2}}$

⬅ $\cos\frac{\pi}{4}=\frac{1}{\sqrt{2}}$, $\cos 0=1$
$\sin\frac{\pi}{4}=\frac{1}{\sqrt{2}}$, $\sin 0=0$

(4) $\int_1^2\frac{2x^2+1}{x}dx+\int_2^3\frac{2x^2+1}{x}dx=\int_1^3\frac{2x^2+1}{x}dx$

$=2\int_1^3 x\,dx+\int_1^3\frac{1}{x}dx$

$=2\left[\frac{1}{2}x^2\right]_1^3+\Big[\log x\Big]_1^3$

$=(9-1)+(\log 3-0)=\boldsymbol{8+\log 3}$

⬅ $\int_a^c f(x)\,dx+\int_c^b f(x)\,dx$
$=\int_a^b f(x)\,dx$

⬅ $1\leqq x\leqq 3$ のとき　$x>0$
よって　$\log|x|=\log x$

162 (1) $\int_0^1 x\sqrt{x}\,dx=\int_0^1 x^{\frac{3}{2}}dx=\left[\frac{2}{5}x^{\frac{5}{2}}\right]_0^1=\frac{2}{5}(1-0)=\boldsymbol{\frac{2}{5}}$

(2) $\int_0^{\frac{\pi}{3}}\cos^2 x\,dx=\int_0^{\frac{\pi}{3}}\frac{1+\cos 2x}{2}dx$

$=\frac{1}{2}\int_0^{\frac{\pi}{3}}dx+\frac{1}{2}\int_0^{\frac{\pi}{3}}\cos 2x\,dx$

$=\frac{1}{2}\Big[x\Big]_0^{\frac{\pi}{3}}+\frac{1}{2}\left[\frac{1}{2}\sin 2x\right]_0^{\frac{\pi}{3}}$

$=\frac{1}{2}\left(\frac{\pi}{3}-0\right)+\frac{1}{4}\left(\frac{\sqrt{3}}{2}-0\right)=\boldsymbol{\frac{\pi}{6}+\frac{\sqrt{3}}{8}}$

⬅ $\cos^2 x=\frac{1+\cos 2x}{2}$

⬅ $\sin\frac{2}{3}\pi=\frac{\sqrt{3}}{2}$, $\sin 0=0$

(3) $\int_{-\frac{\pi}{4}}^{\frac{\pi}{3}}\frac{1}{\cos^2 x}dx=\Big[\tan x\Big]_{-\frac{\pi}{4}}^{\frac{\pi}{3}}$

$=\sqrt{3}-(-1)=\boldsymbol{\sqrt{3}+1}$

⬅ $\tan\frac{\pi}{3}=\sqrt{3}$,
$\tan\left(-\frac{\pi}{4}\right)=-1$

(4) $\int_1^3 \frac{2-\sqrt{x}}{x}dx+\int_3^4 \frac{2-\sqrt{x}}{x}dx$

$=\int_1^4 \frac{2-\sqrt{x}}{x}dx=2\int_1^4 \frac{1}{x}dx-\int_1^4 x^{-\frac{1}{2}}dx$

$=2\Big[\log x\Big]_1^4-\Big[2x^{\frac{1}{2}}\Big]_1^4=2(\log 4-0)-2(2-1)$

$=2\log 4-2=\mathbf{4\log 2-2}$

⬅$\int_a^c f(x)\,dx+\int_c^b f(x)\,dx=\int_a^b f(x)\,dx$

⬅$1\leqq x\leqq 4$ のとき　$x>0$
よって　$\log|x|=\log x$

163 (1) $\int_{\frac{\pi}{4}}^{\frac{\pi}{2}}\sin 3x\cos x\,dx=\int_{\frac{\pi}{4}}^{\frac{\pi}{2}}\frac{1}{2}\{\sin(3x+x)+\sin(3x-x)\}dx$

$=\frac{1}{2}\int_{\frac{\pi}{4}}^{\frac{\pi}{2}}\sin 4x\,dx+\frac{1}{2}\int_{\frac{\pi}{4}}^{\frac{\pi}{2}}\sin 2x\,dx$

$=\frac{1}{2}\Big[-\frac{1}{4}\cos 4x\Big]_{\frac{\pi}{4}}^{\frac{\pi}{2}}+\frac{1}{2}\Big[-\frac{1}{2}\cos 2x\Big]_{\frac{\pi}{4}}^{\frac{\pi}{2}}$

$=-\frac{1}{8}(\cos 2\pi-\cos\pi)-\frac{1}{4}\Big(\cos\pi-\cos\frac{\pi}{2}\Big)$

$=-\frac{1}{8}\{1-(-1)\}-\frac{1}{4}\{(-1)-0\}=\mathbf{0}$

⬅$\sin\alpha\cos\beta=\frac{1}{2}\{\sin(\alpha+\beta)+\sin(\alpha-\beta)\}$

⬅$\cos 2\pi=1$，$\cos\pi=-1$
$\cos\frac{\pi}{2}=0$

(2) $\int_1^2\Big(2x-\frac{1}{\sqrt{x}}\Big)^2dx=\int_1^2\Big(4x^2-4\sqrt{x}+\frac{1}{x}\Big)dx$

$=4\int_1^2 x^2dx-4\int_1^2 x^{\frac{1}{2}}dx+\int_1^2\frac{1}{x}dx$

$=4\Big[\frac{1}{3}x^3\Big]_1^2-4\Big[\frac{2}{3}x^{\frac{3}{2}}\Big]_1^2+\Big[\log x\Big]_1^2$

$=\frac{4}{3}(8-1)-\frac{8}{3}(2\sqrt{2}-1)+(\log 2-0)=\mathbf{12-\frac{16\sqrt{2}}{3}+\log 2}$

⬅$1\leqq x\leqq 2$ のとき　$x>0$
よって　$\log|x|=\log x$

(3) $\int_{-1}^0(e^t-2^t)dt-\int_2^0(e^t-2^t)dt$

$=\int_{-1}^0(e^t-2^t)dt+\int_0^2(e^t-2^t)dt=\int_{-1}^2(e^t-2^t)dt$

$=\int_{-1}^2 e^t dt-\int_{-1}^2 2^t dt=\Big[e^t\Big]_{-1}^2-\Big[\frac{2^t}{\log 2}\Big]_{-1}^2$

$=\Big(e^2-\frac{1}{e}\Big)-\frac{1}{\log 2}\Big(4-\frac{1}{2}\Big)=\mathbf{e^2-\frac{1}{e}-\frac{7}{2\log 2}}$

⬅$\int_b^a f(x)\,dx=-\int_a^b f(x)\,dx$

⬅$\int_a^c f(x)\,dx+\int_c^b f(x)\,dx=\int_a^b f(x)\,dx$

JUMP 37

考え方　問題文にしたがって，$m\neq n$ と $m=n$ に分けて考える。

(i)　$m\neq n$ のとき

$\int_0^\pi\cos mx\cos nx\,dx$

$=\int_0^\pi\frac{1}{2}\{\cos(mx+nx)+\cos(mx-nx)\}dx$

$=\frac{1}{2}\int_0^\pi\cos(m+n)x\,dx+\frac{1}{2}\int_0^\pi\cos(m-n)x\,dx$

$=\frac{1}{2}\Big[\frac{1}{m+n}\sin(m+n)x\Big]_0^\pi+\frac{1}{2}\Big[\frac{1}{m-n}\sin(m-n)x\Big]_0^\pi$

$=\frac{1}{2(m+n)}\{\sin(m+n)\pi-\sin 0\}+\frac{1}{2(m-n)}\{\sin(m-n)\pi-\sin 0\}$

$=\frac{1}{2(m+n)}\sin(m+n)\pi+\frac{1}{2(m-n)}\sin(m-n)\pi$

$m+n$，$m-n$ は整数であるから

$\sin(m+n)\pi=\sin(m-n)\pi=0$

よって　$\int_0^\pi\cos mx\cos nx\,dx=0$

⬅$\cos\alpha\cos\beta=\frac{1}{2}\{\cos(\alpha+\beta)+\cos(\alpha-\beta)\}$

⬅$m\neq n$ より $m-n\neq 0$

⬅$\sin(\text{整数}\times\pi)=0$

(ii)　$m=n$ のとき

$$\int_0^{\pi}\cos mx\cos mx\,dx=\int_0^{\pi}\cos^2 mx\,dx$$

⬅$\cos^2\alpha=\dfrac{1+\cos 2\alpha}{2}$

$$=\int_0^{\pi}\frac{1+\cos 2mx}{2}dx$$

$$=\frac{1}{2}\int_0^{\pi}dx+\frac{1}{2}\int_0^{\pi}\cos 2mx\,dx$$

$$=\frac{1}{2}\Big[x\Big]_0^{\pi}+\frac{1}{2}\Big[\frac{1}{2m}\sin 2mx\Big]_0^{\pi}$$

$$=\frac{1}{2}(\pi-0)+\frac{1}{4m}(\sin 2m\pi-\sin 0)$$

$$=\frac{\pi}{2}+\frac{1}{4m}\sin 2m\pi$$

$2m$ は整数であるから　$\sin 2m\pi=0$

⬅$\sin$(整数$\times\pi$)$=0$

よって　$\displaystyle\int_0^{\pi}\cos mx\cos mx\,dx=\frac{\pi}{2}$

(i), (ii)より

$$\int_0^{\pi}\cos mx\cos nx\,dx=\begin{cases}\mathbf{0} & (\boldsymbol{m\neq n}\ \textbf{のとき})\\ \boldsymbol{\dfrac{\pi}{2}} & (\boldsymbol{m=n}\ \textbf{のとき})\end{cases}$$

38 定積分(2) (p.92)

164　$-\pi\leqq x\leqq 0$ のとき

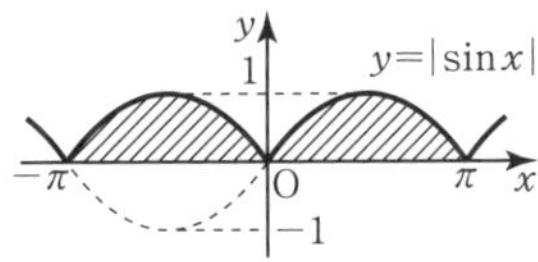

$\sin x\leqq 0$　より　$|\sin x|=-\sin x$

$0\leqq x\leqq\pi$ のとき

$\sin x\geqq 0$　より　$|\sin x|=\sin x$

よって

$$\int_{-\pi}^{\pi}|\sin x|dx=\int_{-\pi}^{0}|\sin x|dx+\int_0^{\pi}|\sin x|dx$$

$$=\int_{-\pi}^{0}(-\sin x)dx+\int_0^{\pi}\sin x\,dx$$

$$=-\Big[-\cos x\Big]_{-\pi}^{0}+\Big[-\cos x\Big]_0^{\pi}$$

$$=\{1-(-1)\}-\{(-1)-1\}=\mathbf{4}$$

⬅$a\leqq x\leqq c$ のとき $f(x)\geqq 0$
$c\leqq x\leqq b$ のとき $f(x)\leqq 0$
ならば
$\displaystyle\int_a^b|f(x)|dx$
$\displaystyle=\int_a^c|f(x)|dx+\int_c^b|f(x)|dx$
$\displaystyle=\int_a^c f(x)dx+\int_c^b\{-f(x)\}dx$

165　$0\leqq x\leqq 2$ において，

$e^x-e\geqq 0$ すなわち $e^x\geqq e$　を解くと　⬅$e^x\geqq e^1$

$x\geqq 1$　よって　$1\leqq x\leqq 2$

$e^x-e\leqq 0$ すなわち $e^x\leqq e$　を解くと　⬅$e^x\leqq e^1$

$x\leqq 1$　よって　$0\leqq x\leqq 1$

ゆえに

$0\leqq x\leqq 1$ のとき　$|e^x-e|=-(e^x-e)$

$1\leqq x\leqq 2$ のとき　$|e^x-e|=e^x-e$

したがって

$$\int_0^2|e^x-e|dx=\int_0^1|e^x-e|dx+\int_1^2|e^x-e|dx$$

$$=\int_0^1(-e^x+e)dx+\int_1^2(e^x-e)dx$$

$$=\Big[-e^x+ex\Big]_0^1+\Big[e^x-ex\Big]_1^2$$

$$=\{(-e+e)-(-1+0)\}+\{(e^2-2e)-(e-e)\}$$

$$=\boldsymbol{e^2-2e+1}$$

166 (1) $F'(x)=\dfrac{d}{dx}\displaystyle\int_{\pi}^{x}t\cos t\,dt=\boldsymbol{x\cos x}$

(2) $F'(x)=\dfrac{d}{dx}\displaystyle\int_{0}^{x}e^{t}\sin^2 t\,dt=\boldsymbol{e^{x}\sin^2 x}$

(3) $F(x)=-\displaystyle\int_{e}^{x}(t+1)\log t\,dt$ であるから

$$F'(x)=\frac{d}{dx}\left(-\int_{e}^{x}(t+1)\log t\,dt\right)=\boldsymbol{-(x+1)\log x}$$

167 (1) $F(x)=\displaystyle\int_{\pi}^{x}(x\sin t-2t\sin t)\,dt=x\int_{\pi}^{x}\sin t\,dt-2\int_{\pi}^{x}t\sin t\,dt$

であるから

$$F'(x)=(x)'\int_{\pi}^{x}\sin t\,dt+x\left(\frac{d}{dx}\int_{\pi}^{x}\sin t\,dt\right)-2\frac{d}{dx}\int_{\pi}^{x}t\sin t\,dt$$
$$=\int_{\pi}^{x}\sin t\,dt+x\cdot\sin x-2\cdot x\sin x$$
$$=\Big[-\cos t\Big]_{\pi}^{x}-x\sin x$$
$$=-\{\cos x-(-1)\}-x\sin x=\boldsymbol{-\cos x-x\sin x-1}$$

(2) $F(x)=\displaystyle\int_{1}^{x}(x\log t+t\log t)\,dt=x\int_{1}^{x}\log t\,dt+\int_{1}^{x}t\log t\,dt$

であるから

$$F'(x)=(x)'\int_{1}^{x}\log t\,dt+x\left(\frac{d}{dx}\int_{1}^{x}\log t\,dt\right)+\frac{d}{dx}\int_{1}^{x}t\log t\,dt$$
$$=\int_{1}^{x}\log t\,dt+x\cdot\log x+x\log x$$
$$=\int_{1}^{x}1\cdot\log t\,dt+2x\log x$$
$$=\Big[t\log t\Big]_{1}^{x}-\int_{1}^{x}t\cdot\frac{1}{t}\,dt+2x\log x$$
$$=x\log x-1\cdot\log 1-\Big[t\Big]_{1}^{x}+2x\log x$$
$$=\boldsymbol{3x\log x-x+1}$$

(3) $F(x)=-\displaystyle\int_{0}^{x}(t^2-x^2)e^{t}\,dt$

$$=\int_{0}^{x}(-t^2+x^2)e^{t}\,dt$$
$$=\int_{0}^{x}(x^2e^{t}-t^2e^{t})\,dt=x^2\int_{0}^{x}e^{t}\,dt-\int_{0}^{x}t^2e^{t}\,dt$$

であるから

$$F'(x)=(x^2)'\int_{0}^{x}e^{t}\,dt+x^2\left(\frac{d}{dx}\int_{0}^{x}e^{t}\,dt\right)-\frac{d}{dx}\int_{0}^{x}t^2e^{t}\,dt$$
$$=2x\int_{0}^{x}e^{t}\,dt+x^2\cdot e^{x}-x^2e^{x}$$
$$=2x\Big[e^{t}\Big]_{0}^{x}$$
$$=\boldsymbol{2x(e^{x}-1)}$$

JUMP 38

$$\sqrt{3}\sin x+\cos x=\sqrt{(\sqrt{3})^2+1^2}\sin\left(x+\frac{\pi}{6}\right)$$
$$=2\sin\left(x+\frac{\pi}{6}\right)$$

$0\leqq x\leqq\pi$ より $\dfrac{\pi}{6}\leqq x+\dfrac{\pi}{6}\leqq\dfrac{7}{6}\pi$

定積分と微分
a が定数のとき
$$\frac{d}{dx}\int_{a}^{x}f(t)\,dt=f(x)$$

⬅ $\displaystyle\int_{b}^{a}f(x)\,dx=-\int_{a}^{b}f(x)\,dx$

⬅ $x\displaystyle\int_{\pi}^{x}\sin t\,dt$ は，
$f(x)=x,\ g(x)=\displaystyle\int_{\pi}^{x}\sin t\,dt$
として，積の微分
$\{f(x)g(x)\}'$
$=f'(x)g(x)+f(x)g'(x)$
を用いる。

⬅ $x\displaystyle\int_{1}^{x}\log t\,dt$ は，
$f(x)=x,\ g(x)=\displaystyle\int_{1}^{x}\log t\,dt$
として，積の微分
$\{f(x)g(x)\}'$
$=f'(x)g(x)+f(x)g'(x)$
を用いる。

⬅ $\displaystyle\int_{b}^{a}f(x)\,dx=-\int_{a}^{b}f(x)\,dx$

⬅ $x^2\displaystyle\int_{0}^{x}e^{t}\,dt$ は，
$f(x)=x^2,\ g(x)=\displaystyle\int_{0}^{x}e^{t}\,dt$
として，積の微分
$\{f(x)g(x)\}'$
$=f'(x)g(x)+f(x)g'(x)$
を用いる。

考え方 三角関数の合成を用いる。

⬅ $a\sin x+b\cos x$
$=\sqrt{a^2+b^2}\sin(x+\alpha)$

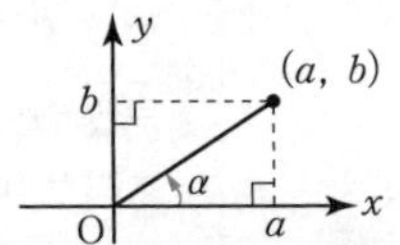

$2\sin\left(x+\frac{\pi}{6}\right)\geqq 0$ を解くと $\frac{\pi}{6}\leqq x+\frac{\pi}{6}\leqq\pi$

よって $0\leqq x\leqq\frac{5}{6}\pi$

$2\sin\left(x+\frac{\pi}{6}\right)\leqq 0$ を解くと $\pi\leqq x+\frac{\pi}{6}\leqq\frac{7}{6}\pi$

よって $\frac{5}{6}\pi\leqq x\leqq\pi$

ゆえに

$0\leqq x\leqq\frac{5}{6}\pi$ のとき $\left|2\sin\left(x+\frac{\pi}{6}\right)\right|=2\sin\left(x+\frac{\pi}{6}\right)$

$\frac{5}{6}\pi\leqq x\leqq\pi$ のとき $\left|2\sin\left(x+\frac{\pi}{6}\right)\right|=-2\sin\left(x+\frac{\pi}{6}\right)$

したがって

$$\int_0^{\pi}|\sqrt{3}\sin x+\cos x|\,dx$$
$$=\int_0^{\pi}\left|2\sin\left(x+\frac{\pi}{6}\right)\right|dx$$
$$=\int_0^{\frac{5}{6}\pi}\left|2\sin\left(x+\frac{\pi}{6}\right)\right|dx+\int_{\frac{5}{6}\pi}^{\pi}\left|2\sin\left(x+\frac{\pi}{6}\right)\right|dx$$
$$=\int_0^{\frac{5}{6}\pi}2\sin\left(x+\frac{\pi}{6}\right)dx+\int_{\frac{5}{6}\pi}^{\pi}\left\{-2\sin\left(x+\frac{\pi}{6}\right)\right\}dx$$
$$=2\left[-\cos\left(x+\frac{\pi}{6}\right)\right]_0^{\frac{5}{6}\pi}-2\left[-\cos\left(x+\frac{\pi}{6}\right)\right]_{\frac{5}{6}\pi}^{\pi}$$
$$=-2\left\{(-1)-\frac{\sqrt{3}}{2}\right\}+2\left\{-\frac{\sqrt{3}}{2}-(-1)\right\}=\mathbf{4}$$

39 定積分の置換積分法(1) (p.94)

168 (1) $3x-2=t$ とおくと $x=\frac{1}{3}t+\frac{2}{3}$ より $\frac{dx}{dt}=\frac{1}{3}$

であり，x と t の対応は右の表のようになる。

x	$0\to 1$
t	$-2\to 1$

よって

$$\int_0^1(3x-2)^4dx=\int_{-2}^1 t^4\cdot\frac{1}{3}dt$$
$$=\frac{1}{3}\left[\frac{1}{5}t^5\right]_{-2}^1=\frac{1}{15}\{1-(-32)\}=\mathbf{\frac{11}{5}}$$

←$dx=\frac{1}{3}dt$

別解 $\int(3x-2)^4dx=\frac{1}{3}\cdot\frac{1}{5}(3x-2)^5+C=\frac{1}{15}(3x-2)^5+C$

←$\int f(ax+b)dx=\frac{1}{a}F(ax+b)+C$

であるから

$$\int_0^1(3x-2)^4dx=\left[\frac{1}{15}(3x-2)^5\right]_0^1=\frac{1}{15}\{1-(-32)\}=\mathbf{\frac{11}{5}}$$

(2) $x+1=t$ とおくと $x=t-1$ より $\frac{dx}{dt}=1$

であり，x と t の対応は右の表のようになる。

x	$-1\to 1$
t	$0\to 2$

よって

$$\int_{-1}^1 x(x+1)^4dx=\int_0^2(t-1)t^4\cdot 1\,dt$$
$$=\int_0^2(t^5-t^4)\,dt$$
$$=\left[\frac{1}{6}t^6-\frac{1}{5}t^5\right]_0^2=\frac{32}{3}-\frac{32}{5}=\mathbf{\frac{64}{15}}$$

←$dx=1\,dt$

定積分の置換積分法

$x=g(t)$ のとき，

$a=g(\alpha)$，$b=g(\beta)$

x	$a\to b$
t	$\alpha\to\beta$

ならば

$$\int_a^b f(x)dx=\int_\alpha^\beta f(g(t))g'(t)\,dt$$

(3) $\sqrt{x+1}=t$ とおくと　$x+1=t^2$

すなわち $x=t^2-1$ より　$\dfrac{dx}{dt}=2t$

であり，x と t の対応は右の表のようになる。

x	$-1 \to 0$
t	$0 \to 1$

よって

$$\int_{-1}^{0} x\sqrt{x+1}\,dx=\int_0^1 (t^2-1)t\cdot 2t\,dt=2\int_0^1 (t^4-t^2)\,dt$$

⬅$dx=2t\,dt$

$$=2\left[\frac{1}{5}t^5-\frac{1}{3}t^3\right]_0^1=2\left(\frac{1}{5}-\frac{1}{3}\right)=-\boldsymbol{\frac{4}{15}}$$

(4) $3-x=t$ とおくと　$x=3-t$ より　$\dfrac{dx}{dt}=-1$

であり，x と t の対応は右の表のようになる。

x	$-1 \to 2$
t	$4 \to 1$

よって　$\displaystyle\int_{-1}^{2} \frac{x}{(3-x)^3}\,dx=\int_4^1 \frac{3-t}{t^3}\cdot(-1)\,dt$

⬅$dx=(-1)\,dt$

$$=\int_1^4 \frac{3-t}{t^3}\,dt=\int_1^4 \left(\frac{3}{t^3}-\frac{1}{t^2}\right)dt$$

⬅$\displaystyle\int_b^a f(x)\,dx=-\int_a^b f(x)\,dx$

$$=\left[-\frac{3}{2}t^{-2}+t^{-1}\right]_1^4$$

$$=\left(-\frac{3}{32}+\frac{1}{4}\right)-\left(-\frac{3}{2}+1\right)=\boldsymbol{\frac{21}{32}}$$

169 (1) $2x-3=t$ とおくと　$x=\dfrac{1}{2}t+\dfrac{3}{2}$ より　$\dfrac{dx}{dt}=\dfrac{1}{2}$

であり，x と t の対応は右の表のようになる。

x	$2 \to 3$
t	$1 \to 3$

よって　$\displaystyle\int_2^3 (2x-3)^3\,dx=\int_1^3 t^3\cdot\frac{1}{2}\,dt$

⬅$dx=\dfrac{1}{2}dt$

$$=\frac{1}{2}\left[\frac{1}{4}t^4\right]_1^3=\frac{1}{8}(81-1)=\boldsymbol{10}$$

別解　$\displaystyle\int (2x-3)^3\,dx=\frac{1}{2}\cdot\frac{1}{4}(2x-3)^4+C=\frac{1}{8}(2x-3)^4+C$

⬅$\displaystyle\int f(ax+b)\,dx=\frac{1}{a}F(ax+b)+C$

であるから

$$\int_2^3 (2x-3)^3\,dx=\left[\frac{1}{8}(2x-3)^4\right]_2^3=\frac{1}{8}(81-1)=\boldsymbol{10}$$

(2) $2-x=t$ とおくと　$x=2-t$ より　$\dfrac{dx}{dt}=-1$

であり，x と t の対応は右の表のようになる。

x	$0 \to 1$
t	$2 \to 1$

よって　$\displaystyle\int_0^1 x(2-x)^3\,dx=\int_2^1 (2-t)t^3\cdot(-1)\,dt$

⬅$dx=(-1)\,dt$

$$=\int_1^2 (2-t)t^3\,dt=\int_1^2 (2t^3-t^4)\,dt$$

⬅$\displaystyle\int_b^a f(x)\,dx=-\int_a^b f(x)\,dx$

$$=\left[\frac{1}{2}t^4-\frac{1}{5}t^5\right]_1^2$$

$$=\left(8-\frac{32}{5}\right)-\left(\frac{1}{2}-\frac{1}{5}\right)=\boldsymbol{\frac{13}{10}}$$

(3) $\sqrt{1-x}=t$ とおくと　$1-x=t^2$

すなわち $x=1-t^2$ より　$\dfrac{dx}{dt}=-2t$

であり，x と t の対応は右の表のようになる。

x	$-3 \to 0$
t	$2 \to 1$

よって

$$\int_{-3}^{0} x\sqrt{1-x}\,dx=\int_2^1 (1-t^2)t\cdot(-2t)\,dt=2\int_2^1 (-t^2+t^4)\,dt$$

⬅$dx=(-2t)\,dt$

$$=2\int_1^2 (t^2-t^4)\,dt=2\left[\frac{1}{3}t^3-\frac{1}{5}t^5\right]_1^2$$

⬅$\displaystyle\int_b^a f(x)\,dx=-\int_a^b f(x)\,dx$

$$=2\left\{\left(\frac{8}{3}-\frac{32}{5}\right)-\left(\frac{1}{3}-\frac{1}{5}\right)\right\}=-\boldsymbol{\frac{116}{15}}$$

170 (1) $3-x=t$ とおくと　$x=3-t$ より $\dfrac{dx}{dt}=-1$

であり，x と t の対応は右の表のようになる。

x	$-1 \to 0$
t	$4 \to 3$

よって $\displaystyle\int_{-1}^{0}\frac{1}{3-x}dx=\int_4^3\frac{1}{t}\cdot(-1)dt$　　⬅$dx=(-1)dt$

$\displaystyle=\int_3^4\frac{1}{t}dt$　　⬅$\displaystyle\int_b^a f(x)dx=-\int_a^b f(x)dx$

$\displaystyle=\Big[\log t\Big]_3^4=\log 4-\log 3=\mathbf{\log\frac{4}{3}}$　　⬅$3\leqq t\leqq 4$ のとき　$x>0$

別解 $\displaystyle\int\frac{1}{3-x}dx=\frac{1}{-1}\cdot\log|3-x|+C=-\log|3-x|+C$　　⬅$\displaystyle\int f(ax+b)dx=\frac{1}{a}F(ax+b)+C$

であるから

$\displaystyle\int_{-1}^{0}\frac{1}{3-x}dx=\Big[-\log|3-x|\Big]_{-1}^{0}=-(\log 3-\log 4)=\mathbf{\log\frac{4}{3}}$

(2) $2x+1=t$ とおくと　$x=\dfrac{1}{2}t-\dfrac{1}{2}$ より $\dfrac{dx}{dt}=\dfrac{1}{2}$

であり，x と t の対応は右の表のようになる。

x	$\frac{1}{2} \to \frac{3}{2}$
t	$2 \to 4$

よって $\displaystyle\int_{\frac{1}{2}}^{\frac{3}{2}}\frac{x}{(2x+1)^2}dx=\int_2^4\frac{t-1}{2}\cdot\frac{1}{t^2}\cdot\frac{1}{2}dt$　　⬅$dx=\frac{1}{2}dt$

$\displaystyle=\frac{1}{4}\int_2^4\left(\frac{1}{t}-\frac{1}{t^2}\right)dt$

$\displaystyle=\frac{1}{4}\int_2^4\frac{1}{t}dt-\frac{1}{4}\int_2^4\frac{1}{t^2}dt$

$\displaystyle=\frac{1}{4}\Big[\log t\Big]_2^4-\frac{1}{4}\Big[-t^{-1}\Big]_2^4$

$\displaystyle=\frac{1}{4}(\log 4-\log 2)+\frac{1}{4}\left(\frac{1}{4}-\frac{1}{2}\right)$

$\displaystyle=\mathbf{\frac{1}{4}\log 2-\frac{1}{16}}$　　⬅$\log M-\log N=\log\frac{M}{N}$

(3) $\sqrt{3-x}=t$ とおくと　$3-x=t^2$

すなわち $x=3-t^2$　より　$\dfrac{dx}{dt}=-2t$

であり，x と t の対応は右の表のようになる。

x	$0 \to 2$
t	$\sqrt{3} \to 1$

よって $\displaystyle\int_0^2\frac{x^2}{\sqrt{3-x}}dx=\int_{\sqrt{3}}^{1}\frac{(3-t^2)^2}{t}\cdot(-2t)dt$　　⬅$dx=(-2t)dt$

$\displaystyle=2\int_1^{\sqrt{3}}(3-t^2)^2dt$　　⬅$\displaystyle\int_b^a f(x)dx=-\int_a^b f(x)dx$

$\displaystyle=2\int_1^{\sqrt{3}}(9-6t^2+t^4)dt$

$\displaystyle=2\left[\frac{1}{5}t^5-2t^3+9t\right]_1^{\sqrt{3}}$

$\displaystyle=2\left\{\left(\frac{9\sqrt{3}}{5}-6\sqrt{3}+9\sqrt{3}\right)-\left(\frac{1}{5}-2+9\right)\right\}$

$\displaystyle=\mathbf{\frac{48\sqrt{3}-72}{5}}$

JUMP 39

考え方　$\sin x=t$ とおいて置換積分法を用いる。

$\sin x=t$ とおくと　$\dfrac{dt}{dx}=\cos x$

であり，x と t の対応は右の表のようになる。

x	$0 \to \frac{\pi}{2}$
t	$0 \to 1$

よって $\displaystyle\int_0^{\frac{\pi}{2}}\cos^3 x\,dx=\int_0^{\frac{\pi}{2}}(1-\sin^2 x)\cos x\,dx$　　⬅$\cos x\,dx=dt$

$\displaystyle=\int_0^1(1-t^2)dt=\left[t-\frac{1}{3}t^3\right]_0^1=1-\frac{1}{3}=\mathbf{\frac{2}{3}}$

40 定積分の置換積分法(2) (p.96)

171 $x=4\sin\theta$ とおくと $\dfrac{dx}{d\theta}=4\cos\theta$

であり，x と θ の対応は右の表のようになる。

x	$0 \to 4$
θ	$0 \to \dfrac{\pi}{2}$

←$\sqrt{a^2-x^2}$ のとき，$x=a\sin\theta$ とおく。

また，$0\leqq\theta\leqq\dfrac{\pi}{2}$ のとき $\cos\theta\geqq0$ であるから

$$\sqrt{16-x^2}=\sqrt{16(1-\sin^2\theta)}=\sqrt{16\cos^2\theta}=4\cos\theta$$

よって $\displaystyle\int_0^4\sqrt{16-x^2}\,dx=\int_0^{\frac{\pi}{2}}4\cos\theta\cdot4\cos\theta\,d\theta$　←$dx=4\cos\theta\,d\theta$

$$=16\int_0^{\frac{\pi}{2}}\cos^2\theta\,d\theta=16\int_0^{\frac{\pi}{2}}\frac{1+\cos2\theta}{2}\,d\theta$$

←$\cos^2\theta=\dfrac{1+\cos2\theta}{2}$

$$=8\left[\theta+\frac{\sin2\theta}{2}\right]_0^{\frac{\pi}{2}}$$

$$=8\left(\frac{\pi}{2}-0\right)=\boldsymbol{4\pi}$$

←$\sin\pi=0$，$\sin0=0$

172 (1) $x=\sqrt{2}\sin\theta$ とおくと $\dfrac{dx}{d\theta}=\sqrt{2}\cos\theta$

であり，x と θ の対応は右の表のようになる。

x	$-\sqrt{2} \to \sqrt{2}$
θ	$-\dfrac{\pi}{2} \to \dfrac{\pi}{2}$

←$\sqrt{a^2-x^2}$ のとき，$x=a\sin\theta$ とおく。

また，$-\dfrac{\pi}{2}\leqq\theta\leqq\dfrac{\pi}{2}$ のとき $\cos\theta\geqq0$ であるから

$$\sqrt{2-x^2}=\sqrt{2(1-\sin^2\theta)}=\sqrt{2\cos^2\theta}=\sqrt{2}\cos\theta$$

よって $\displaystyle\int_{-\sqrt{2}}^{\sqrt{2}}\sqrt{2-x^2}\,dx=\int_{-\frac{\pi}{2}}^{\frac{\pi}{2}}\sqrt{2}\cos\theta\cdot\sqrt{2}\cos\theta\,d\theta$　←$dx=\sqrt{2}\cos\theta\,d\theta$

$$=2\int_{-\frac{\pi}{2}}^{\frac{\pi}{2}}\cos^2\theta\,d\theta=2\int_{-\frac{\pi}{2}}^{\frac{\pi}{2}}\frac{1+\cos2\theta}{2}\,d\theta$$

←$\cos^2\theta=\dfrac{1+\cos2\theta}{2}$

$$=\left[\theta+\frac{\sin2\theta}{2}\right]_{-\frac{\pi}{2}}^{\frac{\pi}{2}}$$

$$=\frac{\pi}{2}-\left(-\frac{\pi}{2}\right)=\boldsymbol{\pi}$$

←$\sin\pi=0$，$\sin(-\pi)=0$

(2) $x=\tan\theta$ とおくと $\dfrac{dx}{d\theta}=\dfrac{1}{\cos^2\theta}$

であり，x と θ の対応は右の表のようになる。

x	$0 \to \dfrac{1}{\sqrt{3}}$
θ	$0 \to \dfrac{\pi}{6}$

←$\dfrac{1}{x^2+a^2}$ のとき，$x=a\tan\theta$ とおく。

また $\dfrac{1}{x^2+1}=\dfrac{1}{\tan^2\theta+1}=\cos^2\theta$　←$\tan^2\theta+1=\dfrac{1}{\cos^2\theta}$

よって $\displaystyle\int_0^{\frac{1}{\sqrt{3}}}\frac{1}{x^2+1}\,dx=\int_0^{\frac{\pi}{6}}\cos^2\theta\cdot\frac{1}{\cos^2\theta}\,d\theta$　←$dx=\dfrac{1}{\cos^2\theta}\,d\theta$

$$=\int_0^{\frac{\pi}{6}}d\theta=\Big[\theta\Big]_0^{\frac{\pi}{6}}=\boldsymbol{\frac{\pi}{6}}$$

173 (1) $x=3\sin\theta$ とおくと $\dfrac{dx}{d\theta}=3\cos\theta$

であり，x と θ の対応は右の表のようになる。

x	$0 \to \dfrac{3}{2}$
θ	$0 \to \dfrac{\pi}{6}$

←$\sqrt{a^2-x^2}$ のとき，$x=a\sin\theta$ とおく。

←$x=\dfrac{3}{2}$ のとき $\sin\theta=\dfrac{1}{2}$

また，$0\leqq\theta\leqq\dfrac{\pi}{6}$ のとき，$\cos\theta\geqq0$ であるから

$$\sqrt{9-x^2}=\sqrt{9(1-\sin^2\theta)}=\sqrt{9\cos^2\theta}=3\cos\theta$$

よって $\displaystyle\int_0^{\frac{3}{2}}\frac{1}{\sqrt{9-x^2}}\,dx=\int_0^{\frac{\pi}{6}}\frac{1}{3\cos\theta}\cdot3\cos\theta\,d\theta$　←$dx=3\cos\theta\,d\theta$

$$=\int_0^{\frac{\pi}{6}}d\theta=\Big[\theta\Big]_0^{\frac{\pi}{6}}=\boldsymbol{\frac{\pi}{6}}$$

(2)　$x=\sqrt{3}\tan\theta$ とおくと　$\dfrac{dx}{d\theta}=\dfrac{\sqrt{3}}{\cos^2\theta}$

であり，x と θ の対応は右の表のようになる。

x	$1 \to \sqrt{3}$
θ	$\frac{\pi}{6} \to \frac{\pi}{4}$

また

$$\frac{5}{x^2+3}=\frac{5}{3\tan^2\theta+3}=\frac{5}{3(\tan^2\theta+1)}=\frac{5}{3}\cos^2\theta$$

よって

$$\int_1^{\sqrt{3}}\frac{5}{x^2+3}dx=\int_{\frac{\pi}{6}}^{\frac{\pi}{4}}\frac{5}{3}\cos^2\theta\cdot\frac{\sqrt{3}}{\cos^2\theta}d\theta$$

$$=\frac{5\sqrt{3}}{3}\int_{\frac{\pi}{6}}^{\frac{\pi}{4}}d\theta=\frac{5\sqrt{3}}{3}\Big[\theta\Big]_{\frac{\pi}{6}}^{\frac{\pi}{4}}$$

$$=\frac{5\sqrt{3}}{3}\left(\frac{\pi}{4}-\frac{\pi}{6}\right)=\boldsymbol{\frac{5\sqrt{3}}{36}\pi}$$

⬅$\dfrac{1}{x^2+a^2}$ のとき，$x=a\tan\theta$ とおく。

⬅$\tan^2\theta+1=\dfrac{1}{\cos^2\theta}$

⬅$dx=\dfrac{\sqrt{3}}{\cos^2\theta}d\theta$

JUMP 40

$x-1=2\sin\theta$ とおくと　$x=2\sin\theta+1$ より　$\dfrac{dx}{d\theta}=2\cos\theta$

であり，x と θ の対応は右の表のようになる。

x	$2 \to 3$
θ	$\frac{\pi}{6} \to \frac{\pi}{2}$

また，$\dfrac{\pi}{6}\leqq\theta\leqq\dfrac{\pi}{2}$ のとき，$\cos\theta\geqq0$ であるから

$$\sqrt{4-(x-1)^2}=\sqrt{4(1-\sin^2\theta)}=\sqrt{4\cos^2\theta}=2\cos\theta$$

よって

$$\int_2^3\sqrt{4-(x-1)^2}\,dx=\int_{\frac{\pi}{6}}^{\frac{\pi}{2}}2\cos\theta\cdot2\cos\theta d\theta$$

$$=4\int_{\frac{\pi}{6}}^{\frac{\pi}{2}}\cos^2\theta d\theta=4\int_{\frac{\pi}{6}}^{\frac{\pi}{2}}\frac{1+\cos2\theta}{2}d\theta$$

$$=2\left[\theta+\frac{\sin2\theta}{2}\right]_{\frac{\pi}{6}}^{\frac{\pi}{2}}$$

$$=2\left\{\frac{\pi}{2}-\left(\frac{\pi}{6}+\frac{\sqrt{3}}{4}\right)\right\}$$

$$=\boldsymbol{\frac{2}{3}\pi-\frac{\sqrt{3}}{2}}$$

考え方　$x-1$ をかたまりとみて
$x-1=2\sin\theta$
とおく。

⬅$dx=2\cos\theta d\theta$

⬅$\cos^2\theta=\dfrac{1+\cos2\theta}{2}$

⬅$\sin\pi=0$，$\sin\dfrac{\pi}{3}=\dfrac{\sqrt{3}}{2}$

偶関数・奇関数の定積分
$f(x)$ が偶関数ならば
$$\int_{-a}^{a}f(x)dx=2\int_0^a f(x)dx$$
$f(x)$ が奇関数ならば
$$\int_{-a}^{a}f(x)dx=0$$

41 偶関数と奇関数，定積分の部分積分法 (p.98)

174 (1)　x^3，$2x$ は奇関数，$2x^2$，4 は偶関数であるから

$$\int_{-1}^{1}(x^3-2x^2+2x+4)dx=\int_{-1}^{1}(-2x^2+4)dx+\int_{-1}^{1}(x^3+2x)dx$$

$$=2\int_0^1(-2x^2+4)dx+0$$

$$=4\left[-\frac{1}{3}x^3+2x\right]_0^1$$

$$=4\left(-\frac{1}{3}+2\right)=\boldsymbol{\frac{20}{3}}$$

⬅$(-x)^3=-x^3$，$2(-x)=-2x$ より，x^3，$2x$ は奇関数。
$2(-x)^2=2x^2$ より，$2x^2$ は偶関数。
定数関数 4 も偶関数。

(2)　$3x^2$ は偶関数，$2\sin x$ は奇関数であるから

$$\int_{-\pi}^{\pi}(3x^2+2\sin x)dx=\int_{-\pi}^{\pi}3x^2dx+\int_{-\pi}^{\pi}2\sin x\,dx$$

$$=2\int_0^{\pi}3x^2dx+0$$

$$=6\left[\frac{1}{3}x^3\right]_0^{\pi}$$

$$=2(\pi^3-0)=\boldsymbol{2\pi^3}$$

⬅$3(-x)^2=3x^2$ より，$3x^2$ は偶関数。
$2\sin(-x)=-2\sin x$ より，$2\sin x$ は奇関数。

175 $\int_0^{\frac{\pi}{4}} x\cos x\,dx=\int_0^{\frac{\pi}{4}} x(\sin x)'\,dx$

$=\left[x\sin x\right]_0^{\frac{\pi}{4}}-\int_0^{\frac{\pi}{4}}(x)'\sin x\,dx$

$=\frac{\pi}{4\sqrt{2}}-\int_0^{\frac{\pi}{4}}\sin x\,dx$

$=\frac{\sqrt{2}}{8}\pi-\left[-\cos x\right]_0^{\frac{\pi}{4}}$

$=\boldsymbol{\frac{\sqrt{2}}{8}\pi+\frac{\sqrt{2}}{2}-1}$

⬅$f(x)=x$, $g'(x)=\cos x$
$f'(x)=1$, $g(x)=\sin x$

定積分の部分積分法
$\int_a^b f(x)g'(x)\,dx$
$=\left[f(x)g(x)\right]_a^b$
$-\int_a^b f'(x)g(x)\,dx$

176 (1) $3x^2$ は偶関数，$\tan x$ は奇関数であるから

$\int_{-\frac{\pi}{3}}^{\frac{\pi}{3}}(3x^2-\tan x)\,dx=\int_{-\frac{\pi}{3}}^{\frac{\pi}{3}}3x^2\,dx-\int_{-\frac{\pi}{3}}^{\frac{\pi}{3}}\tan x\,dx$

$=2\int_0^{\frac{\pi}{3}}3x^2\,dx-0=6\left[\frac{1}{3}x^3\right]_0^{\frac{\pi}{3}}=\boldsymbol{\frac{2}{27}\pi^3}$

⬅$3(-x)^2=3x^2$ より，
$3x^2$ は偶関数。
$\tan(-x)=-\tan x$ より，
$\tan x$ は奇関数。

(2) $f(x)=x^2\sin x$ とおくと

$f(-x)=(-x)^2\sin(-x)=x^2(-\sin x)=-x^2\sin x=-f(x)$

よって，$f(x)=x^2\sin x$ は奇関数であるから

$\int_{-\frac{\pi}{4}}^{\frac{\pi}{4}}x^2\sin x\,dx=\boldsymbol{0}$

⬅x^2 は偶関数，$\sin x$ は奇関数であるから，
(偶関数)×(奇関数)
=(奇関数)
であることを用いてもよい。

177 (1) $\int_0^3 xe^x\,dx=\int_0^3 x(e^x)'\,dx$

$=\left[xe^x\right]_0^3-\int_0^3(x)'e^x\,dx$

$=3e^3-\int_0^3 e^x\,dx$

$=3e^3-\left[e^x\right]_0^3=3e^3-(e^3-1)=\boldsymbol{2e^3+1}$

⬅$f(x)=x$, $g'(x)=e^x$
$f'(x)=1$, $g(x)=e^x$

(2) $\int_{-\frac{\pi}{3}}^0 x\cos 3x\,dx=\int_{-\frac{\pi}{3}}^0 x\left(\frac{1}{3}\sin 3x\right)'dx$

$=\left[x\cdot\frac{1}{3}\sin 3x\right]_{-\frac{\pi}{3}}^0-\int_{-\frac{\pi}{3}}^0(x)'\cdot\frac{1}{3}\sin 3x\,dx$

$=0-\frac{1}{3}\int_{-\frac{\pi}{3}}^0\sin 3x\,dx$

$=-\frac{1}{3}\left[-\frac{1}{3}\cos 3x\right]_{-\frac{\pi}{3}}^0$

$=\frac{1}{9}\{1-(-1)\}=\boldsymbol{\frac{2}{9}}$

⬅$f(x)=x$, $g'(x)=\cos 3x$
$f'(x)=1$, $g(x)=\frac{1}{3}\sin 3x$

178 (1) $\int_0^{\frac{\pi}{2}}(2x+1)\sin x\,dx$

$=\int_0^{\frac{\pi}{2}}(2x+1)(-\cos x)'\,dx$

$=\left[(2x+1)(-\cos x)\right]_0^{\frac{\pi}{2}}-\int_0^{\frac{\pi}{2}}(2x+1)'(-\cos x)\,dx$

$=-(0-1)+\int_0^{\frac{\pi}{2}}2\cos x\,dx$

$=1+2\left[\sin x\right]_0^{\frac{\pi}{2}}=1+2(1-0)=\boldsymbol{3}$

⬅$f(x)=2x+1$,
$g'(x)=\sin x$
$f'(x)=2$, $g(x)=-\cos x$

(2) $\int_1^e (x+1)\log x\,dx$

$=\int_1^e \left(\frac{1}{2}x^2+x\right)'\log x\,dx$

$=\left[\left(\frac{1}{2}x^2+x\right)\log x\right]_1^e-\int_1^e\left(\frac{1}{2}x^2+x\right)(\log x)'\,dx$

$=\left(\frac{1}{2}e^2+e\right)-\int_1^e\left(\frac{1}{2}x^2+x\right)\cdot\frac{1}{x}\,dx$

$=\frac{1}{2}e^2+e-\int_1^e\left(\frac{1}{2}x+1\right)dx$

$=\frac{1}{2}e^2+e-\left[\frac{1}{4}x^2+x\right]_1^e$

$=\frac{1}{2}e^2+e-\left\{\left(\frac{1}{4}e^2+e\right)-\left(\frac{1}{4}+1\right)\right\}=\boldsymbol{\frac{1}{4}e^2+\frac{5}{4}}$

⬅ $f(x)=\log x$, $g'(x)=x+1$
$f'(x)=\frac{1}{x}$, $g(x)=\frac{1}{2}x^2+x$

(3) $\int_e^{e^2}\log x\,dx=\int_e^{e^2}1\cdot\log x\,dx$

$=\int_e^{e^2}(x)'\log x\,dx$

$=\left[x\log x\right]_e^{e^2}-\int_e^{e^2}x(\log x)'\,dx$

$=(2e^2-e)-\int_e^{e^2}x\cdot\frac{1}{x}\,dx$

$=2e^2-e-\int_e^{e^2}dx$

$=2e^2-e-\left[x\right]_e^{e^2}=2e^2-e-(e^2-e)=\boldsymbol{e^2}$

⬅ $f(x)=\log x$, $g'(x)=1$
$f'(x)=\frac{1}{x}$, $g(x)=x$

JUMP 41

$\int_0^e\log(x+1)\,dx=\int_0^e 1\cdot\log(x+1)\,dx$

$=\int_0^e(x+1)'\log(x+1)\,dx$

$=\left[(x+1)\log(x+1)\right]_0^e-\int_0^e(x+1)\{\log(x+1)\}'\,dx$

$=(e+1)\log(e+1)-\int_0^e(x+1)\cdot\frac{1}{x+1}\,dx$

$=(e+1)\log(e+1)-\int_0^e dx$

$=(e+1)\log(e+1)-\left[x\right]_0^e$

$=\boldsymbol{(e+1)\log(e+1)-e}$

考え方　$\log(x+1)$ の真数 $x+1$ に着目して
$\log(x+1)$
$=1\cdot\log(x+1)$
$=(x+1)'\cdot\log(x+1)$
と考える。

別解　$\int_0^e\log(x+1)\,dx=\int_0^e 1\cdot\log(x+1)\,dx$

$=\int_0^e(x)'\log(x+1)\,dx$

$=\left[x\log(x+1)\right]_0^e-\int_0^e x\{\log(x+1)\}'\,dx$

$=e\log(e+1)-\int_0^e\frac{x}{x+1}\,dx$

$=e\log(e+1)-\int_0^e\left(1-\frac{1}{x+1}\right)dx$

$=e\log(e+1)-\left[x-\log(x+1)\right]_0^e$

$=e\log(e+1)-\{e-\log(e+1)\}$

$=\boldsymbol{(e+1)\log(e+1)-e}$

⬅ $1=(x)'$ としたところ，$\frac{x}{x+1}$ という積分しにくい形が出てきてしまったが，この場合も
$\frac{x}{x+1}=\frac{(x+1)-1}{x+1}$
$=1-\frac{1}{x+1}$
とすれば積分ができる。

42 定積分と和の極限，定積分と不等式(p.100)

179 $\dfrac{1}{n}\left\{\left(1+\dfrac{1}{n}\right)^3+\left(1+\dfrac{2}{n}\right)^3+\left(1+\dfrac{3}{n}\right)^3+\cdots\cdots+\left(1+\dfrac{n}{n}\right)^3\right\}$

$=\displaystyle\sum_{k=1}^{n}\frac{1}{n}\left(1+\frac{k}{n}\right)^3$

よって，$f(x)=(1+x)^3$ とすると，求める極限値は

$$\lim_{n\to\infty}\sum_{k=1}^{n}\frac{1}{n}f\left(\frac{k}{n}\right)=\int_0^1 f(x)\,dx$$
$$=\int_0^1(1+x)^3\,dx$$
$$=\left[\frac{1}{4}(1+x)^4\right]_0^1$$
$$=\frac{1}{4}(16-1)=\mathbf{\frac{15}{4}}$$

⬅ $f\left(\dfrac{k}{n}\right)=\left(1+\dfrac{k}{n}\right)^3$ と考え，$f(x)=(1+x)^3$

定積分と和の極限

$$\lim_{n\to\infty}\sum_{k=1}^{n}\frac{1}{n}f\left(\frac{k}{n}\right)=\int_0^1 f(x)\,dx$$

180 (1) $\dfrac{1}{n}\left(\cos\dfrac{\pi}{n}+\cos\dfrac{2\pi}{n}+\cos\dfrac{3\pi}{n}+\cdots\cdots+\cos\dfrac{n\pi}{n}\right)$

$=\displaystyle\sum_{k=1}^{n}\frac{1}{n}\cos\frac{k\pi}{n}$

よって，$f(x)=\cos\pi x$ とすると，求める極限値は

$$\lim_{n\to\infty}\sum_{k=1}^{n}\frac{1}{n}f\left(\frac{k}{n}\right)=\int_0^1 f(x)\,dx=\int_0^1\cos\pi x\,dx$$
$$=\left[\frac{1}{\pi}\sin\pi x\right]_0^1=\frac{1}{\pi}(\sin\pi-\sin 0)=\mathbf{0}$$

⬅ $f\left(\dfrac{k}{n}\right)=\cos\left(\pi\cdot\dfrac{k}{n}\right)$ と考え，$f(x)=\cos\pi x$

(2) $\left(\dfrac{1}{n}-\dfrac{1}{n^2}\right)+\left(\dfrac{1}{n}-\dfrac{2}{n^2}\right)+\left(\dfrac{1}{n}-\dfrac{3}{n^2}\right)+\cdots\cdots+\left(\dfrac{1}{n}-\dfrac{n}{n^2}\right)$

$=\dfrac{1}{n}\left\{\left(1-\dfrac{1}{n}\right)+\left(1-\dfrac{2}{n}\right)+\left(1-\dfrac{3}{n}\right)+\cdots\cdots+\left(1-\dfrac{n}{n}\right)\right\}$

$=\displaystyle\sum_{k=1}^{n}\frac{1}{n}\left(1-\frac{k}{n}\right)$

よって，$f(x)=1-x$ とすると，求める極限値は

$$\lim_{n\to\infty}\sum_{k=1}^{n}\frac{1}{n}f\left(\frac{k}{n}\right)=\int_0^1 f(x)\,dx=\int_0^1(1-x)\,dx$$
$$=\left[x-\frac{1}{2}x^2\right]_0^1=\mathbf{\frac{1}{2}}$$

⬅ $\dfrac{1}{n}\left\{f\left(\dfrac{1}{n}\right)+\cdots+f\left(\dfrac{n}{n}\right)\right\}$ の形をつくる。

⬅ $f\left(\dfrac{k}{n}\right)=1-\dfrac{k}{n}$ と考え，$f(x)=1-x$

181 $\dfrac{n^2}{(n+1)^3}+\dfrac{n^2}{(n+2)^3}+\dfrac{n^2}{(n+3)^3}+\cdots\cdots+\dfrac{n^2}{(2n)^3}$

$=\dfrac{n^2}{n^3\left(1+\frac{1}{n}\right)^3}+\dfrac{n^2}{n^3\left(1+\frac{2}{n}\right)^3}+\dfrac{n^2}{n^3\left(1+\frac{3}{n}\right)^3}+\cdots\cdots+\dfrac{n^2}{n^3\left(1+\frac{n}{n}\right)^3}$

$=\dfrac{1}{n}\left\{\dfrac{1}{\left(1+\frac{1}{n}\right)^3}+\dfrac{1}{\left(1+\frac{2}{n}\right)^3}+\dfrac{1}{\left(1+\frac{3}{n}\right)^3}+\cdots\cdots+\dfrac{1}{\left(1+\frac{n}{n}\right)^3}\right\}$

$=\displaystyle\sum_{k=1}^{n}\frac{1}{n}\cdot\frac{1}{\left(1+\frac{k}{n}\right)^3}$

よって，$f(x)=\dfrac{1}{(1+x)^3}$ とすると，求める極限値は

$$\lim_{n\to\infty}\sum_{k=1}^{n}\frac{1}{n}f\left(\frac{k}{n}\right)=\int_0^1 f(x)\,dx=\int_0^1\frac{1}{(1+x)^3}\,dx$$
$$=\left[-\frac{1}{2}(1+x)^{-2}\right]_0^1=-\frac{1}{2}\left(\frac{1}{4}-1\right)=\mathbf{\frac{3}{8}}$$

⬅ $(n+k)^3=\left\{n\left(1+\dfrac{k}{n}\right)\right\}^3=n^3\left(1+\dfrac{k}{n}\right)^3$

⬅ $\dfrac{1}{n}\left\{f\left(\dfrac{1}{n}\right)+\cdots+f\left(\dfrac{n}{n}\right)\right\}$ の形をつくる。

⬅ $f\left(\dfrac{k}{n}\right)=\dfrac{1}{\left(1+\frac{k}{n}\right)^3}$ と考え，$f(x)=\dfrac{1}{(1+x)^3}$

182 （証明） $x \geqq 0$ のとき

$$(x^2+6x+4)-(x+2)^2=(x^2+6x+4)-(x^2+4x+4)$$
$$=2x \geqq 0$$

であるから

$x^2+6x+4 \geqq (x+2)^2$

両辺はともに正であるから

$$\frac{1}{x^2+6x+4} \leqq \frac{1}{(x+2)^2}$$

この式で等号が成り立つのは $x=0$ のときだけであるから

$$\int_0^1 \frac{1}{x^2+6x+4}dx < \int_0^1 \frac{1}{(x+2)^2}dx$$

ここで

$$\int_0^1 \frac{1}{(x+2)^2}dx=\left[-(x+2)^{-1}\right]_0^1=-\left(\frac{1}{3}-\frac{1}{2}\right)=\frac{1}{6}$$

よって

$$\int_0^1 \frac{1}{x^2+6x+4}dx < \frac{1}{6} \quad （終）$$

⬅ $f(x)=\dfrac{1}{x^2+6x+4}$

$g(x)=\dfrac{1}{(x+2)^2}$

とすると，$f(x) \leqq g(x)$ であるが，

つねに $f(x)=g(x)$

ではないから

$\displaystyle\int_0^1 f(x)dx < \int_0^1 g(x)dx$

JUMP 42

（証明） $0 \leqq x \leqq 1$ のとき，$0 \leqq x^3 \leqq x$ であるから

$e^0 \leqq e^{x^3} \leqq e^x$

よって $1 \leqq e^{x^3} \leqq e^x$

この式で

左の等号が成り立つのは $x=0$ のときだけ

右の等号が成り立つのは $x=0$，1 のときだけであるから

$$\int_0^1 dx < \int_0^1 e^{x^3}dx < \int_0^1 e^x dx$$

ここで

$$\int_0^1 dx=\left[x\right]_0^1=1$$

$$\int_0^1 e^x dx=\left[e^x\right]_0^1=e-1$$

ゆえに

$$1 < \int_0^1 e^{x^3}dx < e-1 \quad （終）$$

考え方 $e^0=1$ より，e^0，e^{x^3}，e^x の大小関係を考える。

⬅底が $e>1$

⬅ $1 \leqq e^{x^3} \leqq e^x$ について，

つねに $1=e^{x^3}$

つねに $e^{x^3}=e^x$

ではない。

まとめの問題　積分法②（p.102）

1 (1) $\displaystyle\int_1^3 \frac{1}{x^4}dx=\int_1^3 x^{-4}dx=\left[-\frac{1}{3}x^{-3}\right]_1^3=-\frac{1}{3}\left(\frac{1}{27}-1\right)=\mathbf{\frac{26}{81}}$

(2) $\displaystyle\int_1^3 \frac{x-\sqrt{x}+2}{x}dx=\int_1^3\left(1-x^{-\frac{1}{2}}+\frac{2}{x}\right)dx$

$$=\left[x-2x^{\frac{1}{2}}+2\log x\right]_1^3$$
$$=(3-2\sqrt{3}+2\log 3)-(1-2+0)$$
$$=\mathbf{4-2\sqrt{3}+2\log 3}$$

⬅ $1 \leqq x \leqq 3$ のとき $x>0$
よって $\log|x|=\log x$

(3) $\displaystyle\int_0^{\frac{\pi}{3}} \frac{1}{\cos^2 x}dx-\int_{\frac{\pi}{6}}^{\frac{\pi}{3}} \frac{1}{\cos^2 x}dx=\int_0^{\frac{\pi}{3}} \frac{1}{\cos^2 x}dx+\int_{\frac{\pi}{3}}^{\frac{\pi}{6}} \frac{1}{\cos^2 x}dx$

$$=\int_0^{\frac{\pi}{6}} \frac{1}{\cos^2 x}dx$$
$$=\left[\tan x\right]_0^{\frac{\pi}{6}}=\frac{1}{\sqrt{3}}-0=\mathbf{\frac{1}{\sqrt{3}}}$$

⬅ $\displaystyle\int_b^a f(x)dx=-\int_a^b f(x)dx$

⬅ $\displaystyle\int_a^c f(x)dx+\int_c^b f(x)dx=\int_a^b f(x)dx$

2 $F(x)=\int_0^x(2xe^{2t}-te^{2t})\,dt=2x\int_0^x e^{2t}dt-\int_0^x te^{2t}dt$

であるから

$$F'(x)=(2x)'\int_0^x e^{2t}dt+2x\left(\frac{d}{dx}\int_0^x e^{2t}dt\right)-\frac{d}{dx}\int_0^x te^{2t}dt$$

$$=2\int_0^x e^{2t}dt+2x\cdot e^{2x}-xe^{2x}$$

$$=2\left[\frac{1}{2}e^{2t}\right]_0^x+xe^{2x}=\boldsymbol{(x+1)e^{2x}-1}$$

⬅$2x\int_0^x e^{2t}dt$ は，
$f(x)=2x$，$g(x)=\int_0^x e^{2t}dt$
として，積の微分
$\{f(x)g(x)\}'$
$=f'(x)g(x)+f(x)g'(x)$
を用いる。

3 (1) $3x-1=t$ とおくと　$x=\frac{1}{3}t+\frac{1}{3}$ より $\frac{dx}{dt}=\frac{1}{3}$

であり，x と t の対応は右の表のようになる。

x	$0\to1$
t	$-1\to2$

よって　$\int_0^1(3x-1)^3dx=\int_{-1}^2 t^3\cdot\frac{1}{3}dt$

$$=\frac{1}{3}\left[\frac{1}{4}t^4\right]_{-1}^2=\frac{1}{12}(16-1)=\boldsymbol{\frac{5}{4}}$$

⬅$dx=\frac{1}{3}dt$

(2) $x+2=t$ とおくと　$x=t-2$ より $\frac{dx}{dt}=1$

であり，x と t の対応は右の表のようになる。

x	$-2\to0$
t	$0\to2$

よって　$\int_{-2}^0 x(x+2)^4dx=\int_0^2(t-2)t^4\cdot1\,dt=\int_0^2(t^5-2t^4)\,dt$

$$=\left[\frac{1}{6}t^6-\frac{2}{5}t^5\right]_0^2=\frac{32}{3}-\frac{64}{5}=\boldsymbol{-\frac{32}{15}}$$

⬅$dx=1\,dt$

(3) $\sqrt{2-x}=t$ とおくと　$2-x=t^2$

すなわち $x=2-t^2$　より　$\frac{dx}{dt}=-2t$

であり，x と t の対応は右の表のようになる。

x	$-2\to1$
t	$2\to1$

よって　$\int_{-2}^1 x\sqrt{2-x}\,dx=\int_2^1(2-t^2)t\cdot(-2t)\,dt$

$$=2\int_2^1(-2t^2+t^4)\,dt=2\int_1^2(2t^2-t^4)\,dt$$

$$=2\left[\frac{2}{3}t^3-\frac{1}{5}t^5\right]_1^2$$

$$=2\left\{\left(\frac{16}{3}-\frac{32}{5}\right)-\left(\frac{2}{3}-\frac{1}{5}\right)\right\}=\boldsymbol{-\frac{46}{15}}$$

⬅$dx=(-2t)\,dt$

⬅$\int_b^a f(x)\,dx=-\int_a^b f(x)\,dx$

(4) $x=3\sin\theta$ とおくと　$\frac{dx}{d\theta}=3\cos\theta$

であり，x と θ の対応は右の表のようになる。

x	$-3\to3$
θ	$-\frac{\pi}{2}\to\frac{\pi}{2}$

また，$-\frac{\pi}{2}\leqq\theta\leqq\frac{\pi}{2}$ のとき，$\cos\theta\geqq0$ であるから

$$\sqrt{9-x^2}=\sqrt{9(1-\sin^2\theta)}=\sqrt{9\cos^2\theta}=3\cos\theta$$

よって　$\int_{-3}^3\sqrt{9-x^2}\,dx=\int_{-\frac{\pi}{2}}^{\frac{\pi}{2}}3\cos\theta\cdot3\cos\theta\,d\theta$

$$=9\int_{-\frac{\pi}{2}}^{\frac{\pi}{2}}\cos^2\theta\,d\theta=9\int_{-\frac{\pi}{2}}^{\frac{\pi}{2}}\frac{1+\cos2\theta}{2}\,d\theta$$

$$=\frac{9}{2}\left[\theta+\frac{\sin2\theta}{2}\right]_{-\frac{\pi}{2}}^{\frac{\pi}{2}}$$

$$=\frac{9}{2}\left\{\frac{\pi}{2}-\left(-\frac{\pi}{2}\right)\right\}=\boldsymbol{\frac{9}{2}\pi}$$

⬅$\sqrt{a^2-x^2}$ のとき，
$x=a\sin\theta$ とおく。

⬅$dx=3\cos\theta\,d\theta$

⬅$\cos^2\theta=\frac{1+\cos2\theta}{2}$

⬅$\sin\pi=0$，$\sin(-\pi)=0$

(5) $x=2\tan\theta$ とおくと　$\frac{dx}{d\theta}=\frac{2}{\cos^2\theta}$

であり，x と θ の対応は右の表のようになる。

x	$0\to2\sqrt{3}$
θ	$0\to\frac{\pi}{3}$

⬅$\frac{1}{x^2+a^2}$ のとき，
$x=a\tan\theta$ とおく。

また

$$\frac{1}{x^2+4}=\frac{1}{4\tan^2\theta+4}=\frac{1}{4(\tan^2\theta+1)}=\frac{1}{4}\cos^2\theta$$

⬅ $\tan^2\theta+1=\frac{1}{\cos^2\theta}$

よって $\displaystyle\int_0^{2\sqrt{3}}\frac{1}{x^2+4}dx=\int_0^{\frac{\pi}{3}}\frac{1}{4}\cos^2\theta\cdot\frac{2}{\cos^2\theta}d\theta$

⬅ $dx=\frac{2}{\cos^2\theta}d\theta$

$$=\frac{1}{2}\int_0^{\frac{\pi}{3}}d\theta=\frac{1}{2}\Big[\theta\Big]_0^{\frac{\pi}{3}}=\boldsymbol{\frac{\pi}{6}}$$

4 (1) $\displaystyle\int_0^{\frac{\pi}{4}}2x\cos x\,dx=\int_0^{\frac{\pi}{4}}2x(\sin x)'dx$

⬅ $f(x)=2x$，$g'(x)=\cos x$
$f'(x)=2$，$g(x)=\sin x$

$$=\Big[2x\sin x\Big]_0^{\frac{\pi}{4}}-\int_0^{\frac{\pi}{4}}(2x)'\sin x\,dx$$

$$=\frac{\pi}{2\sqrt{2}}-\int_0^{\frac{\pi}{4}}2\sin x\,dx$$

$$=\frac{\pi}{2\sqrt{2}}-2\Big[-\cos x\Big]_0^{\frac{\pi}{4}}$$

$$=\frac{\pi}{2\sqrt{2}}+2\left(\frac{1}{\sqrt{2}}-1\right)=\boldsymbol{\frac{\sqrt{2}}{4}\pi+\sqrt{2}-2}$$

(2) $\displaystyle\int_e^{e^3}x\log x\,dx=\int_e^{e^3}\left(\frac{1}{2}x^2\right)'\log x\,dx$

⬅ $f(x)=\log x$，$g'(x)=x$
$f'(x)=\frac{1}{x}$，$g(x)=\frac{1}{2}x^2$

$$=\left[\frac{1}{2}x^2\log x\right]_e^{e^3}-\int_e^{e^3}\frac{1}{2}x^2(\log x)'dx$$

$$=\frac{e^6}{2}\log e^3-\frac{e^2}{2}\log e-\int_e^{e^3}\frac{1}{2}x^2\cdot\frac{1}{x}dx$$

$$=\frac{3}{2}e^6-\frac{e^2}{2}-\frac{1}{2}\int_e^{e^3}x\,dx$$

$$=\frac{3}{2}e^6-\frac{e^2}{2}-\frac{1}{2}\left[\frac{1}{2}x^2\right]_e^{e^3}$$

$$=\frac{3}{2}e^6-\frac{e^2}{2}-\frac{1}{4}(e^6-e^2)=\boldsymbol{\frac{5}{4}e^6-\frac{1}{4}e^2}$$

5 (1) $\displaystyle\frac{1}{n}\left(e^{\frac{1}{n}}+e^{\frac{2}{n}}+e^{\frac{3}{n}}+\cdots\cdots+e^{\frac{n}{n}}\right)=\sum_{n=1}^{n}\frac{1}{n}e^{\frac{k}{n}}$

⬅ $f\left(\frac{k}{n}\right)=e^{\frac{k}{n}}$ と考え，
$f(x)=e^x$

よって，$f(x)=e^x$ とすると，求める極限値は

$$\lim_{n\to\infty}\sum_{k=1}^{n}\frac{1}{n}f\left(\frac{k}{n}\right)=\int_0^1e^x\,dx=\Big[e^x\Big]_0^1=\boldsymbol{e-1}$$

(2) $\displaystyle\frac{1}{3n+1}+\frac{1}{3n+2}+\frac{1}{3n+3}+\cdots\cdots+\frac{1}{4n}$

$$=\frac{1}{n\left(3+\frac{1}{n}\right)}+\frac{1}{n\left(3+\frac{2}{n}\right)}+\frac{1}{n\left(3+\frac{3}{n}\right)}+\cdots\cdots+\frac{1}{n\left(3+\frac{n}{n}\right)}$$

$$=\frac{1}{n}\left(\frac{1}{3+\frac{1}{n}}+\frac{1}{3+\frac{2}{n}}+\frac{1}{3+\frac{3}{n}}+\cdots\cdots+\frac{1}{3+\frac{n}{n}}\right)$$

$$=\sum_{k=1}^{n}\frac{1}{n}\cdot\frac{1}{3+\frac{k}{n}}$$

⬅ $f\left(\frac{k}{n}\right)=\frac{1}{3+\frac{k}{n}}$ と考え，
$f(x)=\frac{1}{3+x}$

よって，$f(x)=\frac{1}{3+x}$ とすると，求める極限値は

$$\lim_{n\to\infty}\sum_{k=1}^{n}\frac{1}{n}f\left(\frac{k}{n}\right)=\int_0^1f(x)\,dx=\int_0^1\frac{1}{3+x}dx$$

$$=\Big[\log(3+x)\Big]_0^1=\log4-\log3=\boldsymbol{\log\frac{4}{3}}$$

⬅ $\log M-\log N=\log\frac{M}{N}$

4章 積分法

43 面積(1) (p.104)

183　$1 \leqq x \leqq 2$ のとき　$e^x > 0$

よって，求める面積 S は

$$S = \int_1^2 e^x dx$$

$$= \Big[e^x\Big]_1^2 = \boldsymbol{e^2 - e}$$

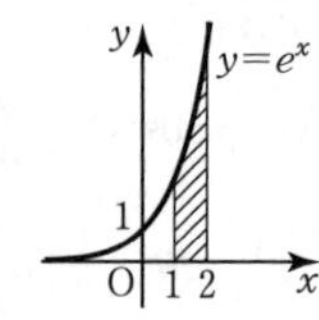

184　$\dfrac{\pi}{4} \leqq x \leqq \dfrac{3}{4}\pi$ のとき　$\cos 2x \leqq 0$

よって，求める面積 S は

$$S = -\int_{\frac{\pi}{4}}^{\frac{3}{4}\pi} \cos 2x\, dx$$

$$= -\left[\frac{1}{2}\sin 2x\right]_{\frac{\pi}{4}}^{\frac{3}{4}\pi}$$

$$= -\frac{1}{2}\{(-1)-1\} = \mathbf{1}$$

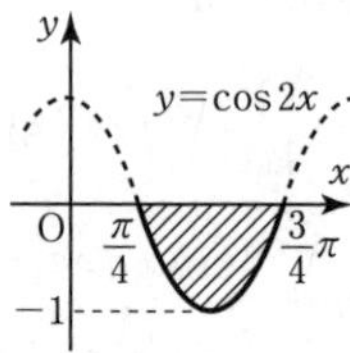

185　$-1 \leqq x \leqq 0$ のとき　$e^x - 1 \leqq 0$

$0 \leqq x \leqq 1$ のとき　$e^x - 1 \geqq 0$

よって，求める面積 S は

$$S = -\int_{-1}^{0} (e^x - 1)\, dx + \int_0^1 (e^x - 1)\, dx$$

$$= -\Big[e^x - x\Big]_{-1}^{0} + \Big[e^x - x\Big]_0^1$$

$$= -\left\{(1-0) - \left(\frac{1}{e} + 1\right)\right\} + \{(e-1) - (1-0)\}$$

$$= \boldsymbol{e + \frac{1}{e} - 2}$$

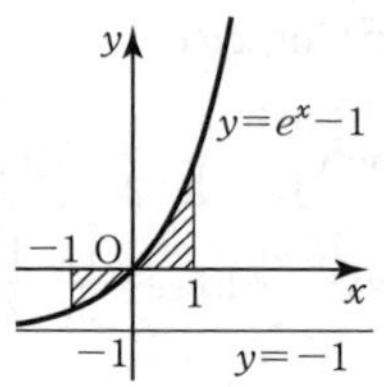

⬅曲線 $y = e^x - 1$ が x 軸より下にある部分 $(-1 \leqq x \leqq 0)$ と x 軸より上にある部分 $(0 \leqq x \leqq 1)$ の面積の和と考える。

186 (1)　曲線と直線の共有点の x 座標は

$$\frac{1}{x} = -x + \frac{5}{2}$$

の解である。

$2 = -2x^2 + 5x$

$2x^2 - 5x + 2 = 0$

$(2x-1)(x-2) = 0$

よって　$x = \dfrac{1}{2},\ 2$

$\dfrac{1}{2} \leqq x \leqq 2$ において，$-x + \dfrac{5}{2} \geqq \dfrac{1}{x}$ であるから，

求める面積 S は

$$S = \int_{\frac{1}{2}}^{2} \left\{\left(-x + \frac{5}{2}\right) - \frac{1}{x}\right\} dx$$

$$= \left[-\frac{1}{2}x^2 + \frac{5}{2}x - \log x\right]_{\frac{1}{2}}^{2}$$

$$= (-2 + 5 - \log 2) - \left(-\frac{1}{8} + \frac{5}{4} - \log\frac{1}{2}\right)$$

$$= \boldsymbol{\frac{15}{8} - 2\log 2}$$

⬅$\log\dfrac{1}{2} = \log 2^{-1}$

$= -\log 2$

曲線と x 軸で囲まれた図形の面積

区間 $a \leqq x \leqq b$ で

・$f(x) \geqq 0$ のとき

$$S = \int_a^b f(x)\, dx$$

・$f(x) \leqq 0$ のとき

$$S = \int_a^b \{-f(x)\}\, dx$$

$$= -\int_a^b f(x)\, dx$$

2曲線に囲まれた図形の面積

区間 $a \leqq x \leqq b$ で

$f(x) \geqq g(x)$ のとき

$$S = \int_a^b \{f(x) - g(x)\}\, dx$$

(2) 2つの曲線の共有点の x 座標は

$2\sin x=2\cos x$ ……①

の解である。

$-\frac{3}{4}\pi \leqq x \leqq \frac{\pi}{4}$ において

$\cos x=0$ のとき　$x=-\frac{\pi}{2}$

これは①を満たさないから　$\cos x \neq 0$

よって　$\frac{\sin x}{\cos x}=1$　すなわち　$\tan x=1$

$-\frac{3}{4}\pi \leqq x \leqq \frac{\pi}{4}$ より　$x=-\frac{3}{4}\pi,\ \frac{\pi}{4}$

$-\frac{3}{4}\pi \leqq x \leqq \frac{\pi}{4}$ において，$2\cos x \geqq 2\sin x$ であるから，

求める面積 S は

$$S=\int_{-\frac{3}{4}\pi}^{\frac{\pi}{4}}(2\cos x-2\sin x)\,dx$$

$$=2\Big[\sin x+\cos x\Big]_{-\frac{3}{4}\pi}^{\frac{\pi}{4}}$$

$$=2\left\{\left(\frac{1}{\sqrt{2}}+\frac{1}{\sqrt{2}}\right)-\left(-\frac{1}{\sqrt{2}}-\frac{1}{\sqrt{2}}\right)\right\}=\mathbf{4\sqrt{2}}$$

⬅ $-\frac{3}{4}\pi \leqq x \leqq \frac{\pi}{4}$ の範囲で $\cos x=0$ となるのは $x=-\frac{\pi}{2}$ のときであるから，このときに①を満たさないことを確認すれば，両辺を $\cos x$ で割ることができる。

JUMP 43

考え方　まず，接線の方程式を求める。

$y=\sqrt{x}$ より　$y'=\frac{1}{2\sqrt{x}}$

よって，$x=1$ のとき　$y'=\frac{1}{2}$

ゆえに，曲線上の点 $(1,\ 1)$ における接線の方程式は

$$y-1=\frac{1}{2}(x-1)$$

すなわち　$y=\frac{1}{2}x+\frac{1}{2}$

⬅ 曲線 $y=f(x)$ 上の点 $(a,\ f(a))$ における接線の方程式は
$y-f(a)=f'(a)(x-a)$

$0 \leqq x \leqq 1$ において，$\frac{1}{2}x+\frac{1}{2} \geqq \sqrt{x}$ であるから，

求める面積 S は

$$S=\int_0^1\left\{\left(\frac{1}{2}x+\frac{1}{2}\right)-\sqrt{x}\right\}dx$$

$$=\left[\frac{1}{4}x^2+\frac{1}{2}x-\frac{2}{3}x\sqrt{x}\right]_0^1$$

$$=\frac{1}{4}+\frac{1}{2}-\frac{2}{3}=\mathbf{\frac{1}{12}}$$

44 面積(2) (p.106)

187　$1 \leqq y \leqq 2$ のとき　$y^2+1 \geqq 0$

よって，求める面積 S は

$$S=\int_1^2(y^2+1)\,dy$$

$$=\left[\frac{1}{3}y^3+y\right]_1^2$$

$$=\left(\frac{8}{3}+2\right)-\left(\frac{1}{3}+1\right)=\mathbf{\frac{10}{3}}$$

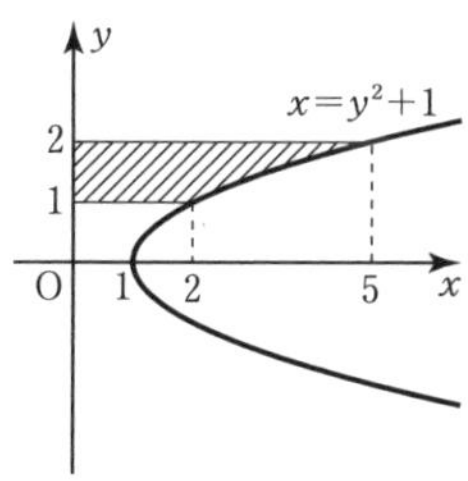

曲線 $x=g(y)$ と面積

区間 $a \leqq y \leqq b$ で

$g(y) \geqq 0$ のとき

$S=\int_a^b g(y)\,dy$

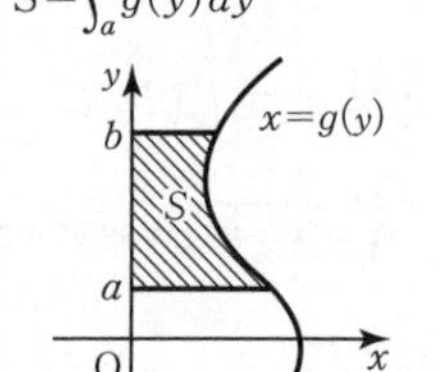

188 (1) $-1 \leqq y \leqq 2$ のとき

$-y^2+9 \geqq 0$

よって，求める面積 S は

$$S=\int_{-1}^{2}(-y^2+9)\,dy$$

$$=\left[-\frac{1}{3}y^3+9y\right]_{-1}^{2}$$

$$=\left(-\frac{8}{3}+18\right)-\left(\frac{1}{3}-9\right)=\mathbf{24}$$

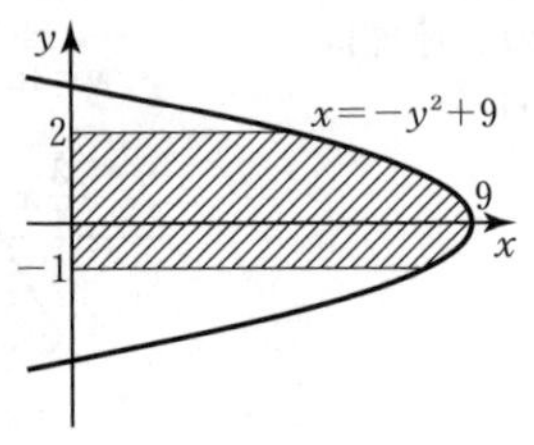

(2) 曲線 $x=-y^2+4$ と y 軸の共有点の y 座標は

$-y^2+4=0$ より $y=\pm 2$

$-2 \leqq y \leqq 2$ のとき $-y^2+4 \geqq 0$

よって，求める面積 S は

$$S=\int_{-2}^{2}(-y^2+4)\,dy$$

$$=\left[-\frac{1}{3}y^3+4y\right]_{-2}^{2}$$

$$=\left(-\frac{8}{3}+8\right)-\left(\frac{8}{3}-8\right)=\mathbf{\frac{32}{3}}$$

⬅まず，共有点の y 座標を考える。

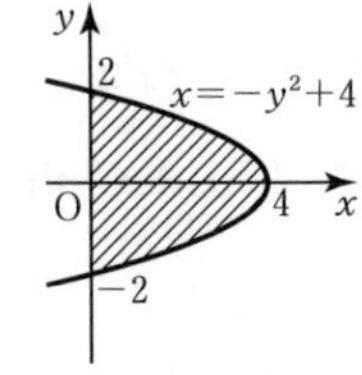

(3) $y=\log x$ より $x=e^y$

$-1 \leqq y \leqq 1$ のとき $e^y>0$

よって，求める面積 S は

$$S=\int_{-1}^{1}e^y\,dy=\left[e^y\right]_{-1}^{1}=\mathbf{e-\frac{1}{e}}$$

⬅$y=\log x$ を $x=g(y)$ の形で表す。

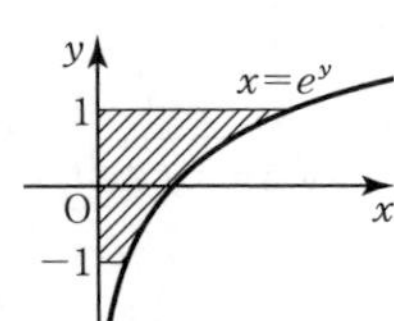

189 $0 \leqq y \leqq 2$ のとき $2y^2+1 \geqq y^2$

よって，求める面積 S は

$$S=\int_0^2\{(2y^2+1)-y^2\}\,dy$$

$$=\int_0^2(y^2+1)\,dy$$

$$=\left[\frac{1}{3}y^3+y\right]_0^2=\left(\frac{8}{3}+2\right)-0=\mathbf{\frac{14}{3}}$$

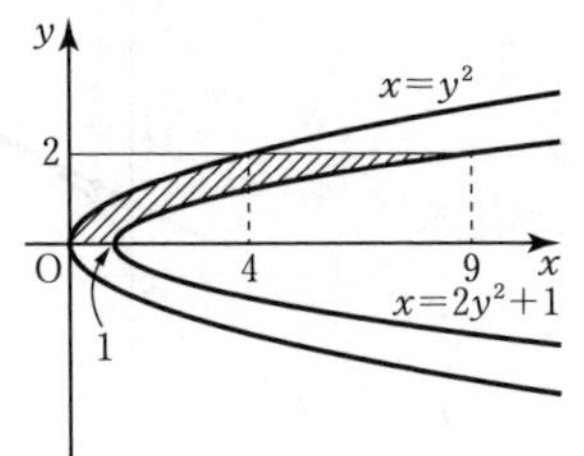

2曲線
$x=f(y)$，$x=g(y)$
に囲まれた図形の面積
区間 $a \leqq y \leqq b$ で
$f(y) \geqq g(y)$ のとき
$$S=\int_a^b\{f(y)-g(y)\}\,dy$$

190 この楕円の方程式を y について解くと

$y^2=1-\dfrac{x^2}{9}$ すなわち $y=\pm\dfrac{1}{3}\sqrt{9-x^2}$

よって，x 軸より上側にある曲線の方程式は

$y=\dfrac{1}{3}\sqrt{9-x^2}$

この楕円は x 軸および y 軸に関して対称であるから，求める面積 S は

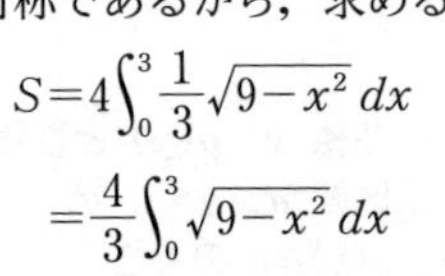

$$S=4\int_0^3\frac{1}{3}\sqrt{9-x^2}\,dx$$

$$=\frac{4}{3}\int_0^3\sqrt{9-x^2}\,dx$$

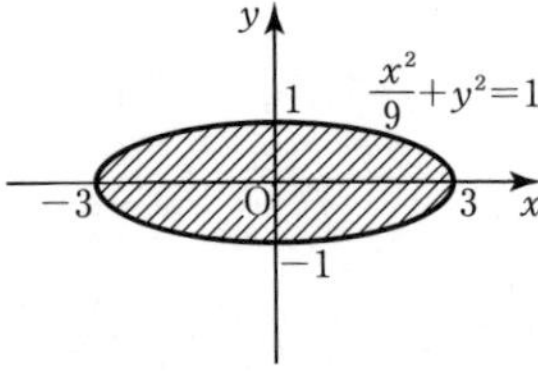

ここで，$\displaystyle\int_0^3\sqrt{9-x^2}\,dx$ は，半径 3 の円の面積

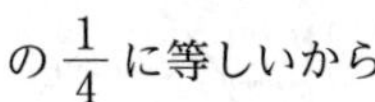

の $\dfrac{1}{4}$ に等しいから

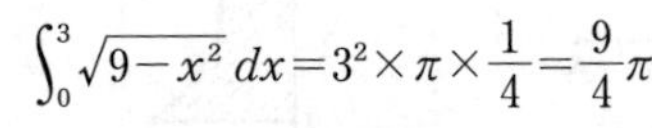

$$\int_0^3\sqrt{9-x^2}\,dx=3^2\times\pi\times\frac{1}{4}=\frac{9}{4}\pi$$

ゆえに $S=\dfrac{4}{3}\displaystyle\int_0^3\sqrt{9-x^2}\,dx=\dfrac{4}{3}\times\dfrac{9}{4}\pi=\mathbf{3\pi}$

JUMP 44

$y=x-2$ より　$x=y+2$

であるから，曲線 $x=y^2$ と

直線 $y=x-2$ の共有点の y 座標は

$y^2=y+2$

$y^2-y-2=0$

$(y-2)(y+1)=0$

よって　$y=2,\ -1$

$-1 \leqq y \leqq 2$ のとき　$y+2 \geqq y^2$

ゆえに，求める面積 S は

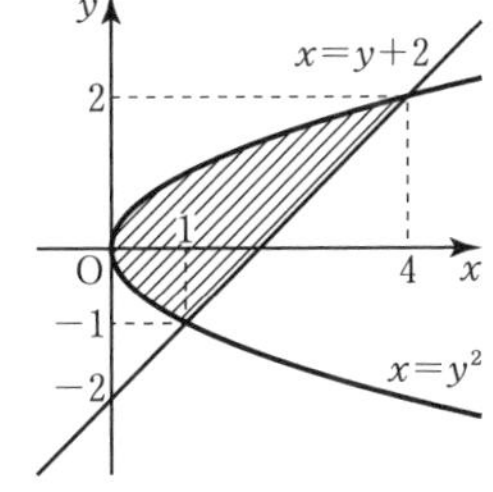

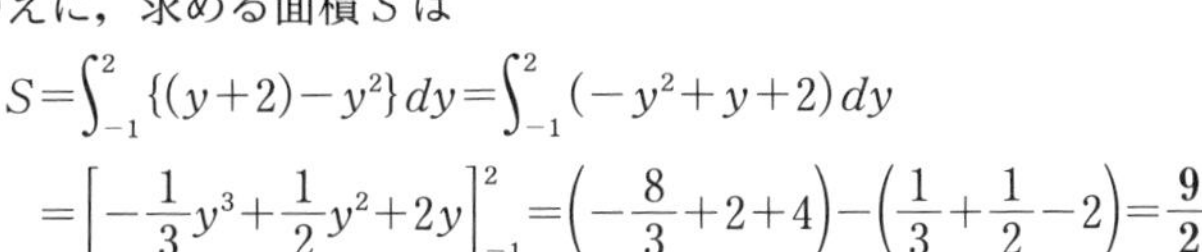

$$S=\int_{-1}^{2}\{(y+2)-y^2\}dy=\int_{-1}^{2}(-y^2+y+2)\,dy$$

$$=\left[-\frac{1}{3}y^3+\frac{1}{2}y^2+2y\right]_{-1}^{2}=\left(-\frac{8}{3}+2+4\right)-\left(\frac{1}{3}+\frac{1}{2}-2\right)=\mathbf{\frac{9}{2}}$$

考え方　曲線 $x=y^2$ と直線 $y=x-2$ の共有点の y 座標を求め，グラフの位置関係を調べる。

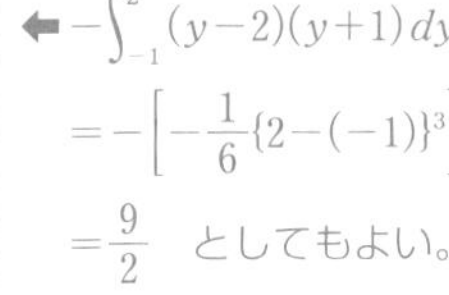

← $-\int_{-1}^{2}(y-2)(y+1)\,dy$

$=-\left[-\frac{1}{6}\{2-(-1)\}^3\right]$

$=\frac{9}{2}$　としてもよい。

45 体積 (p.108)

191　右の図のように，円錐の頂点を通り底面に垂直な直線を x 軸とし，円錐の頂点を原点 O とする。

座標が x である点を通り，x 軸に垂直な平面による円錐の切り口の面積を $S(x)$，円錐の底面積を S とすると

$S(x):S=x^2:10^2$

ここで，$S=\pi\cdot 3^2=9\pi$ であるから　$S(x)=\frac{9\pi}{100}x^2$

よって　$V=\int_0^{10}\frac{9\pi}{100}x^2\,dx=\frac{9\pi}{100}\left[\frac{1}{3}x^3\right]_0^{10}=\mathbf{30\pi}$

立体の断面積と体積
座標が x である点を通り，x 軸に垂直な平面で立体を切ったときの断面積が $S(x)$ のとき，立体の体積 V は

$V=\int_a^b S(x)\,dx$

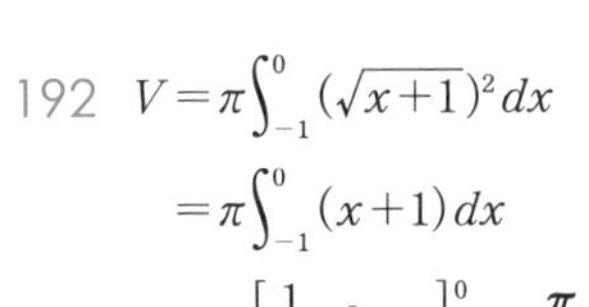

192　$V=\pi\int_{-1}^{0}(\sqrt{x+1})^2\,dx$

$=\pi\int_{-1}^{0}(x+1)\,dx$

$=\pi\left[\frac{1}{2}x^2+x\right]_{-1}^{0}=\mathbf{\frac{\pi}{2}}$

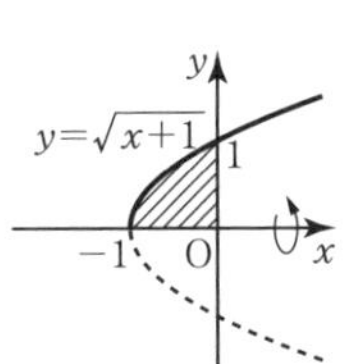

x 軸のまわりの回転体
曲線 $y=f(x)$ と x 軸，2 直線 $x=a,\ x=b$ で囲まれた図形を x 軸のまわりに 1 回転してできる回転体の体積 V は

$V=\pi\int_a^b\{f(x)\}^2\,dx$

193　$V=\pi\int_0^2(e^x)^2\,dx$

$=\pi\int_0^2 e^{2x}\,dx$

$=\pi\left[\frac{1}{2}e^{2x}\right]_0^2$

$=\mathbf{\frac{\pi}{2}(e^4-1)}$

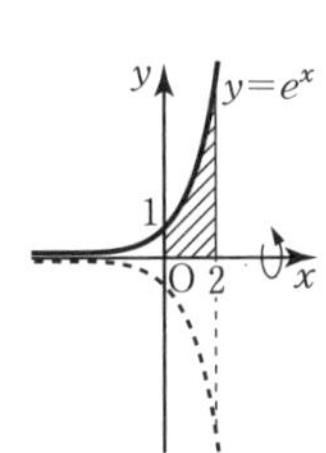

194　曲線 $y=\sqrt{9-x^2}$ と x 軸の共有点の x 座標は

$\sqrt{9-x^2}=0$　より　$x=\pm 3$

よって，求める体積 V は

$V=\pi\int_{-3}^{3}(\sqrt{9-x^2})^2\,dx$

$=\pi\int_{-3}^{3}(9-x^2)\,dx=2\pi\int_0^3(9-x^2)\,dx$

$=2\pi\left[9x-\frac{1}{3}x^3\right]_0^3=2\pi(27-9)=\mathbf{36\pi}$

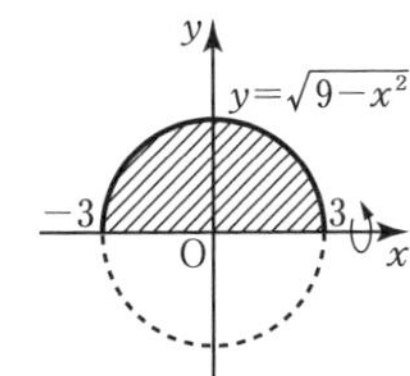

← 半径 3 の球の体積と考えて

$\frac{4}{3}\cdot\pi\cdot 3^3=36\pi$

としてもよい。

← $9-(-x)^2=9-x^2$

より，$9-x^2$ は偶関数。

195 曲線と直線の共有点の x 座標は

$\sqrt{x}=x$ より $x=x^2$

すなわち $x(x-1)=0$

よって $x=0,\ 1$

$0\leqq x\leqq 1$ のとき $\sqrt{x}\geqq x$

ゆえに，求める体積 V は

$$V=\pi\int_0^1(\sqrt{x})^2dx-\pi\int_0^1 x^2dx=\pi\int_0^1(x-x^2)dx$$

$$=\pi\left[\frac{1}{2}x^2-\frac{1}{3}x^3\right]_0^1=\pi\left(\frac{1}{2}-\frac{1}{3}\right)=\boldsymbol{\frac{\pi}{6}}$$

196 $y=\sqrt{x}$ より $x=y^2$

よって，求める体積 V は

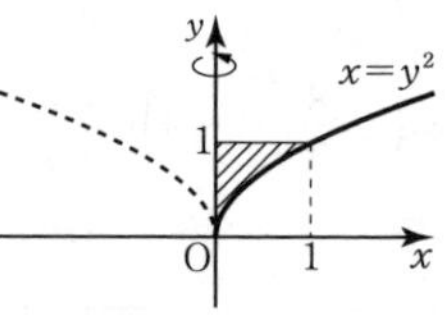

$$V=\pi\int_0^1(y^2)^2dy=\pi\int_0^1 y^4dy$$

$$=\pi\left[\frac{1}{5}y^5\right]_0^1=\boldsymbol{\frac{\pi}{5}}$$

y 軸のまわりの回転体
曲線 $x=g(y)$ と y 軸，2 直線 $y=a$，$y=b$ で囲まれた図形を y 軸のまわりに 1 回転してできる回転体の体積 V は
$$V=\pi\int_a^b\{g(y)\}^2dy$$

JUMP 45

曲線 $y=-\cos x$ の x 軸より下側の部分を，x 軸に関して対称に折り返すと，図②のようになる。

よって，求める回転体は，図②の斜線部分を x 軸のまわりに 1 回転してできる。

折り返してできる曲線 $y=\cos x$ と $y=\sin x$ の共有点の x 座標は

$\sin x=\cos x$

の解であり，

$\cos x=0$ のとき $\sin x\neq 0$

であるから $\cos x\neq 0$

ゆえに $\dfrac{\sin x}{\cos x}=1$ すなわち $\tan x=1$

$0\leqq x\leqq\dfrac{\pi}{2}$ より $x=\dfrac{\pi}{4}$

したがって，求める体積 V は

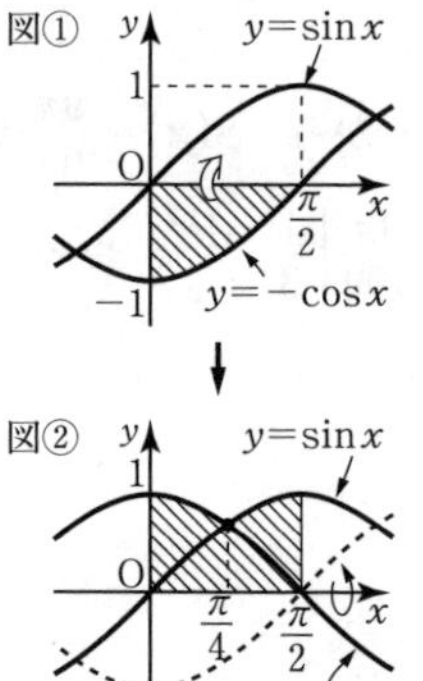

考え方 回転させる図形が回転軸（x 軸）をまたぐので，下側の部分を x 軸で折り返し，上側に寄せてから考える。

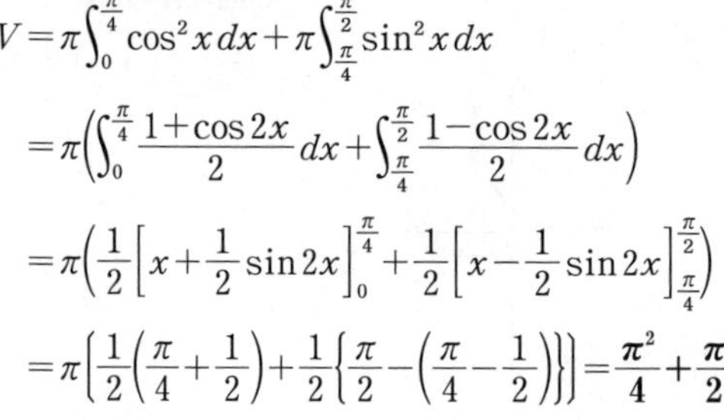

$$V=\pi\int_0^{\frac{\pi}{4}}\cos^2x\,dx+\pi\int_{\frac{\pi}{4}}^{\frac{\pi}{2}}\sin^2x\,dx$$

$$=\pi\left(\int_0^{\frac{\pi}{4}}\frac{1+\cos 2x}{2}dx+\int_{\frac{\pi}{4}}^{\frac{\pi}{2}}\frac{1-\cos 2x}{2}dx\right)$$

$$=\pi\left(\frac{1}{2}\left[x+\frac{1}{2}\sin 2x\right]_0^{\frac{\pi}{4}}+\frac{1}{2}\left[x-\frac{1}{2}\sin 2x\right]_{\frac{\pi}{4}}^{\frac{\pi}{2}}\right)$$

$$=\pi\left[\frac{1}{2}\left(\frac{\pi}{4}+\frac{1}{2}\right)+\frac{1}{2}\left\{\frac{\pi}{2}-\left(\frac{\pi}{4}-\frac{1}{2}\right)\right\}\right]=\boldsymbol{\frac{\pi^2}{4}+\frac{\pi}{2}}$$

⬅ $0\leqq x\leqq\dfrac{\pi}{4}$ と $\dfrac{\pi}{4}\leqq x\leqq\dfrac{\pi}{2}$ で回転させる曲線が変わる。

46 曲線の長さと道のり (p.110)

197 (1) $\dfrac{dx}{dt}=-\sin t$，$\dfrac{dy}{dt}=-\cos t$ であるから，

求める曲線の長さ L は

$$L=\int_0^{\pi}\sqrt{(-\sin t)^2+(-\cos t)^2}\,dt$$

$$=\int_0^{\pi}\sqrt{\sin^2t+\cos^2t}\,dt=\int_0^{\pi}dt=\Big[t\Big]_0^{\pi}=\boldsymbol{\pi}$$

曲線の長さ (1)
曲線 $x=f(t)$，$y=g(t)$ $(a\leqq t\leqq b)$ の長さ L は
$$L=\int_a^b\sqrt{\left(\frac{dx}{dt}\right)^2+\left(\frac{dy}{dt}\right)^2}\,dt$$

(2) $\dfrac{dy}{dx}=(x^{\frac{3}{2}})'=\dfrac{3}{2}x^{\frac{1}{2}}=\dfrac{3}{2}\sqrt{x}$ であるから，

求める曲線の長さ L は

$$L=\int_0^{\frac{4}{3}}\sqrt{1+\left(\frac{dy}{dx}\right)^2}\,dx=\int_0^{\frac{4}{3}}\sqrt{1+\frac{9}{4}x}\,dx$$

$$=\left[\frac{4}{9}\cdot\frac{2}{3}\left(1+\frac{9}{4}x\right)^{\frac{3}{2}}\right]_0^{\frac{4}{3}}=\frac{8}{27}(4^{\frac{3}{2}}-1^{\frac{3}{2}})=\mathbf{\frac{56}{27}}$$

曲線の長さ(2)
曲線 $y=f(x)$
$(a\leqq x\leqq b)$ の長さ L は
$$L=\int_a^b\sqrt{1+\left(\frac{dy}{dx}\right)^2}\,dx$$

198 $0\leqq t\leqq 3$ のとき $|v(t)|=9-3t$

$3\leqq t\leqq 4$ のとき $|v(t)|=-(9-3t)=3t-9$

よって，求める道のり l は

$$l=\int_0^4|v(t)|\,dt=\int_0^3(9-3t)\,dt+\int_3^4(3t-9)\,dt$$

$$=\left[9t-\frac{3}{2}t^2\right]_0^3+\left[\frac{3}{2}t^2-9t\right]_3^4$$

$$=\left(27-\frac{27}{2}\right)+\left\{(24-36)-\left(\frac{27}{2}-27\right)\right\}=\mathbf{15}$$

直線上の点の運動と道のり
速度 $v(t)$ で運動する点が，時刻 t_1 から t_2 までに動く道のり l は
$$l=\int_{t_1}^{t_2}|v(t)|\,dt$$

199 (1) $\dfrac{dx}{dt}=2t$，$\dfrac{dy}{dt}=2t^2$ であるから，

求める曲線の長さ L は

$$L=\int_0^{\sqrt{3}}\sqrt{(2t)^2+(2t^2)^2}\,dt$$

$$=\int_0^{\sqrt{3}}\sqrt{4t^2(t^2+1)}\,dt=\int_0^{\sqrt{3}}2t\sqrt{t^2+1}\,dt$$

⬅$0\leqq t\leqq\sqrt{3}$ より $2t\geqq 0$

ここで，$u=t^2+1$ とおくと $\dfrac{du}{dt}=2t$

⬅置換積分法

t と u の対応は右の表のようになるから

t	$0\ \to\sqrt{3}$
u	$1\ \to\ 4$

$$L=\int_0^{\sqrt{3}}\sqrt{t^2+1}\cdot 2t\,dt=\int_1^4\sqrt{u}\,du$$

⬅$2t\,dt=du$

$$=\left[\frac{2}{3}u^{\frac{3}{2}}\right]_1^4=\frac{2}{3}(8-1)=\mathbf{\frac{14}{3}}$$

(2) $\dfrac{dy}{dx}=\{(16-x^2)^{\frac{1}{2}}\}'=\dfrac{1}{2}(16-x^2)^{-\frac{1}{2}}\cdot(-2x)$

$$=\frac{1}{2\sqrt{16-x^2}}\cdot(-2x)=-\frac{x}{\sqrt{16-x^2}}$$

であるから，求める曲線の長さ L は

$$L=\int_0^2\sqrt{1+\left(-\frac{x}{\sqrt{16-x^2}}\right)^2}\,dx$$

$$=\int_0^2\sqrt{\frac{16}{16-x^2}}\,dx=4\int_0^2\frac{1}{\sqrt{16-x^2}}\,dx$$

ここで，$x=4\sin\theta$ とおくと $\dfrac{dx}{d\theta}=4\cos\theta$

x と θ の対応は右の表のようになるから

x	$0\ \to\ 2$
θ	$0\ \to\ \frac{\pi}{6}$

$$L=4\int_0^{\frac{\pi}{6}}\frac{1}{\sqrt{16-16\sin^2\theta}}\cdot 4\cos\theta\,d\theta$$

⬅$dx=4\cos\theta\,d\theta$

$$=4\int_0^{\frac{\pi}{6}}\frac{4\cos\theta}{\sqrt{16\cos^2\theta}}\,d\theta$$

$$=4\int_0^{\frac{\pi}{6}}\frac{4\cos\theta}{4\cos\theta}\,d\theta$$

⬅$0\leqq\theta\leqq\dfrac{\pi}{6}$ のとき $\cos\theta\geqq 0$

$$=4\int_0^{\frac{\pi}{6}}d\theta=4\Big[\theta\Big]_0^{\frac{\pi}{6}}=\mathbf{\frac{2}{3}\pi}$$

200 $\dfrac{dx}{dt}=\pi\sin\pi t$, $\dfrac{dy}{dt}=\pi\cos\pi t$ であるから，

求める道のり l は

$$l=\int_0^2\sqrt{(\pi\sin\pi t)^2+(\pi\cos\pi t)^2}\,dt=\int_0^2\sqrt{\pi^2(\sin^2\pi t+\cos^2\pi t)}\,dt$$

$$=\pi\int_0^2 dt=\pi\Big[t\Big]_0^2=\boldsymbol{2\pi}$$

平面上の点の運動と道のり
点の座標が $x=f(t)$, $y=g(t)$ のとき，時刻 t_1 から t_2 までに動く道のり l は

$$l=\int_{t_1}^{t_2}\sqrt{\left(\frac{dx}{dt}\right)^2+\left(\frac{dy}{dt}\right)^2}\,dt$$

JUMP 46

考え方　与えられた形のままでは積分できない。そこで，置換積分できる形に変形できないか考える。

(1) $\displaystyle\int\frac{1}{\cos x}dx=\int\frac{\cos x}{\cos^2 x}dx=\int\frac{\cos x}{1-\sin^2 x}dx$

$\sin x=t$ とおくと　$\dfrac{dt}{dx}=\cos x$

よって

$$\int\frac{\cos x}{1-\sin^2 x}dx=\int\frac{1}{1-\sin^2 x}\cdot\cos x\,dx=\int\frac{1}{1-t^2}dt$$

⬅$\cos x\,dx=dt$

ここで

$$\frac{1}{1-t^2}=\frac{1}{(1+t)(1-t)}=\frac{1}{2}\left(\frac{1}{1+t}+\frac{1}{1-t}\right)$$

⬅分母 $1-t^2$ を因数分解して，部分分数に分解する。

であるから

$$\int\frac{1}{1-t^2}dt=\frac{1}{2}\int\left(\frac{1}{1+t}+\frac{1}{1-t}\right)dt$$

$$=\frac{1}{2}(\log|1+t|-\log|1-t|)+C$$

$$=\frac{1}{2}\log\left|\frac{1+t}{1-t}\right|+C=\frac{1}{2}\log\left|\frac{1+\sin x}{1-\sin x}\right|+C$$

また，$\cos x\neq 0$ より　$\sin x\neq\pm 1$　であるから

$-1<\sin x<1$

⬅$\dfrac{1}{\cos x}$ の分母 $\cos x\neq 0$

ゆえに，$1-\sin x>0$，$1+\sin x>0$ であるから

⬅$|\ \ |$の中身について $\dfrac{1+\sin x}{1-\sin x}>0$

$$\int\frac{1}{\cos x}dx=\boldsymbol{\frac{1}{2}\log\frac{1+\sin x}{1-\sin x}+C}$$

(2) $\dfrac{dy}{dx}=\dfrac{1}{\cos x}\cdot(\cos x)'=\dfrac{-\sin x}{\cos x}=-\tan x$　であるから，

求める曲線の長さ L は

$$L=\int_0^{\frac{\pi}{6}}\sqrt{1+(-\tan x)^2}\,dx=\int_0^{\frac{\pi}{6}}\sqrt{1+\tan^2 x}\,dx$$

⬅$1+\tan^2 x=\dfrac{1}{\cos^2 x}$

$$=\int_0^{\frac{\pi}{6}}\sqrt{\frac{1}{\cos^2 x}}\,dx=\int_0^{\frac{\pi}{6}}\frac{1}{\cos x}dx$$

ここで，(1)の結果を用いると

$$\int_0^{\frac{\pi}{6}}\frac{1}{\cos x}dx=\left[\frac{1}{2}\log\frac{1+\sin x}{1-\sin x}\right]_0^{\frac{\pi}{6}}=\frac{1}{2}\left(\log\frac{1+\frac{1}{2}}{1-\frac{1}{2}}-\log\frac{1+0}{1-0}\right)$$

⬅$\sin\dfrac{\pi}{6}=\dfrac{1}{2}$，$\sin 0=0$

$$=\frac{1}{2}(\log 3-\log 1)=\boldsymbol{\frac{1}{2}\log 3}$$

まとめの問題　積分法③ (p.112)

1 (1) $1\leqq x\leqq 2$ のとき　$\dfrac{1}{x}>0$

よって，求める面積 S は

$$S=\int_1^2\frac{1}{x}dx=\Big[\log x\Big]_1^2$$

$$=\log 2-\log 1=\boldsymbol{\log 2}$$

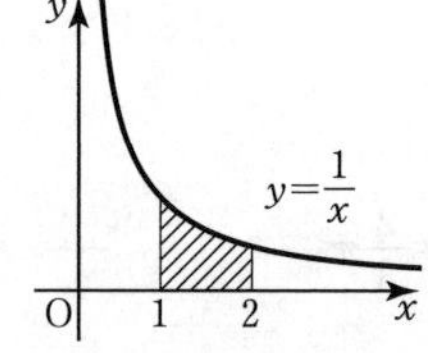

(2) $\dfrac{1}{2} \leqq x \leqq 1$ のとき　$\log x \leqq 0$

よって，求める面積 S は

$$S=-\int_{\frac{1}{2}}^{1}\log x\,dx=-\int_{\frac{1}{2}}^{1}1\cdot\log x\,dx$$

$$=-\int_{\frac{1}{2}}^{1}(x)'\log x\,dx$$

⬅$\log x=1\cdot\log x=(x)'\log x$ と考える。

$$=-\left(\Big[x\log x\Big]_{\frac{1}{2}}^{1}-\int_{\frac{1}{2}}^{1}x(\log x)'\,dx\right)$$

$$=-\left(0-\frac{1}{2}\log\frac{1}{2}\right)+\int_{\frac{1}{2}}^{1}x\cdot\frac{1}{x}\,dx$$

$$=\frac{1}{2}(-\log 2)+\int_{\frac{1}{2}}^{1}dx=-\frac{1}{2}\log 2+\Big[x\Big]_{\frac{1}{2}}^{1}=\boldsymbol{\frac{1}{2}-\frac{1}{2}\log 2}$$

(3) $0 \leqq x \leqq \dfrac{\pi}{2}$ のとき　$\sin 2x \geqq 0$

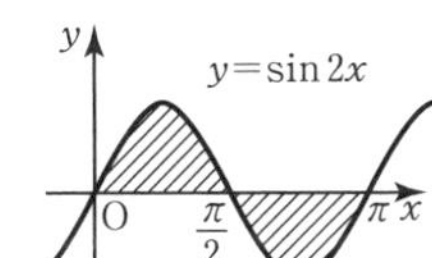

$\dfrac{\pi}{2} \leqq x \leqq \pi$ のとき　$\sin 2x \leqq 0$

よって，求める面積 S は

$$S=\int_{0}^{\frac{\pi}{2}}\sin 2x\,dx+\left(-\int_{\frac{\pi}{2}}^{\pi}\sin 2x\,dx\right)$$

$$=\left[-\frac{1}{2}\cos 2x\right]_{0}^{\frac{\pi}{2}}-\left[-\frac{1}{2}\cos 2x\right]_{\frac{\pi}{2}}^{\pi}$$

$$=-\frac{1}{2}\{(-1)-1\}+\frac{1}{2}\{1-(-1)\}=\boldsymbol{2}$$

2　2 曲線の交点の x 座標は
$-\sin x=\cos x$ の解であり，
$\cos x=0$ のとき $\sin x \neq 0$
であるから　$\cos x \neq 0$

よって　$\dfrac{\sin x}{\cos x}=-1$　すなわち　$\tan x=-1$

$-\pi \leqq x \leqq \pi$ より　$x=-\dfrac{\pi}{4}$，$\dfrac{3}{4}\pi$

$-\dfrac{\pi}{4} \leqq x \leqq \dfrac{3}{4}\pi$ において，$\cos x \geqq -\sin x$ であるから，求める面積 S は

$$S=\int_{-\frac{\pi}{4}}^{\frac{3}{4}\pi}\{\cos x-(-\sin x)\}\,dx=\Big[\sin x-\cos x\Big]_{-\frac{\pi}{4}}^{\frac{3}{4}\pi}$$

$$=\left\{\frac{1}{\sqrt{2}}-\left(-\frac{1}{\sqrt{2}}\right)\right\}-\left\{\left(-\frac{1}{\sqrt{2}}\right)-\frac{1}{\sqrt{2}}\right\}=\boldsymbol{2\sqrt{2}}$$

3　右の図のように，三角錐の頂点を通り底面に垂直な直線を x 軸とし，三角錐の頂点を原点 O とする。
座標が x である点を通り，x 軸に垂直な平面による三角錐の切り口の面積を $S(x)$，三角錐の底面積を S とすると

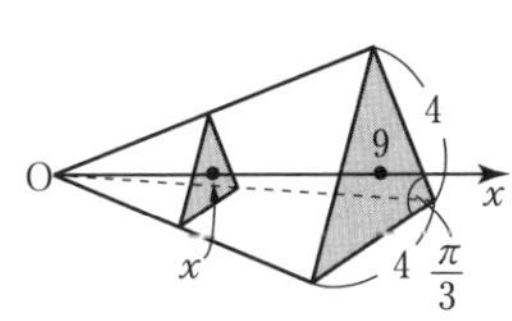

$S(x):S=x^2:9^2$

ここで，$S=\dfrac{1}{2}\cdot4\cdot4\cdot\sin\dfrac{\pi}{3}=4\sqrt{3}$　であるから　$S(x)=\dfrac{4\sqrt{3}}{81}x^2$

よって　$V=\displaystyle\int_{0}^{9}\frac{4\sqrt{3}}{81}x^2\,dx=\frac{4\sqrt{3}}{81}\left[\frac{1}{3}x^3\right]_{0}^{9}=\boldsymbol{12\sqrt{3}}$

4 曲線と x 軸の共有点の x 座標は

$1-x^2=0$ より $x=\pm1$

$-1\leqq x\leqq 1$ のとき $1-x^2\geqq 0$

よって，求める体積 V は

$$V=\pi\int_{-1}^{1}(1-x^2)^2dx=2\pi\int_0^1(1-x^2)^2dx$$

$$=2\pi\int_0^1(1-2x^2+x^4)dx$$

$$=2\pi\left[x-\frac{2}{3}x^3+\frac{1}{5}x^5\right]_0^1=\frac{16}{15}\pi$$

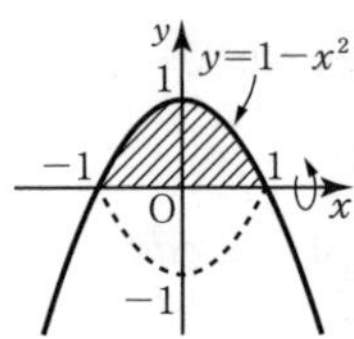

⬅ $y=(1-x^2)^2$ は偶関数

5 2曲線の交点の x 座標は

$x^2=\sqrt{x}$ より $x^4=x$

すなわち $x(x^3-1)=0$

よって $x=0,\ 1$

$0\leqq x\leqq 1$ のとき $\sqrt{x}\geqq x^2$

ゆえに，求める体積 V は

$$V=\pi\int_0^1(\sqrt{x})^2dx-\pi\int_0^1(x^2)^2dx$$

$$=\pi\int_0^1(x-x^4)dx=\pi\left[\frac{1}{2}x^2-\frac{1}{5}x^5\right]_0^1=\frac{3}{10}\pi$$

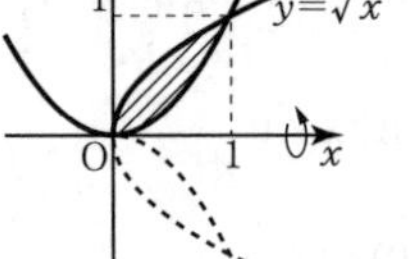

⬅ x は実数であるから，$x^3=1$ の実数解は $x=1$

6 $y=\log x$ より $x=e^y$

よって，求める体積 V は

$$V=\pi\int_0^1(e^y)^2dy=\pi\int_0^1e^{2y}dy$$

$$=\pi\left[\frac{1}{2}e^{2y}\right]_0^1=\frac{\pi}{2}(e^2-1)$$

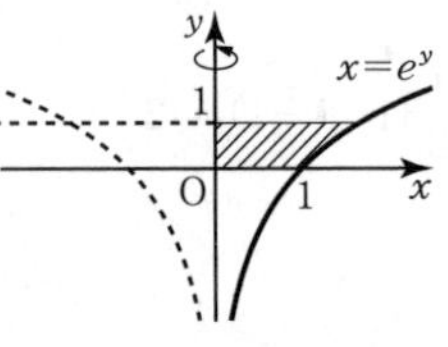

7 (1) $\dfrac{dx}{dt}=6t,\ \dfrac{dy}{dt}=3-3t^2$ であるから，求める曲線の長さ L は

$$L=\int_0^{\sqrt{3}}\sqrt{(6t)^2+(3-3t^2)^2}\,dt$$

$$=\int_0^{\sqrt{3}}\sqrt{9(1+2t^2+t^4)}\,dt$$

$$=\int_0^{\sqrt{3}}\sqrt{9(1+t^2)^2}\,dt=3\int_0^{\sqrt{3}}(1+t^2)dt$$

$$=3\left[t+\frac{1}{3}t^3\right]_0^{\sqrt{3}}=6\sqrt{3}$$

⬅ $1+t^2>0$ より $\sqrt{(1+t^2)^2}=1+t^2$

(2) $\dfrac{dy}{dx}=\dfrac{1}{2}e^{\frac{x}{2}}-\dfrac{1}{2}e^{-\frac{x}{2}}$ であるから，求める曲線の長さ L は

$$L=\int_0^1\sqrt{1+\left(\frac{1}{2}e^{\frac{x}{2}}-\frac{1}{2}e^{-\frac{x}{2}}\right)^2}\,dx$$

$$=\int_0^1\sqrt{\frac{1}{4}\left\{4+\left(e^{\frac{x}{2}}-e^{-\frac{x}{2}}\right)^2\right\}}\,dx$$

$$=\int_0^1\frac{1}{2}\sqrt{e^x+2+e^{-x}}\,dx=\frac{1}{2}\int_0^1\sqrt{\left(e^{\frac{x}{2}}+e^{-\frac{x}{2}}\right)^2}\,dx$$

$e^{\frac{x}{2}}>0,\ e^{-\frac{x}{2}}>0$ であるから $e^{\frac{x}{2}}+e^{-\frac{x}{2}}>0$

よって

$$L=\frac{1}{2}\int_0^1\sqrt{\left(e^{\frac{x}{2}}+e^{-\frac{x}{2}}\right)^2}\,dx$$

$$=\frac{1}{2}\left[2e^{\frac{x}{2}}-2e^{-\frac{x}{2}}\right]_0^1=e^{\frac{1}{2}}-e^{-\frac{1}{2}}$$

⬅ $\sqrt{e}-\dfrac{1}{\sqrt{e}}$ でもよい。